도형으로 쉽게 만든 헤어스타일

미용전공 대학생, 미용아카데미 원생 및 미용전문가를 위한

C.C.C. 헤어드라이

국제헤어디자인연구회

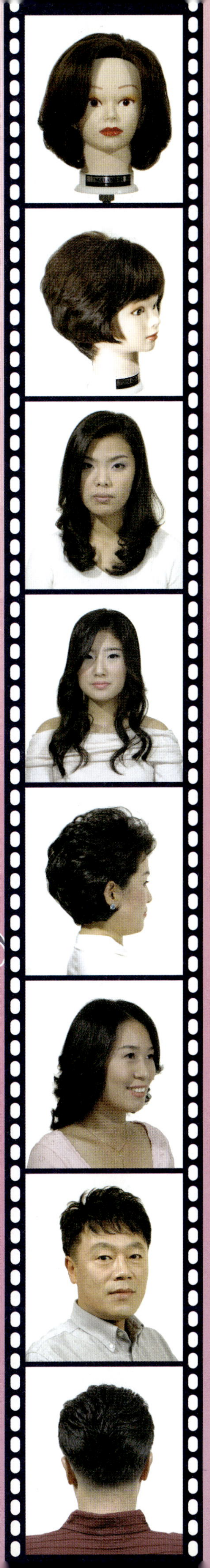

청구문화사

PREFACE

머리말

씨쓰리 헤어드라이는 미용을 처음 접하신분과 실제로 헤어스타일을 연출하는 헤어디자이너들을 위하여 집필된 지침서로서,짧은 시간내에 고객이 원하는 헤어스타일을 연출할 수 있도록 이론과 테크닉을 도형별로 나누어서 가능한한 쉽게 구성하였다.

브로우드라이 테크닉은 헤어스타일에 변화를 주어 고개에게 만족감을 주는 헤어스타일의 꽃이라고 할 수 있다. 하지만 헤어디자이너를 꿈꾸는 미용학과 학생들과 초보 미용인들이 헤어드라이기나 롤 브러쉬, 또는 열관리 등의 기구 사용을 두려워하는 것을 보아왔기 때문에 처음 접하는 미용인에게 좋은 안내서가 될 수 있도록 도형과 길이별로 형태를 나누어 테크닉을 시연하였으며, 실제로 헤어스타일을 연출할 수 있는 프로디자이너의 드라이 기법을 보이므로써, 이 한권의 교재만으로도 모든 연령대의 고객들에 대한 헤어드라이 시술이 가능하도록 구성하였다. 특히 독자들에게 이해를 돕기 위해 한눈에 보고 시술할 수 있도록 최선을 다해 편집하였다

지난 몇 년 동안 전력을 다해 씨쓰리 기초커트, 남성커트, 업스타일, 디자인커트, 칼라디자인, 퍼머넨트웨이브, 실전커트에 이어 씨쓰리 헤어드라이교재를 출간하게 되었다. 그간 여러분들께서 베풀어 주신 분에 넘치는 각별한 사랑과 성원에 감사드리면서 앞으로도 최선의 노력을 기울여 관련 분야의 교재를 시리즈로 엮어 나갈 예정이다.

부디 이 한 권의 책이 기술 경쟁력을 갖춘 미용인이 되는데 조금이나마 도움이 되었으면 하는 기대를 가져보며 끊임없는 노력과 항상 최선을 다하는 미용인이 될 것을 약속 드린다.

본 교재의 완성을 위해 여러번의 원고 수정을 통하여 현장감 있는 내용과 최고의 테크닉을 구사한다고 노력하였으나 정리를 끝내고 나니 아직도 미흡한 부분이 많음을 절감한다. 이런 미흡한 부분에 대해서는 앞으로 계속 다듬고 수정하여 지속적으로 보완할 것을 약속드리면서 여러분의 따뜻한 애정과 관심을 기대한다.

끝으로 작품 모델에 흥쾌히 응해 주신 씨쓰리 수강생들과 오랜 시간 동안 최선을 다해 묵묵히 도와주신 곽현숙 선생님께 감사드리며 이 한권의 책의 완성을 위해 물심양면으로 지원을 아끼지 않은 청구문화사 이상태 사장님과 임직원 여러분, 그리고 촬영을 위해 수고 하신 문기종 선생님께 진심으로 감사드린다.

2011년 8월
저자일동

CONTENTS 목 차

Part 1 블로우드라이 이론

Part 2 블로우드라이 실기

블로우드라이 이론

1. 블로우드라이
2. 브러쉬의 종류와 자세
3. 두상의 영역 나누기
4. 와인딩과 웨이브와의 관계
5. 헤어스타일에 따른 이미지 변화
6. 시술 각도와 컬의 특징
7. 두상 위치에 따른 롤 브러쉬 시술 각도
8. 모류도

01 블로우드라이

학습목표 블로우드라이 정의와 원리를 이해할 수 있다.
블로우드라이에 영향을 미치는 요인을 알 수 있다.
블로우드라이의 장 · 단점과 주의사항을 알고 이해할 수 있다.

1) 블로우드라이의 정의

블로우드라이(Blow dry)의 사전적 의미를 살펴보면 '드라이기(dryer)로 머리를 매만지기'라는 뜻을 가지고 있다.

일시적인 세트로써 헤어 스타일링을 하기위한 가장 기본이면서 완성도가 높은 중요한 기술이다. 드라이의 열풍과 냉풍을 이용해 모발을 건조시키면서 두형을 보완하거나 각종 헤어스타일의 형태를 보완하며 새로운 형태를 연출할 수 있는 작업으로 정의할 수 있다.

한번의 작업으로 모발을 건조시키고 스타일까지 연출할 수 있으므로 시간절약 면에서 효율적이다. 블로우드라이는 최소의 작업으로 최대의 효과를 얻을 수 있으며, 부드럽고 자연스러운 헤어스타일을 구성해 주며 다른 도구와의 병용에 의해 효과가 커진다.

2) 블로우드라이의 원리

드라이기의 열풍, 온풍, 냉풍을 이용해 일시적으로 모발의 구조에 변화를 주어 스타일링을 형성하는 방법으로써 모발에 물이 닿으면 모발 내부의 측쇄결합 중 수소결합이 일시적으로 끊어지게 되고 모발이 마르면 다시 재결합이 이루어진다. 이러한 원리를 기본으로 드라이기의 열풍을 사용해 모발의 수분을 증발시키면서 물리적인 힘을 가해 새로운 형태의 모양을 만든다. 이때 수소결합과 염결합의 재결합으로 새로운 형태가 만들어져 고정되며, 그 형태 변화는 straight, wave, curl이 된다.

그러므로 다른 형태로의 전환이나 스타일링을 형성시키기 위해서는 반드시 모발에 적당한 수분을 골고루 공급하는 것이 필요하다.

3) 블로우드라이에 영향을 미치는 요인

완성도가 높은 블로우드라이를 시술하기 위해서는 블로우드라이에 영향을 미치는 요인에 대하여 정확하게 알고 이해하는 것이 중요하다.

(1) 수 분

일시적인 헤어스타일링의 경우는 수소결합에 의해 그 모양이 고정된다. 그러므로 블로우드라이로 일시적 헤어스타일을 만드는데 있어서 수분이 꼭 필요하며 모발의 수분은 15~20% 정도(손에 습한 느낌)가 적당하다.

새로운 헤어스타일링을 만들거나 기존의 스타일을 바꾸고 싶을 때는 수분을 충분히 보충해 준 후에 헤어스타일을 만들어 주어야 한다. 만약 수분이 없는 건조한 상태에서는 원하는 모양으로 형태전환이 어려울 뿐만 아니라, 모발의 수분이 과다하게 손질되어 모발손상의 원인이 되기도 한다.

적절한 수분양은 모발조건에 따라 달라진다. 극손상모나 손상모는 건강모보다 빠르게 건조되므로 보다 많은 수분을 남겨둔 상태에서 블로우드라이 시술을 해야한다. 시술도중 모발이 건조해져 수분이 부족한 부위가 생기면 부분적으로 수분을 보충한다.

(2) 온 도

모발에 열을 가하면 그 열이 식으면서 형태가 고정되어 원하는 헤어스타일을 만들게 된다. 블로우드라이 시술시 적당한 열풍의 온도는 90℃ 전후이다.

일반적으로 드라이기는 열풍과 온풍, 냉풍을 모두 사용할 수 있도록 제작된다. 따라서 머리모양을 만들 때 열풍을 가한 후 냉풍을 이용하여 모양을 고정시키면 신속한 헤어스타일링을 만들 수 있다.

(3) 패널(Panel)의 크기

패널의 크기는 가로폭과 세로폭에 의해 결정된다. 수평으로 패널을 나눌 경우 가로폭이 넓고, 세로폭이 좁다. 수직으로 패널을 나눌 경우에는 그 반대가 된다. 수평패널의 경우 가로폭이 브러쉬의 70~80%가 된다. 이 범위보다 넓은 패널은 신속하고 정확한 시술이 어렵게 된다. 이미 설정된 패널의 폭이 너무 넓으면 2등분하여 시술하는 것이 오히려 신속·정확한 작업을 할 수 있다. 반면에 너무 좁을 경우 시술 횟수의 증가로 시술시간이 연장된다.

패널의 크기는 희망하는 스타일과 브러쉬의 사이즈와 연관성이 크므로 적절하게 조절해야 한다.

(4) 패널의 각도

희망하는 볼륨의 정도에 따라 패널의 각도는 달라진다. 모근쪽에 충분한 볼륨을 주고자 할 때는 두피쪽의 모발을 110~130° 정도 들어 올려줘야 한다. 그러나 들어 올리는 각도가 130° 이상일 경우 볼륨이 약해지므로 최상의 볼륨을 만들기 위해서는 110~130°로 조절하는 것이 좋다. 볼륨을 원하지 않는 경우에는 90° 이하로 시술하며 흐름과 윤기를 표현할 때는 45°로 시술하면 된다. 그리고 두상의 형태가 둥근 모양이므로 두상 위치에 따른 각도를 인식하여 적용해야 한다.

패널의 각도는 희망하는 볼륨의 크기에 따라 달라지므로 적절하게 조절해야 한다.

(5) 브러쉬(Brush)

브러쉬는 크기, 형태, 재질이 다양하므로 원하는 헤어스타일에 따라 브러쉬의 선택이 달라진다. 일반적으로 스트레이트를 할 때 긴 모발에는 큰 브러쉬를 사용하는 등 모발 길이에 따라 크기를 달리하여 사용한다. 그러나 웨이브나 컬을 만들 때는 작은 브러쉬를 사용한다. 모발상태에 따라 브러쉬 형태나 재질을 고려하여 선택하여야 한다.

예를들어 스트레이트를 할 경우에는 돈모브러쉬가 좋으며, 웨이브나 컬을 만들 때는 혼합모가 유리하며, 퍼머기가 없는 짧은 모발을 스타일링 할 때는 나일론모가 적당하다.

어떤 경우이든 정해진 것이 없으므로 모발상태나 원하는 헤어스타일에 따라 적절하게 골라서 쓰는 지혜가 필요하다.

(6) 회전력

표현하고자 하는 헤어스타일에 따라 롤브러쉬에 모발을 감는 회전이 다르다.

스트레이트는 롤브러쉬에 모발을 회전시켜 감지 않으며, C컬은 반바퀴에서 한바퀴까지 감으며, J컬은 스트레이트에 C컬을 혼합하여 적용한다. S컬은 2바퀴 이상 회전하여 감으며, 컬에 따라 회전력이 달라진다.

(7) 텐션(Tension)

매끈한 질감처리와 탄력있는 웨이브 형성은 적절한 텐션조절에 의해 가능하다. 웨이브를 만들 때 적당한 텐션을 주지 않고 너무 느슨하게 와인딩하면 많은 열을 가해도 웨이브 형태가 명확하지 않고 탄력이 없으며 느슨해진다. 그러나 너무 강한 텐션은 모발이 브러쉬에 엉키게 하며 모발손상을 초래하기도 한다. 그러므로 아름다운 블로우드라이 스타일링을 하기 위해서는 브러싱을 할 때 균일하고 적당한 텐션조절이 필요하다.

(8) 브러싱의 속도

블로우드라이에 브러싱의 속도는 모발의 윤기와 매끈함을 좌우한다. 브러싱의 속도가 너무 빠르면 매끄러운 결을 얻을 수 없다. 곱슬머리나 손상모를 펼때는 균일한 텐션과 함께 브러싱 속도를 천천히 느리게 하는 것이 정확하고 빠르게 완성할 수 있다.

4) 블로우드라이의 장점과 단점

(1) 장 점

① 모발을 빠른 시간에 건조시킬 수 있다.
② 모발의 방향전환에 의한 모류보정이 가능하다.
③ 열관리에 따라 웨이브의 강약조절이 가능하다.
④ 드라이롤을 어떤 각도로 시술하느냐에 따라 볼륨감의 조절이 가능하다.
⑤ 고객과 헤어스타일을 보면서 시술하므로 시술 도중 결과물 확인이 가능하다.
⑥ 열관리에 따라 모발에 윤기를 줄 수 있다.
⑦ 커트선을 섬세하게(스트레이트, 인컬, 아웃컬)하면 어떤 스타일도 연출이 가능하다.
⑧ 완성후 스타일이 자연스럽다.

(2) 단 점

① 정확하게 열관리를 하지 않았을 경우에는 모발이 손상될 수 있다.
② 한곳에 집중적으로 열을 가했을 경우 모발이 손상될 수 있다.
③ 다른 열기구와 달리 블로우드라이는 다양한 기술이 필요하다.
④ 한번에 원하는 방향을 잡아주어야 하며, 열관리를 받고난 후에는 열풍을 가하더라도 스타일이 나오지 않는다.

5) 블로우드라이 시술시 주의사항

① 고객이 원하는 헤어스타일을 결정한다. 동일한 C컬을 낸다 하더라도 두상부위에 따라 달라지고, C컬을 어떤 방향으로 빼느냐에 따라 웨이브의 흐름이 다르다. 시술시 항상 고객과 대화를 통해 원하는 헤어스타일을 연출해야 한다.
② 모발에 드라이를 밀착시키지 않는다. 드라이하는 동안 모발에 드라이어가 직접 닿는 것을 주의해야 한다. 브러쉬에서 0.5~1 cm 정도 띄워서 시술하는 것이 좋다.
③ 드라이의 열풍이 헴라인과 귀 부분, 두피에 닿아 뜨겁지 않도록 조심한다.
④ 모발은 미리 깨끗이 샴푸해야 한다. 때나 먼지 등의 이물질을 제거하고 모류방향을 열풍으로 잡아주기 때문이다.
⑤ 모발의 수분의 양은 10~20% 상태에서 시술한다. 모발에 수분이 너무 많이 남으면 열풍을 가할 때 수분에 열이 전달되어 모발에 손상을 줄 수 있기 때문이다(모발손상 방지와 시술 후 윤기를 주기 위함이다).
⑥ 장시간 열을 가할 경우에는 정전기가 일어나며 원하는 스타일이 나오지 않고 모발의 윤기를 잃게된다.
⑦ 바른 자세로 시술한다. 어깨선과 브러쉬가 수평이 되게 시술하며 동작이 크고 확실하게 하여 고객으로 하여금 신뢰를 얻어야 한다.
⑧ 스타일링 제품을 잘 선택하여 연출해야 한다.

02 브러쉬의 종류와 자세

학습목표 브러쉬의 종류를 알고 그에 따라 특징을 이해할 수 있다.
브러쉬의 종류와 특징을 알고 정확히 적용할 수 있다.

1) 롤 브러쉬(Roll brush)

라운드 브러쉬라고도 하며, 브러쉬의 두께에 따라서 볼륨을 주기도 하며 모발의 흐름을 변형하기도 한다. 브러쉬의 소재에 따라 스타일의 양감과 질감이 달라진다.

가는 브러쉬는 강한 컬을 얻고자 할 때 사용하며, 굵은 브러쉬는 모발에 매끄러운 질감을 얻고자 할 때 사용하고 웨이브연출이나 축모, 모류보정에 좋다.

종류로는 돈모, 나일론모(플라스틱, 가시롤), 혼합모(돈모+나일론모=포킹롤), 금속성모 등으로 분류할 수 있다.

롤 브러쉬 자세

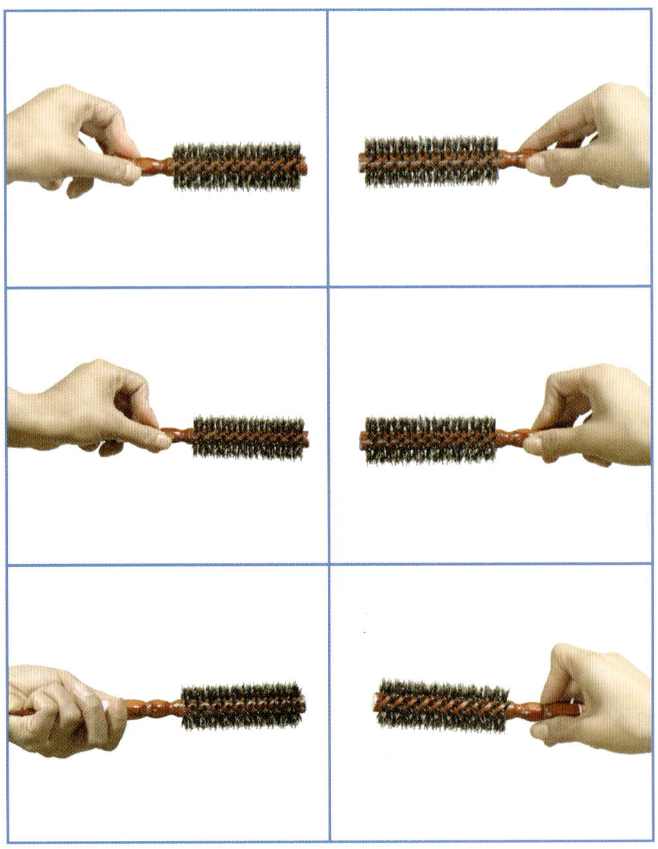

롤 브러쉬의 선정

종 류	장 점	단 점	용 도
돈모	매끄러움 모발이 엉키지 않음	시간이 오래 걸림	강한 웨이브 모발
가시돈모 (혼합모)	매끄러움 볼륨 시술시간 단축	무	중간 웨이브 모발
가시모	볼륨 시술시간 단축	윤기가 떨어짐 모발이 잘 엉킴	생머리

2) 덴멘 브러쉬(Denman brush)

영국의 덴멘사가 제조한 브러쉬로 아치모양의 빗대에 빗살이 균일하게 이루어져 있다. 열에 강하며 모발에 윤기와 부드러움을 주고, 모근을 살려 볼륨감을 주는데 사용한다. 넓은 분야에서 사용이 가능하며 서구의 헤어 디자이너들이 가장 많이 사용하는 브러쉬이다.

3) 스켈톤 브러쉬(Skeleton brush)

벤트 브러쉬라고도 하며 쇼트, 드라이 후 스타일 연출에 적당하나 빗살이 듬성듬성하므로 머리카락 표면의 흐름을 거칠게 하는 단점이 있다. 브러쉬의 형태가 골격을 닮았다하여 스켈톤 브러쉬라 한다. 내츄럴한 스타일이나 모발전체에 볼륨감을 원할 때 또는 퍼머넌트웨이브에 변화를 주고자 할때 사용하기도 한다.

덴멘 브러쉬 자세

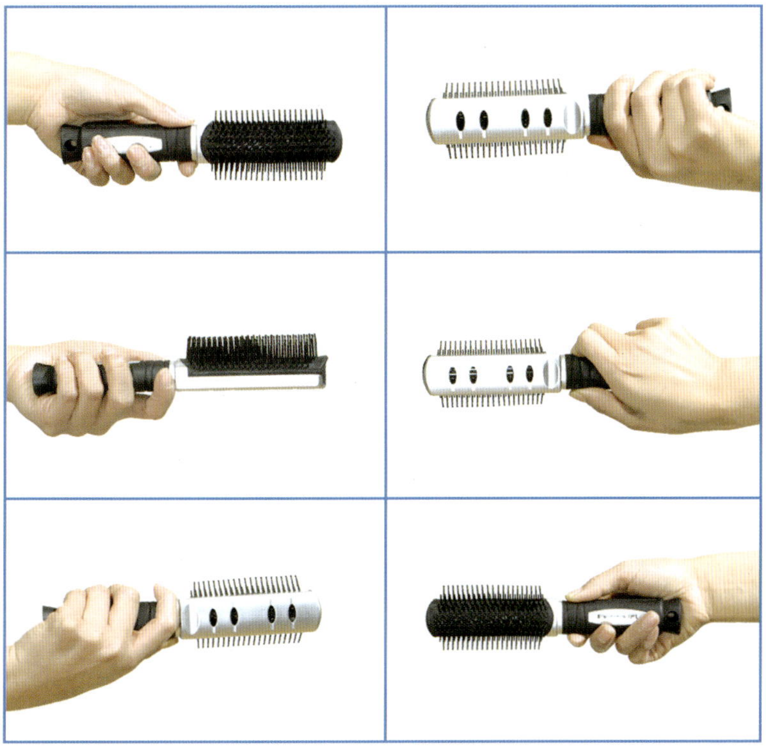

03 두상의 영역 나누기

학습목표 두상의 포인트 위치를 알고 이해할 수 있다.
두상의 영역 분할에 대해 이해할 수 있다.
두상의 영역 특징을 알고 필요에 따라 분할 할 수 있다.

1) 두상의 포인트

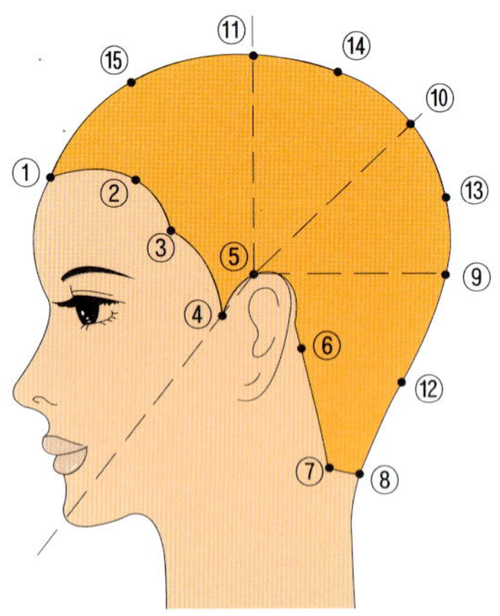

번호	명칭	포인트 설명
1	C.P	센터 포인트(Center Point) 두상의 수평선과 측중선이 교차하는 점
2	F.S.P	프론트 사이드 포인트(Front Side Point) 양쪽 이마의 움푹 들어간 부분
3	S.P	사이드 포인트(Side Point) 얼굴 옆면에 위치한 페이스 라인상의 점
4	S.C.P	사이드 코너 포인트(Side Coner Point) 얼굴 옆면에 위치한 구석에 있는 페이스 라인상의 점
5	E.P	이어 포인트(Ear Point) 두상의 수평선과 측중선이 교차하는 점
6	E.B.P	이어 백 포인트(Ear Back Point) 귀바퀴의 뒤쪽에서 가장 높은 점
7	N.S.P	네이프 사이드 포인트(Nape Side Point) 목선에서 옆에 위치한 점
8	N.P	네이프 포인트(Nape Point) 뒷 정중선에서 목 뒤의 가운데 점
9	B.P	백 포인트(Back Point) E.P의 수평선과 뒷 정중선이 교차하는 점
10	G.P	골든 포인트(Golden Point) 턱과 E.P를 연장한 뒷 정중상의 점
11	T.P	톱 포인트(Top Point) 정중선과 측중선이 교차하는 점
12	B.N.M.P	백 네이프 미디움 포인트(Back Nape Medium Point)
13	G.B.M.P	골든 백 미디움 포인트(Golden Back Medium Point)
14	T.G.M.P	톱 골든 미디움 포인트(Top Golden Medium Point)
15	C.T.M.P	센터 톱 미디움 포인트(Center Top Medium Point)

2) 섹션 분할(헤어스타일을 표현하는 것은 골격이다)

섹션 분할은 두상의 골격을 분할하는 것이므로 절대 불변하며 섹션 분할은 헤어디자이너가 알아야 하는 기본 미용용어이다.

두상의 골격은 봉합이 된 상태이며 이것으로 zone(영역)을 나눈다. 헤어스타일을 만들어 표현하는 곳은 골격이므로 공기감과 경쾌감이 요구되는 요즘, 헤어스타일을 만들기 위해서는 두상의 골격대로 분할하는 것이 첫번째 과제이다.

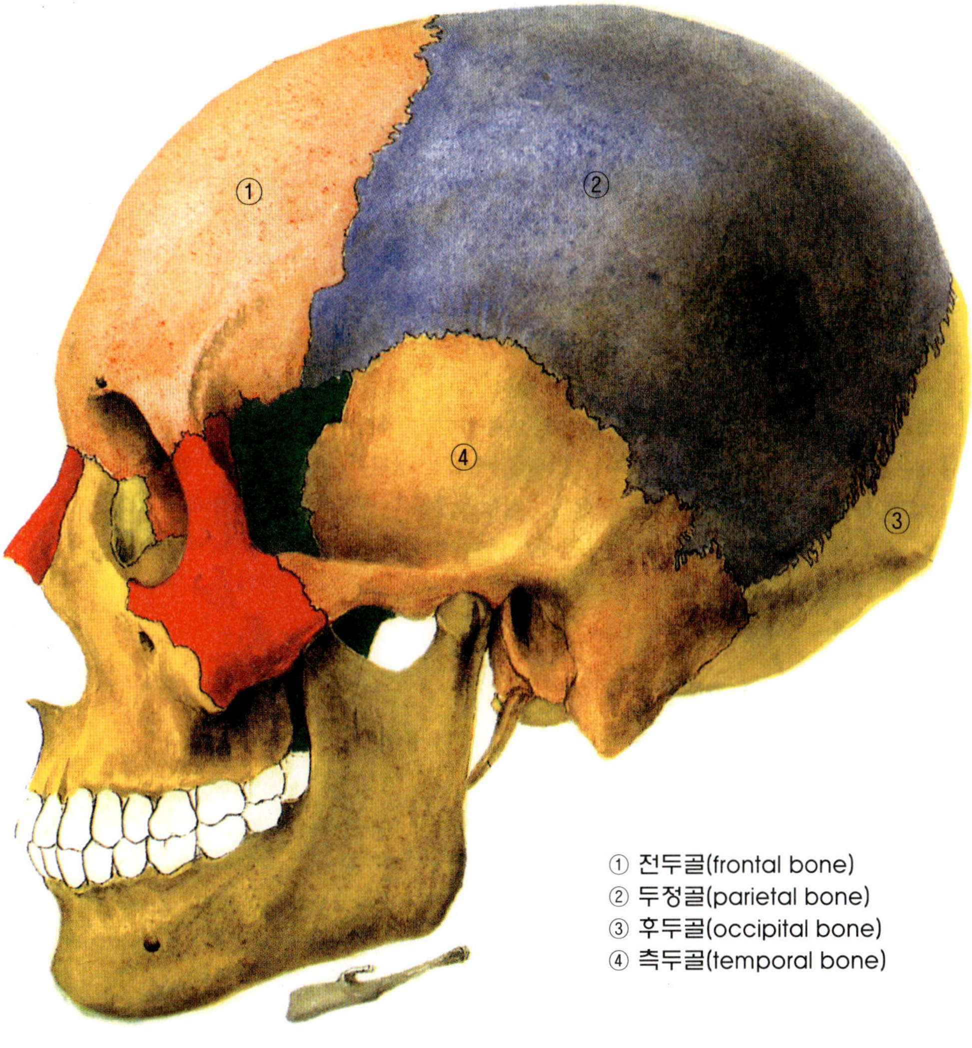

3) 5개의 영역으로 분할

헤어스타일을 만들어서 표현하는 곳은 두상이므로, 두상의 골격과 각 특성을 잘 이해하여 쉽고 빠르게 헤어스타일을 연출하도록 한다. 그러기 위해서는 두상을 골격대로 나누어 표현하는 것이 좋다.

두상을 5영역으로 나누어 드라이하면 디자인이 쉽게 표현된다.

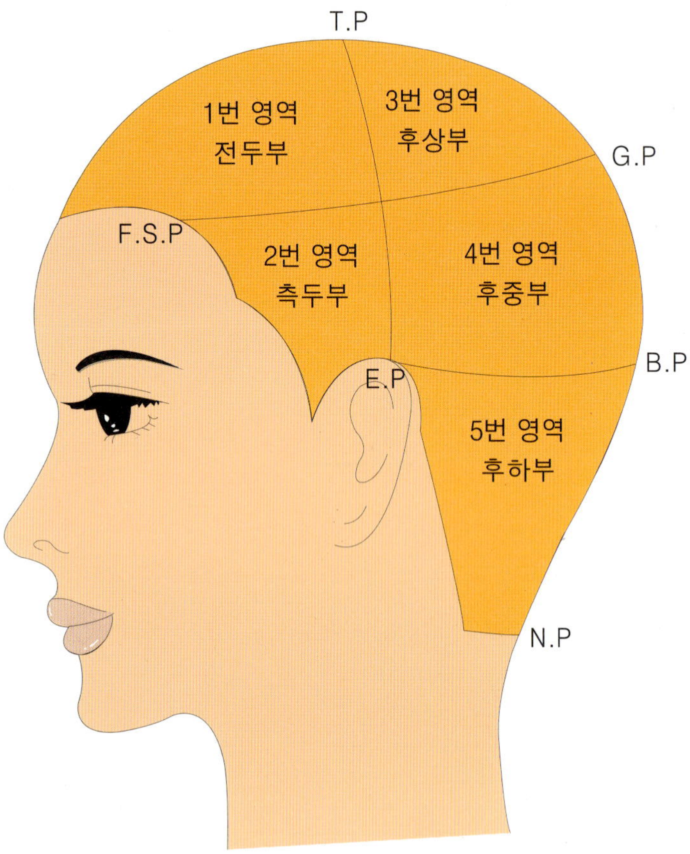

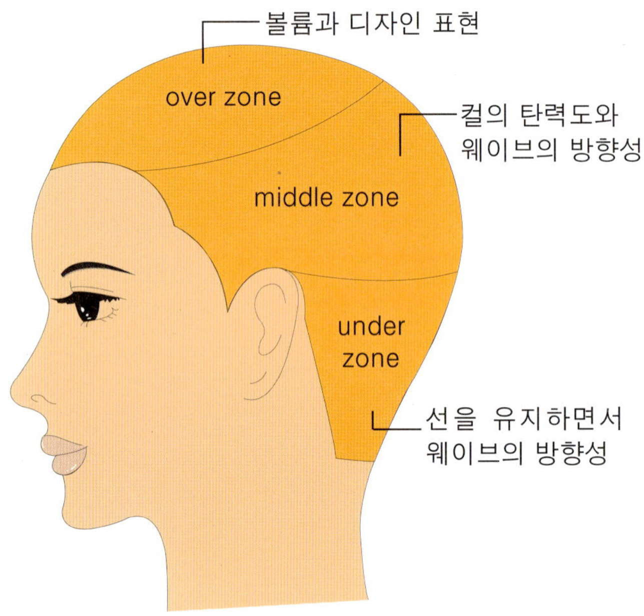

곡면을 분할하여 예쁜 스타일 만드는 방법

1번 영역	전두부	얼굴주위의 밀접한 관계로 얼굴 전체 균형에 많은 영향을 준다. 앞머리 표정만들기 영역.
2번 영역	측두부	옆선의 이미지가 연출되는 곳으로 사이드나 아웃라인의 모양, 질감을 형성하는 곳이다. 짧은모발은 이곳에서 얼굴형의 이미지가 결정된다. 옆선 만들기 영역.
3번 영역	후상부	두상에서 가장 높은 곳에 위치하는 영역으로써 헤어스타일에 높이를 만들어 볼륨감을 주는 곳이다.
4번 영역	후중부	두상의 가장 넓은 영역이고, 외부로 돌출된 부분이기 때문에 헤어스타일의 전체적 질감이나 움직임에 관여한다. 따라서 헤어스타일의 형태를 좌우하는 곳이다.
5번 영역	후하부	두상에서 가장 낮은 곳에 위치하는 영역으로 두상 뒷모습의 아웃라인이나 길이를 결정하는 곳이다. 커트의 형태를 결정짓는 영역.

04 와인딩과 웨이브와의 관계

학습목표　와인딩과 웨이브의 관계를 알고 이해할 수 있다.
와인딩과 웨이브의 특징을 알고 정확히 적용할 수 있다.

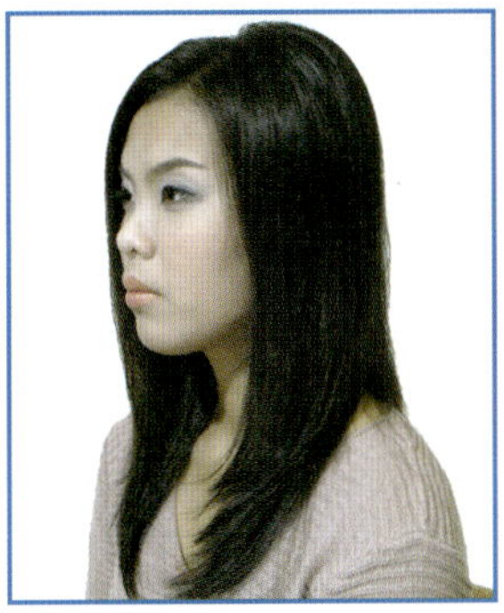

Straight

모발 끝단을 와인딩하지 않으며 펌의 원리와 비슷하다. 스트레이트시 일자의 판넬로 모발을 펴지만 드라이시 롤을 와인딩하지 않고 열풍을 가해야 한다.

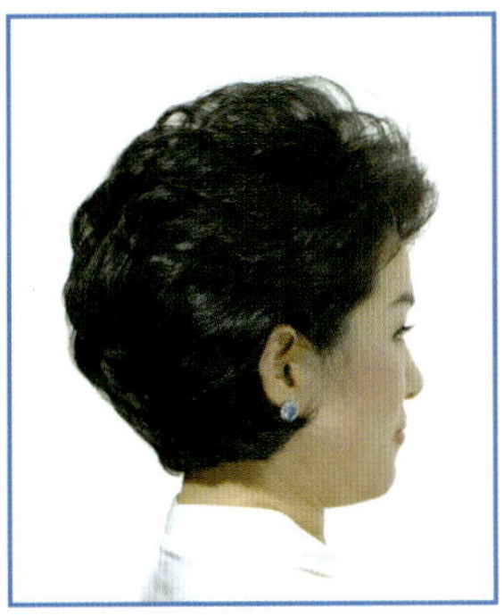

C컬

롤 브러쉬나 덴멘 브러쉬의 회전력을 이용해 반C컬이냐 온C컬이냐에 따라 반바퀴부터 한바퀴 반을 회전하여 원하는 C컬을 표현한다.

J컬

모발 길이가 길어지면 스트레이트에 C컬을 혼합하여 모발 끝에서 컬감을 주기위해 표현한다.
롤 브러쉬와 덴멘 브러쉬의 회전력은 스트레이트에서는 주지 않으며 모발 끝에서 반바퀴에서 한바퀴를 회전하여 표현한다.

S컬

롤 브러쉬를 2바퀴 이상 회전하여 S컬을 형성하며 베이스와 롤 브러쉬의 회전이 가로인지, 세로인지, 사선인지에 따라 웨이브의 느낌이 달라진다.

05 헤어스타일에 따른 이미지 변화

학습목표 블로우드라이 스타일을 알고 이해할 수 있다.
블로우드라이 스타일에 따른 이미지 변화를 알 수 있다.
원하는 이미지에 맞게 블로우드라이를 적용할 수 있다.

1) 10~15 cm C컬의 모류방향제시에 따른 이미지 변화

앞머리를 이마까지 내리느냐 이마부분에서 볼륨을 주어서 뒤쪽으로 올리느냐에 따라 이미지가 다르고 옆선의 표정을 어떻게 하느냐에 따라 헤어스타일이 달라진다. 12 cm 이하의 모발은 무게가 없기 때문에 모류의 영향을 받는다.

롤 브러쉬의 C컬의 흐름을 정확히 파악해서 헤어스타일의 이미지를 표현한다.

2) 20 cm 모발 끝에서 C컬, 스트레이트에 따른 이미지 변화

헤어스타일은 스트레이트, C컬, S컬을 만들어 주는 것에 따라 스타일의 표현이 달라진다. 긴 머리의 경우는 두상에 표현이 되는 것이 아니고 떨어지는 선부분에서 연출되므로 어떤 컬을 만드느냐에 따라 실루엣과 이미지가 달라진다.

얼굴형에 따라 얼굴을 감싸는 C컬이 어울리는지 모질의 무게가 S컬을 표현해도 무리가 없는지를 잘 파악하여 헤어스타일의 이미지를 표현한다.

3) 30 cm 모발의 모발 끝에서의 스트레이트, C컬, S컬의 이미지에 따른 변화

스트레이트, C컬, S컬에 따라 헤어스타일의 표현이 달라진다. 긴 머리의 경우는 두상에 표현이 되는 것이 아니고 떨어지는 선부분에서 연출되므로 어떤 컬을 만드느냐에 따라 실루엣과 이미지가 달라진다.

얼굴의 길이는 20 cm 정도이다. 20 cm를 벗어난 길이에 C컬이냐 스트레이트냐, S컬이냐의 표현을 먼저보고 얼굴형이 긴형일 경우, 20 cm 미만에도 S컬의 표현은 확장되어 보이는 효과가 있으므로 어떤 이미지를 연출할 수 있는지를 보고 헤어스타일링 하면 쉽게 할 수 있다.

4) 40 cm 모발의 모발 끝에서 스트레이트, C컬, S컬의 이미지 변화

스트레이트, C컬, S컬에 따라 헤어스타일의 표현이 달라진다. 긴 머리의 경우는 두상에 표현이 되는 것이 아니고 떨어지는 선부분에서 모양이 연출되므로 어떤 컬을 만드느냐에 따라 이미지가 달라진다.

롱헤어의 경우 얼굴의 길이를 벗어난 20 cm 이후의 모발의 끝에서에 스트레이트냐 C컬이냐 S컬이냐의 이미지를 알아본다. 모발이 무게가 생긴 긴 모발일 경우 스트레이트나 C컬은 모발의 처짐이 생겨 무게감이 있어 보이지만 S컬일 경우 얼굴형이 훨씬 부드럽고 예쁘게 표현된다.

5) 층폭이 많이 난 헤어스타일의 이미지

청순한 이미지 표현

얼굴형을 수정하거나 전체적인 분위기를 바꾸고 싶을 때

파티, 정숙한 이미지를 표현하고 싶거나 얼굴 이미지에 변화를 주고 싶을 때

목적에 맞는 드라이 연출, 장소에 따라 컬을 다르게 표현하여 헤어스타일을 만든다.

06 시술 각도와 컬의 특징

학습목표 시술각도에 따른 컬의 특징을 알고 이해할 수 있다.
시술각도와 베이스의 관계를 이해할 수 있다.
시술각도에 따른 컬을 만드는 기술을 알고 적용할 수 있다.

1) 인컬

베이스와의 관계

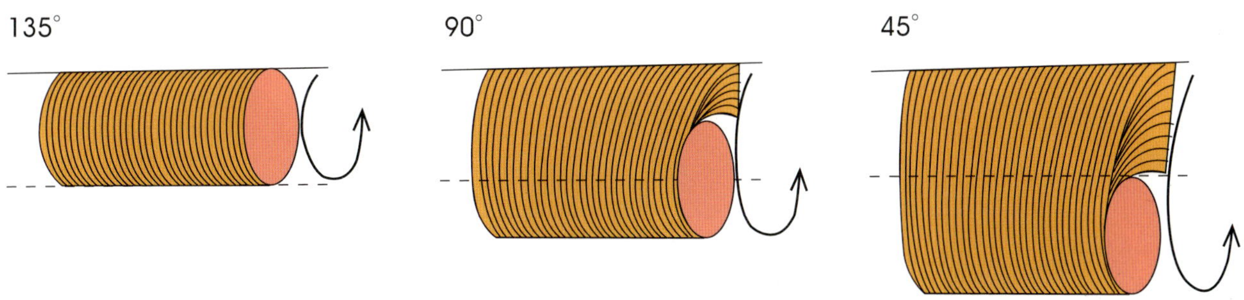

베이스 내에 자리잡는다
볼륨을 최대로 얻을 수 있다.

온 베이스

베이스 아래 슬라이스에 실린다. 컬을 최대로 얻을 수 있다.

하프 오프 베이스

베이스에서 나온다. 흐름을 강조할 때 이용한다.

오프 베이스

2) 아웃컬

베이스와의 관계

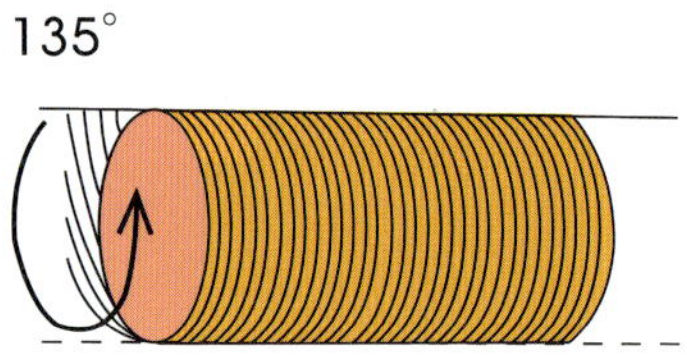

베이스 내에 자리잡는다.
볼륨 효과 최대
한바퀴 C컬 표현

온 베이스

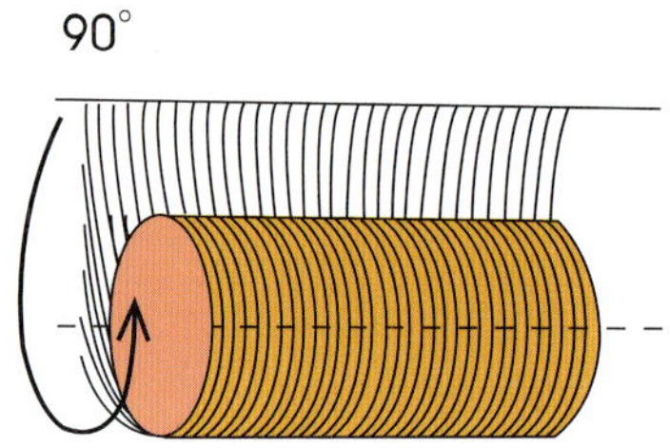

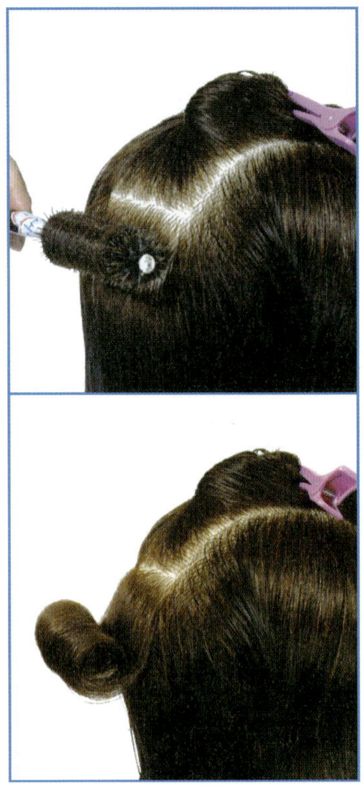

베이스 1/2을 벗어난다.
컬에 유동성이 가해진다.
반바퀴 C컬 표현, 1/2 C컬

하프 오프 베이스

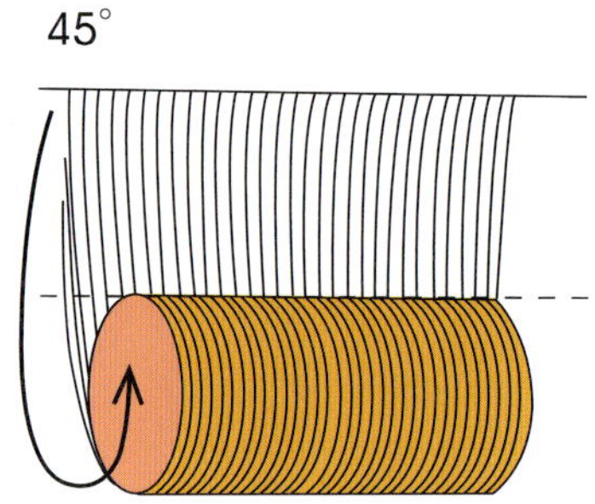

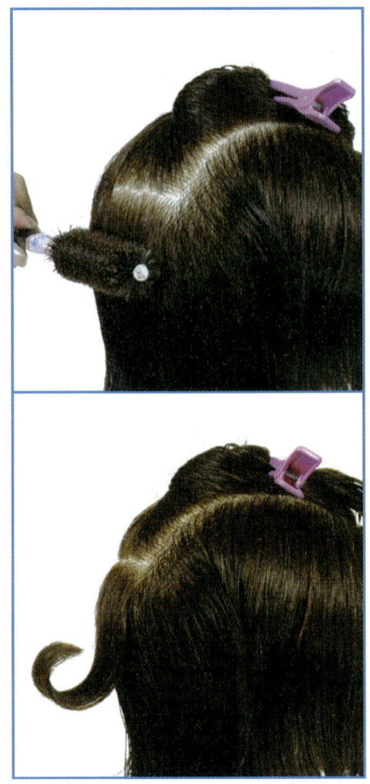

베이스에서 나온다.
최대한 컬의 유동성이 가해진다.
L컬이 표현 1/4 C컬

오프 베이스

07 두상 위치에 따른 롤 브러쉬 시술 각도

학습목표 두상의 영역 위치에 따른 롤 브러쉬 시술각도를 알고 이해할 수 있다.
롤 브러쉬 시술각도의 특징을 알고 위치에 맞게 적용할 수 있다.
두상 위치에 따른 롤 브러쉬 사용방법을 알고 적용할 수 있다.

1) 두상 조건

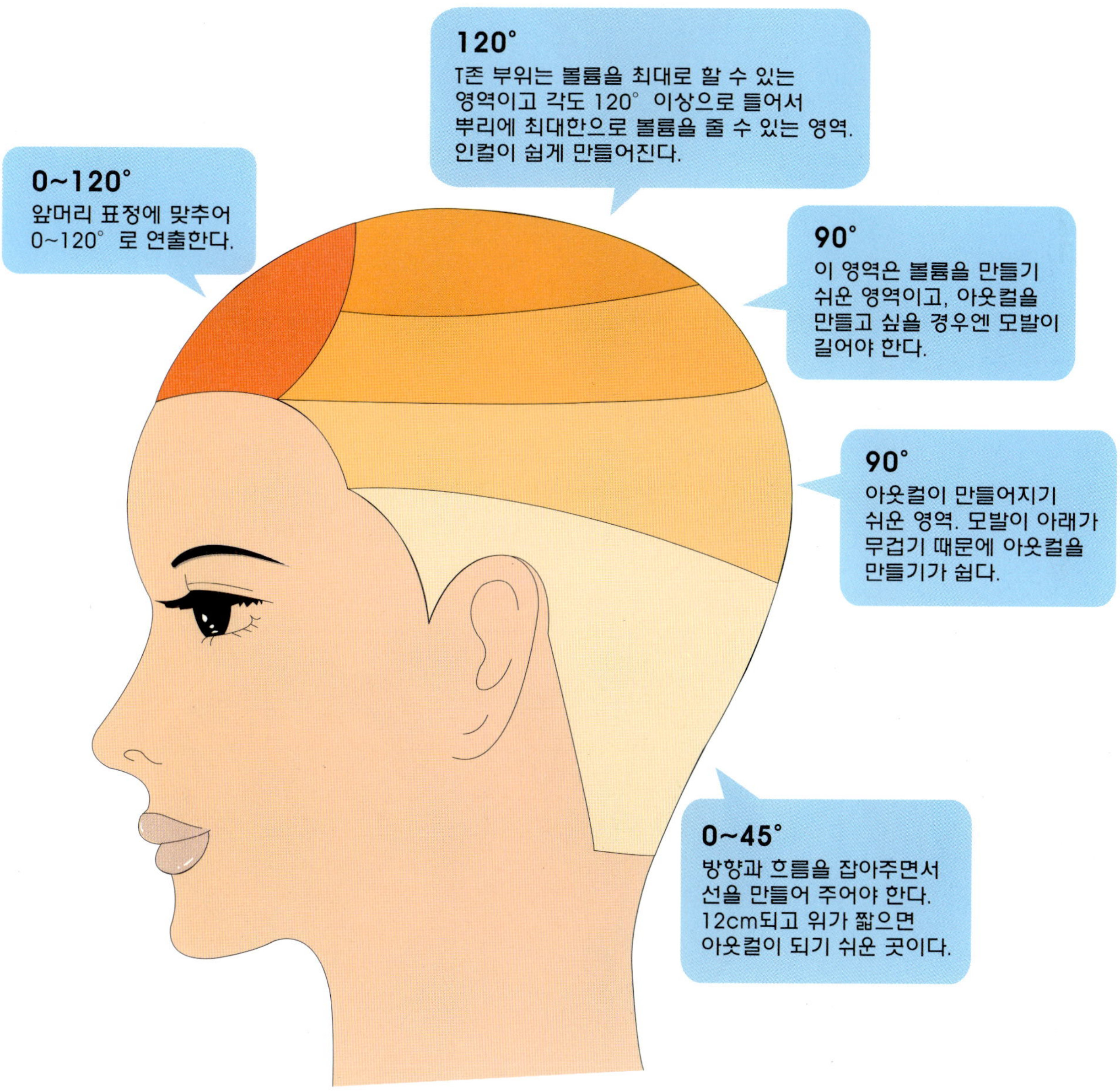

2) 두상 위치에 따른 롤 브러쉬 사용방법

(1) 두상곡면의 중심부

롤 브러쉬의 시술각도에 따라 볼륨의 토대가 만들어져야 한다.
중심부에는 가로 슬라이스로 시술하여 중심을 잡아 주어야 한다.

(2) 두상 곡면의 들어간 양쪽(Back side)

롤 방향이 C컬을 결정하는 것과 슬라이스 방향과 롤 브러쉬를 빼는 것에 따라 모발의 방향성이 제시된다.

좌우기준 : ㄱ. C컬 오른쪽 : 시계방향
ㄴ. C.C컬 왼쪽 : 시계반대방향

얼굴기준 : ㄱ. 포워드 컬(foruard curl) = 얼굴을 향하여 = 귀바퀴 방향
ㄴ. 리버스 컬(reverse curl) = 그 반대방향 = 귀바퀴 반대방향

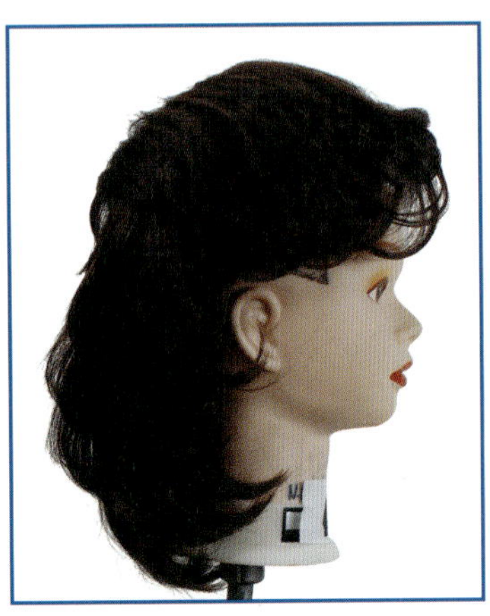

08 모류도

학습목표 모발의 모류방향과 흐름을 알고 이해할 수 있다.
모발 길이에 따른 모류방향의 힘을 알 수 있다.
핸드 드라이로 모류방향을 바꾸는 기술을 알고 적용할 수 있다.

1) 앞머리

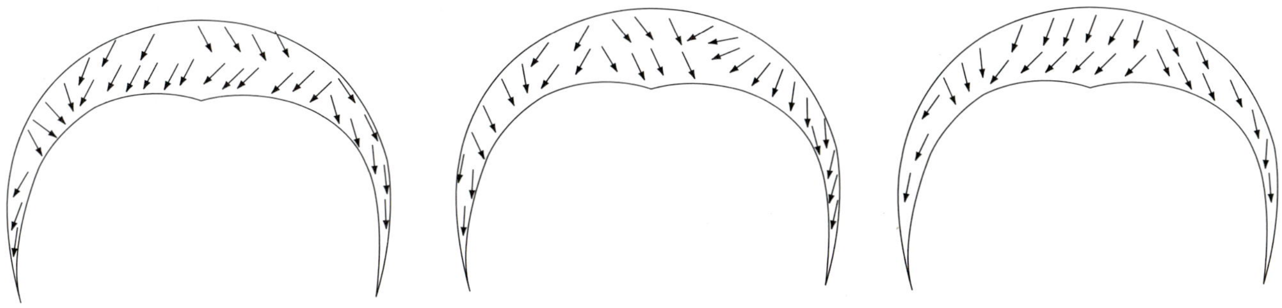

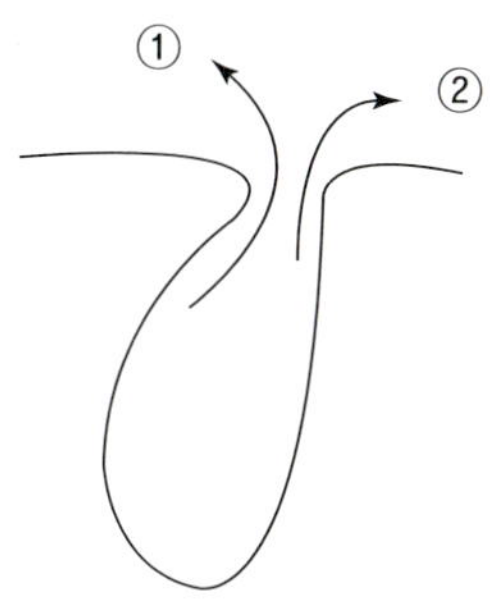

① 두상이 튀어나온 경우 : 모류가 위로 향한다.
② 두상이 직각인 경우 : 모류가 아래로 향한다.

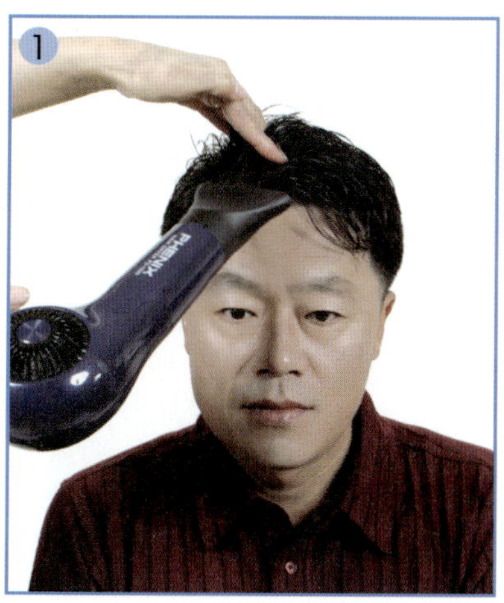

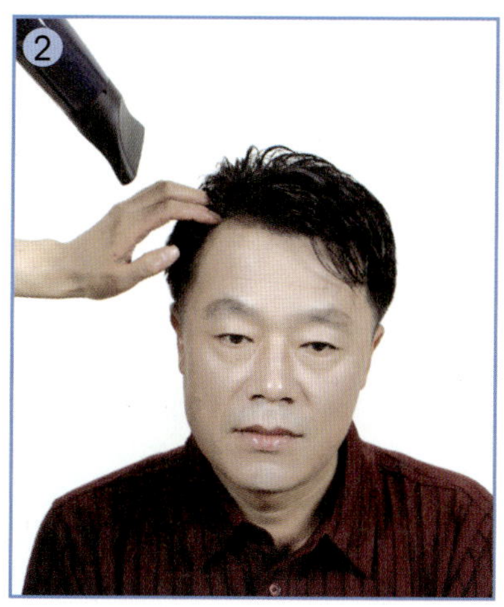

개개인마다 모류가 흘러가는 방향이 다르다.
12cm 이하의 짧은 모발의 기본은 핸드드라이에 의한 스타일링이다.
핸드드라이에서 가장 중요한 점은 모발이 누워 있는 반대방향으로 밀어 모류를 세워 주는 것이다.

2) 뒷머리

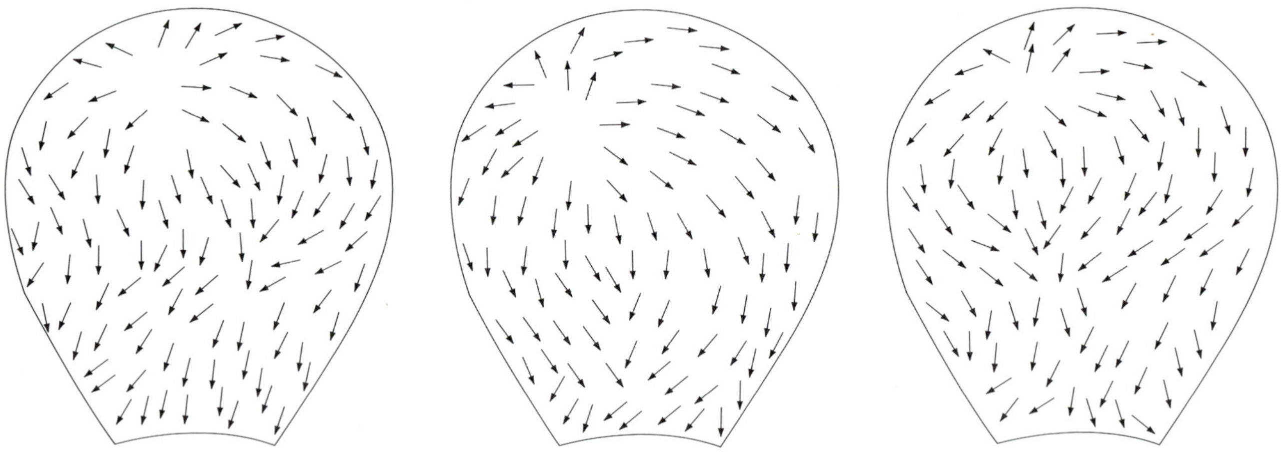

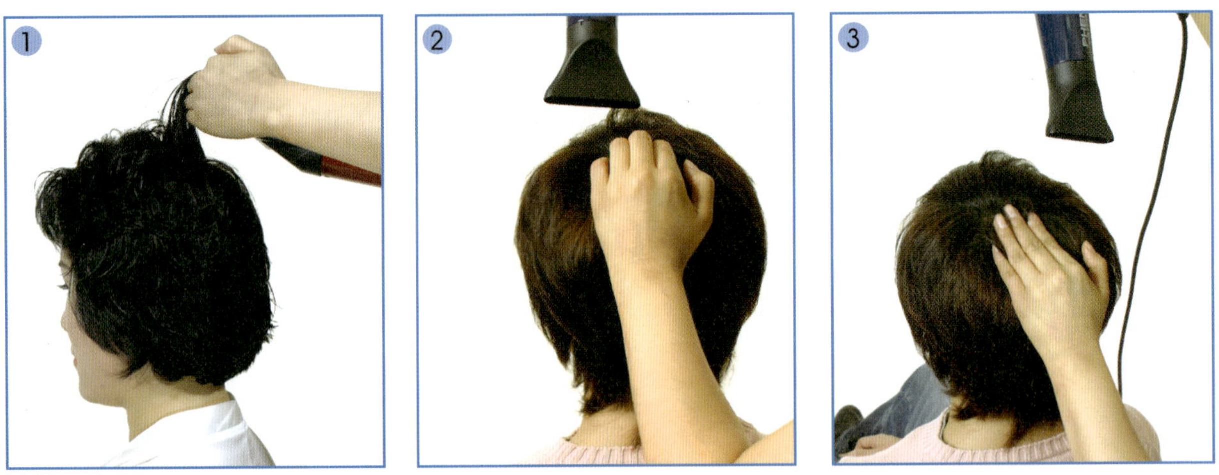

뒷머리 가마부분과 옆선이나 네이프 방향을 점검하고 고객이 원하는 C컬의 방향이 어느쪽인지를 확인한 다음 모류의 뿌리를 잡아주면서 원하는 컬의 방향을 만들어 가는 것이 가장 중요하다.
샴푸 후 젖은 모발을 핸드드라이하면서 원하는 곳에 볼륨을 만들어 준다. 볼륨을 만들때는 모발을 모류의 반대방향으로 120° 이상 일으켜 세운 다음 패널을 둥글게 꺾은 후 생긴 공간에 열풍과 냉풍을 사용하여 고정하는 것이 중요하다.

3) 옆 선

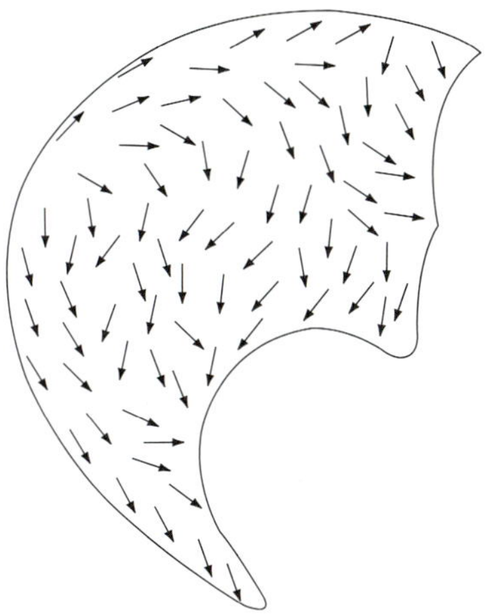

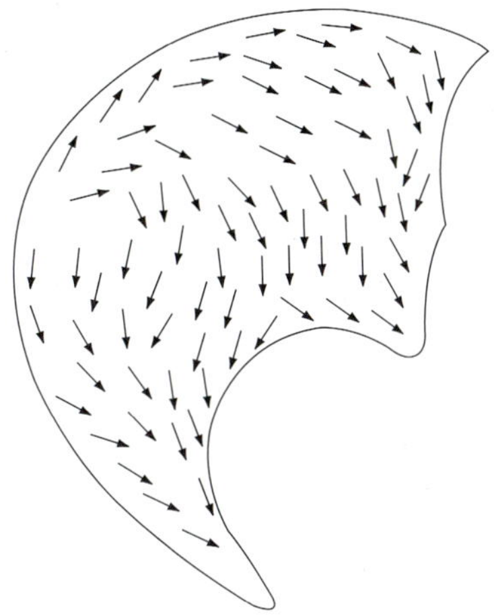

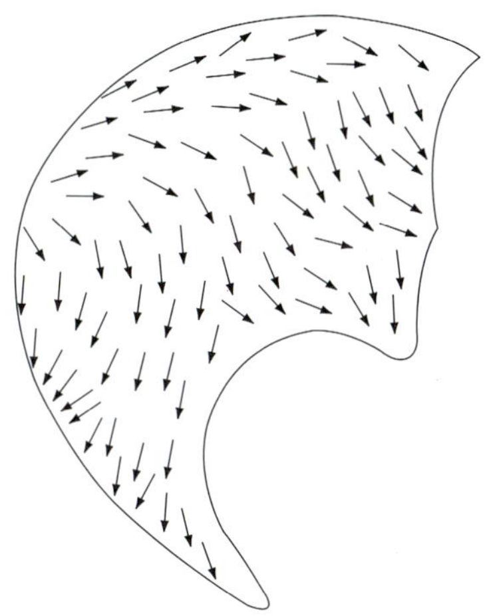

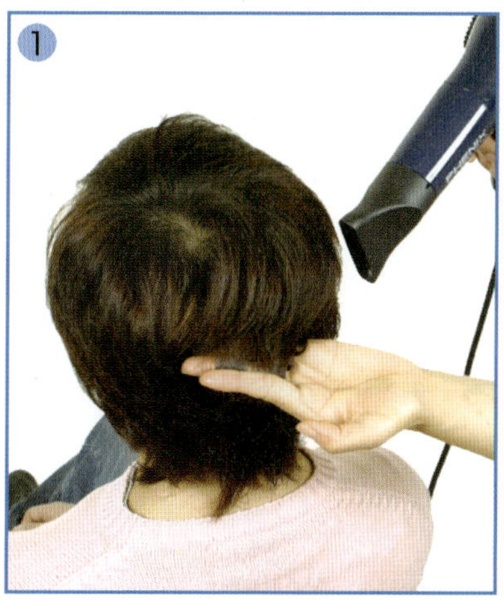

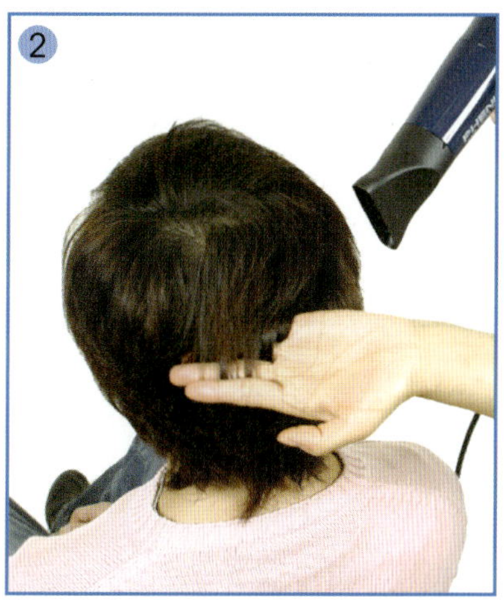

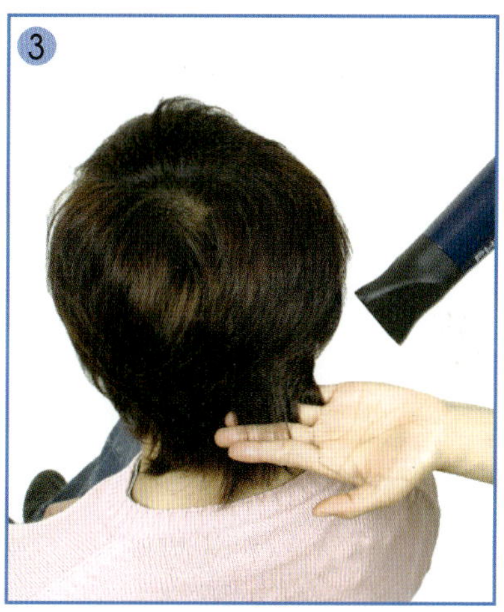

옆선의 흐름은 고객이 원하는 C컬 방향이 어느쪽인지에 따라 결정된다. 귀바퀴 방향은 모류가 앞쪽으로 쏟아지는 성질이 강하므로 핸드드라이 시 모류를 뒤쪽으로 밀어서 비벼주며 모류방향을 잡아주는 것이 중요하다.

블로우드라이 실기

1. 원형 – 스트레이트, C컬, S컬
2. 사각형 – 스트레이트, C컬, S컬
3. 역삼각형– 스트레이트, C컬, S컬
4. 사각형 – 스트레이트, C컬, S컬
5. 별형 – C컬

모발진단서(Diagnosis form)

성　　명		시술일	
생년월일		시술자	
E-mail			
머리길이	T.P :　　, B.P :　　, N.P :　　, S.P :　　, S.C.P :		
커트의 형태			

모발의 상태				
모　질	□ 지성모	□ 보통모	□ 건성모	
	□ 발수성모	□ 보통모	□ 흡수모(손상)	
	□ 굵은모	□ 보통모	□ 가는모	
모　량	□ 多	□ 中	□ 小	
손상부위	□ 전체	□ 모발중간	□ 모발끝	□ 기타
컬　러	□ 宥	□ 無	□ 탈색	□ 기타
펌유무	□ 宥	□ 無	기간 :	종류 :
두피의 상태				
탈모증의 유무	□ 宥	□ 無	□ 기타	
샴푸횟수		린스의 사용 유무		
드라이어 사용횟수		열기구의 사용횟수		
본래의 머리결		사용중인 제품		
평소 헤어스타일이 원하는 대로 유지되는가?				
건조한 모발 감촉				
젖은 모발 감촉				

01 원형 – 인크리스레이어 1

모류보정과 스트레이트 1

스트레이트 – 롤 브러쉬

1. 웨이브의 흐름과 방향

윤기 있는 검은머리만으로도 청순하고 차분한 스타일이 표현된다. 정확히 스트레이트하게 떨어지도록 모류보정과 롤 브러쉬를 드라이어로 모발 끝까지 따라가면서 스트레이트한 모발을 만든다.

2. 커트의 시술방법과 도해도

밑길이를 N.P 20cm 정도로 설정하고 먼저 N.P~B.P사이에 U라인을 만든다. B.P~G.P 일반시술각 90°, G.P~T.P 일반시술각 90°로 시술하고, E.B.P에서 가이드를 설정하여 옆선을 만든다. 앞머리는 F.S.P선에서 온 것으로 설정하고 교차하여 자른 후 손질하기 편하게 질감처리를 해야 한다.

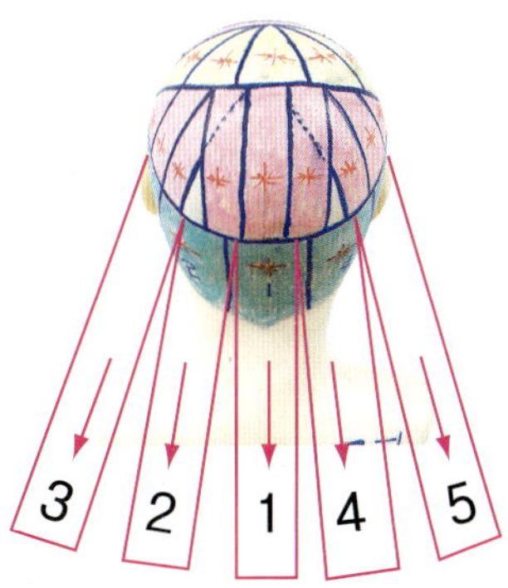

N.P길이 20cm
손가락 기울기 30°

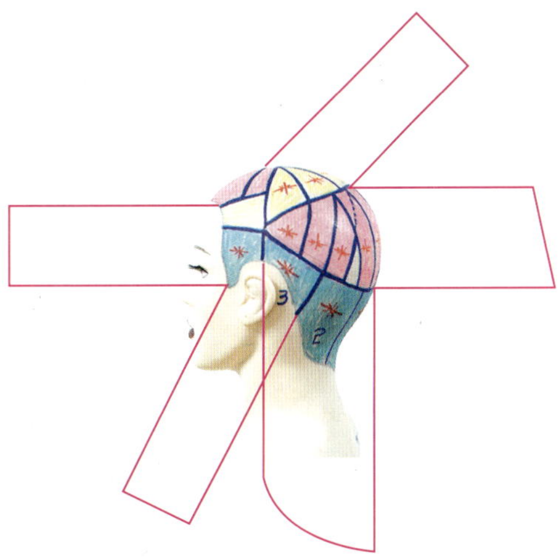

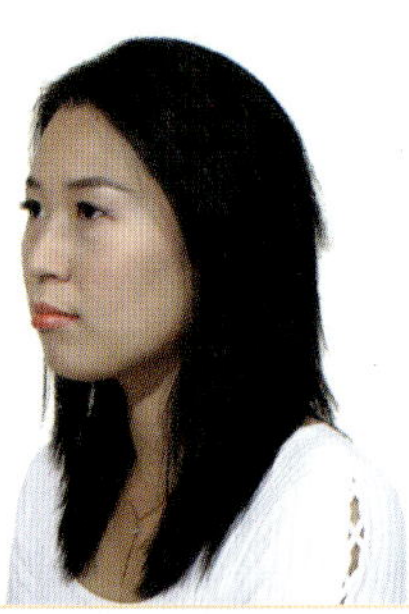
01
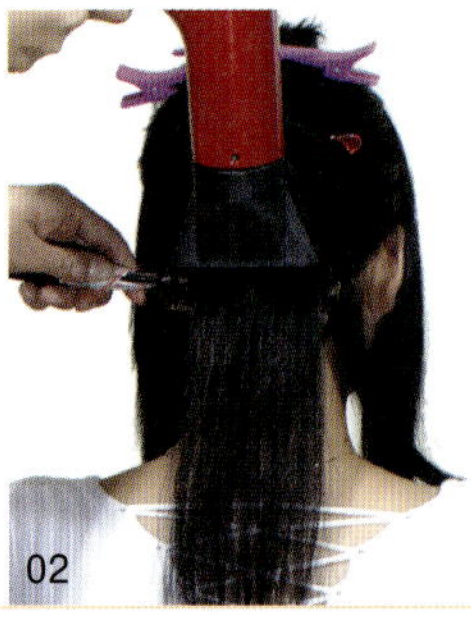
02

03

04

05

01. 드라이 시술하기 전 모발의 상태이다.
02. 후하부에 가로로 브록킹을 나누고 롤 브러쉬를 나란히 한 상태에서 모근부에 열을 준다.
03. 롤 브러쉬를 반 바퀴 돌려서 모근부에 열을 준다.
04. 롤 브러쉬는 돌리지 않고 드라이가 롤 브러쉬를 따라간다.
05. 롤 브러쉬를 따라 가면서 스트레이트한 모발을 시술한다.

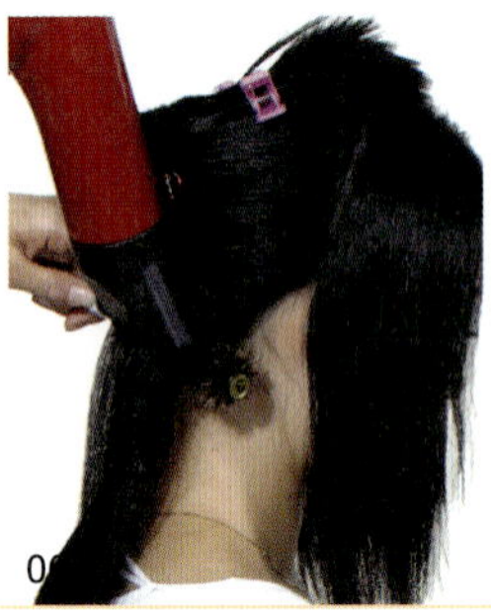
06

07

08

09

10

06. 롤 브러쉬를 반 바퀴 돌려서 모근부에 열을 준다.
07. 롤 브러쉬를 따라 가면서 스트레이트한 모발을 시술한다.
08. 후중부의 중심부에 볼륨을 주기위해 베이스앞쪽으로 롤 브러쉬를 밀어서 열을 준다.
09. 베이스앞쪽으로 롤 브러쉬를 밀어서 드라이어로 열을 준다.
10. 롤 브러쉬를 드라이어가 끝까지 따라 가면서 스트레이트한 모발을 시술한다.

11

12
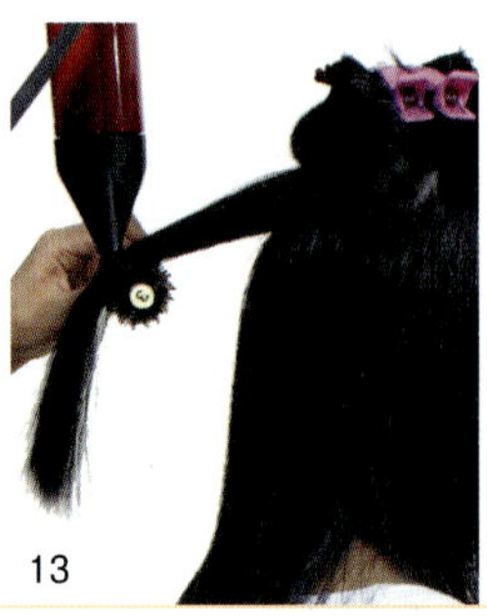
13

14

15

11. 후중부에는 강한 볼륨을 주기위해 롤 브러쉬를 한 바퀴 돌려서 베이스 위에서 열을 준다.
12. 드라이어로 열을 준 후 다시 평행하게 롤 브러쉬를 높이를 낮추어서 시술한다.
13. 더 낮게 모발의 각도를 낮추어서 스트레이트한 모발을 시술한다.
14. 롤 브러쉬는 회전시키지 않고 드라이어가 따라 가면서 모발을 편다.
15. 모발 끝까지 스트레이트한 모발을 시술한다.

16. 드라이한 모발을 모아서 시술할 준비를 한다.
17. 판넬을 모아서 다시 한 번 시술하여 모발에 윤기를 내준다.
18. 모발 끝까지 스트레이트한 모발을 시술한다.
19. 모근부의 모발을 위로 당겨서 롤 브러쉬에 모발을 놓고 드라이어로 열을 준다.
20. 드라이어에 열을 준 후 스트레이트한 모발을 만들어 준다.

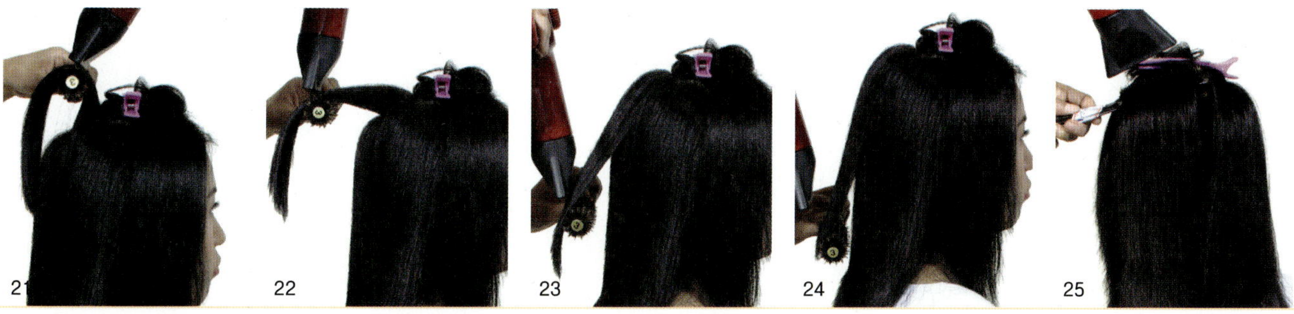

21. 모근부에 볼륨을 주기 위해 롤 브러쉬를 모발의 앞쪽으로 당겨서 열을 준다.
22. 롤 브러쉬를 내리면서 드라이어 열이 따라간다.
23. 드라이어가 롤 브러쉬를 따라 모발 끝까지 따라간다.
24. 모발 끝까지 스트레이트한 모발을 만들기 위해 롤 브러쉬를 드라이어가 따라 간다.
25. 다시 한 번 판넬을 잡고 시술한다.

26. 윤기를 주기 위해 다시 한 번 판넬을 잡고 시술한다.
27. 롤 브러쉬를 한 바퀴를 회전하면서 앞쪽으로 밀어주어 볼륨을 주기 위한 열을 준다.
28. 모근부에 드라이어를 열을 준 후 수직으로 롤 브러쉬를 풀어준다.
29. 롤 브러쉬를 아래로 떨어뜨리면서 스트레이트한 모발을 시술한다.
30. 드라이어가 롤 브러쉬를 끝까지 따라간다.

31. 롤 브러쉬를 반 바퀴 돌려서 모근부에 열을 준다.
32. 드라이어로 열을 준 후 롤 브러쉬의 모발을 스트레이트하게 시술한다.
33. 드라이어가 롤 브러쉬를 따라 가면서 시술한다.
34. 모발의 판넬을 내리면서 스트레이트를 만든다.
35. 모발 끝까지 드라이어가 롤 브러쉬를 따라가면서 시술한다.

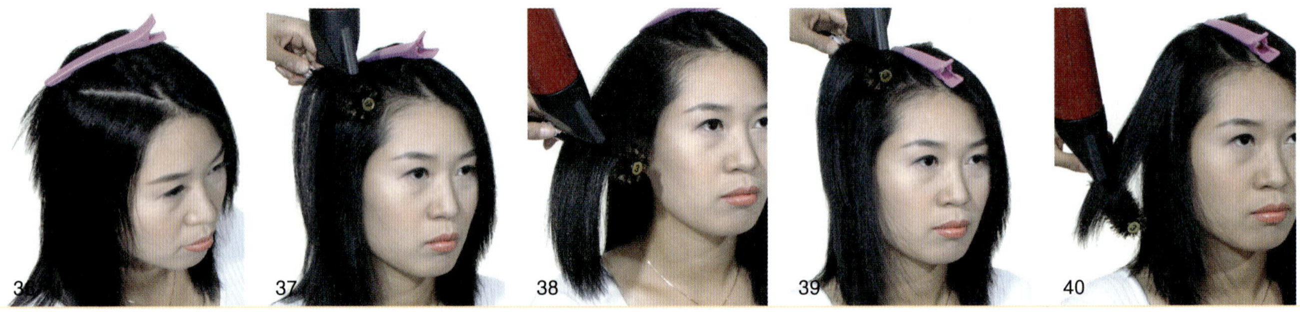

36. 시술하기 위한 사선으로 슬라이스를 타 놓은 상태이다.
37. 롤 브러쉬를 반 바퀴 회전하여 슬라이스와 나란히 하여 모근부에 열을 준다.
38. 모발의 판넬을 내리면서 롤 브러쉬를 따라 드라이어가 열을 준다.
39. 롤 브러쉬를 반 바퀴 회전하여 슬라이스와 나란히 하여 모근부에 열을 준다.
40. 모발의 판넬을 내리면서 롤 브러쉬를 따라 드라이어가 열을 준다.

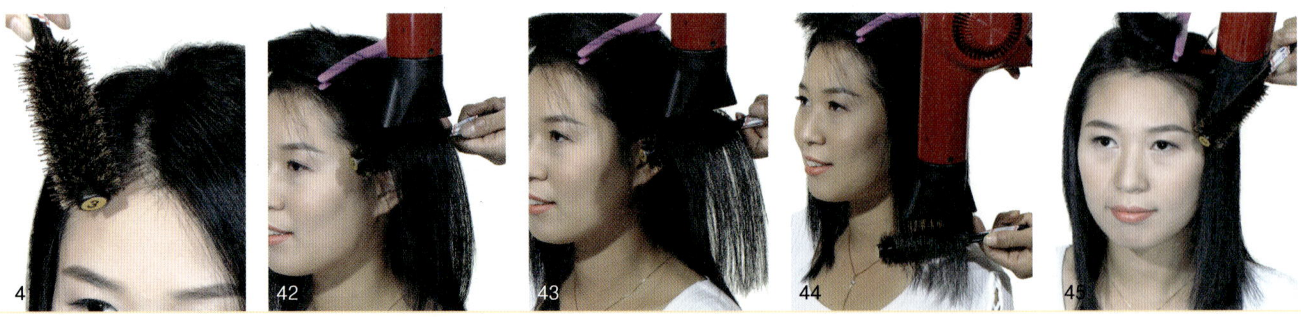

41. 롤 브러쉬를 이용하여 모류를 보정한다.
42. 롤 브러쉬를 반 바퀴 돌려 모근부에 볼륨을 주기 위해 드라이어로 열을 준다.
43. 롤 브러쉬와 드라이어를 평행하게 하여 열을 주어 모근부에 스트레이트한 모발을 시술한다.
44. 롤 브러쉬와 드라이어로 모발 끝까지 모발 판넬을 내리면서 시술한다.
45. 모류를 롤 브러쉬로 잡는다.

46. 롤 브러쉬와 드라이어 열을 이용하여 모류를 잡는다.
47. 롤 브러쉬 안쪽을 밀어 모근부에 볼륨을 만든다.
48. 볼륨을 준 모근부의 모발의 판넬을 내리면서 스트레이트한 모발을 만든다.
49. 롤 브러쉬와 드라이어로 모발 끝까지 모발 판넬을 내리면서 시술한다.
50. 롤 브러쉬를 회전하지 않고 드라이어가 따라 가면서 시술한다.

51. 가르마를 나눈 후 사선으로 시술할 수 있는 슬라이스를 나눈다.
52. 슬라이스와 롤 브러쉬를 나란히 하고 롤 브러쉬를 반 바퀴 돌려서 모근부에 열을 준다.
53. 모근부에는 각도를 내리면서 스트레이트한 모발을 만든다.
54. 롤 브러쉬와 드라이어로 모발끝까지 모발 판넬을 내리면서 시술한다.
55. 롤 브러쉬로 모류를 잡는다.

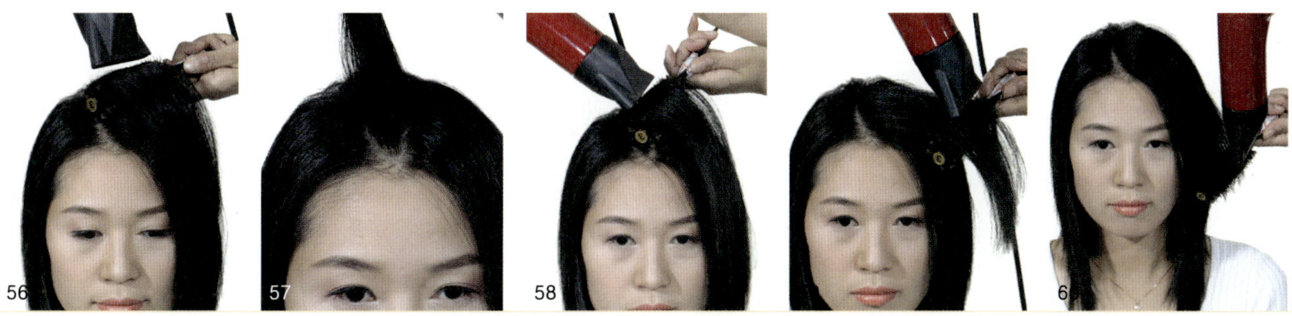

56. 사선으로 하여 롤 브러쉬를 반 바퀴 돌리고 모근부에 드라이어로 열을 준다.
57. 가르마를 중심으로 세로 사선 슬라이스를 타서 모발을 잡는다.
58. 판넬 대로 롤 브러쉬를 반 바퀴 돌려서 슬라이스에 대고 드라이어로 열을 준다.
59. 롤 브러쉬와 드라이어가 따라 가면서 스트레이트한 모발을 만든다.
60. 롤 브러쉬와 드라이어로 모발 끝까지 모발 판넬을 내리면서 시술한다.

01 원형 – 인크리스레이어 2

스트레이트 - 롤 브러쉬

1. 웨이브의 흐름과 방향

모근부에 모류의 볼륨을 잡았고 앞머리는 6:4 가르마로 얼굴선을 드러내어 밝고 청순한 이미지를 연출하였다. 롤 브러쉬를 드라이어가 모발 끝까지 따라가면서 정성스럽게 스트레이트 헤어스타일을 표현하였다.

2. 커트의 시술방법과 도해도

밑길이를 N.P 30cm 정도로 설정하고 먼저 N.P~B.P사이에 U라인을 만든다. B.P~G.P 일반시술각 90°, G.P~T.P 일반시술각 90°로 시술하고, E.B.P에서 가이드를 설정하여 옆선을 만든다. 앞머리는 F.S.P선에서 온 것으로 설정하고 교차하여 자른 후 손질하기 편하게 질감처리를 해야 한다.

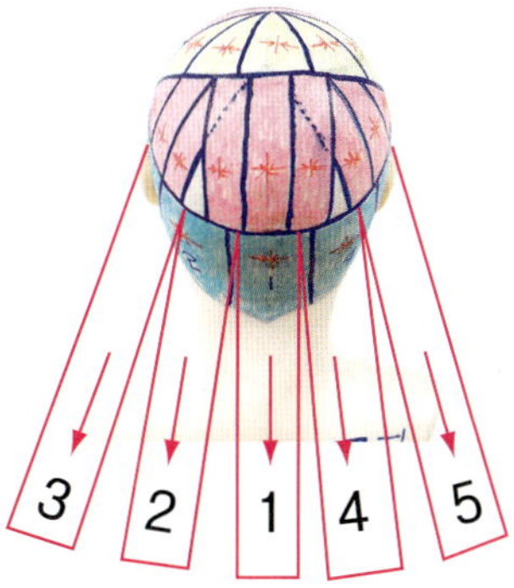

N.P길이 30cm
손가락 기울기 45°

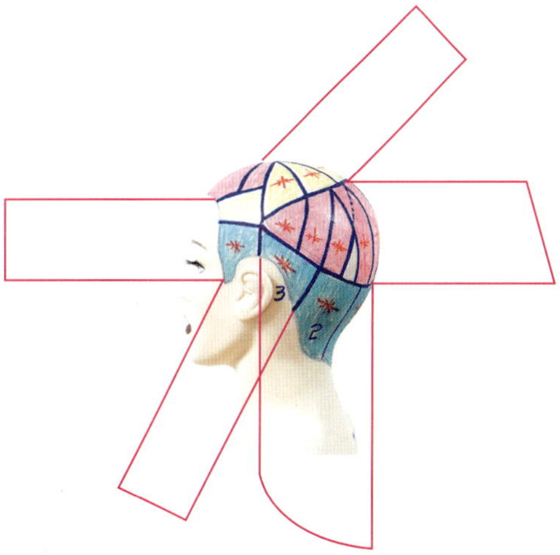

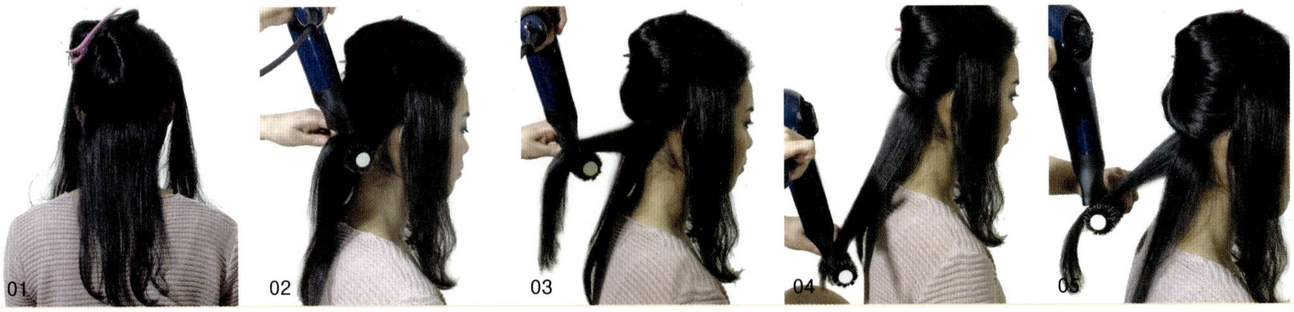

01. 드라이어를 시술하기 쉽게 브록킹을 탄다.
02. 롤 브러쉬를 반 바퀴 돌려 두피에 대고 드라이어로 열을 주어 뜸을 들인다.
03. 롤 브러쉬를 이동시키면 드라이어가 롤 브러쉬를 따라 이동한다.
04. 롤 브러쉬와 드라이어로 모발 끝까지 모발 판넬을 내리면서 시술한다.
05. 스트레이트한 모발을 원하기 때문에 롤 브러쉬를 회전시키면 안 된다.

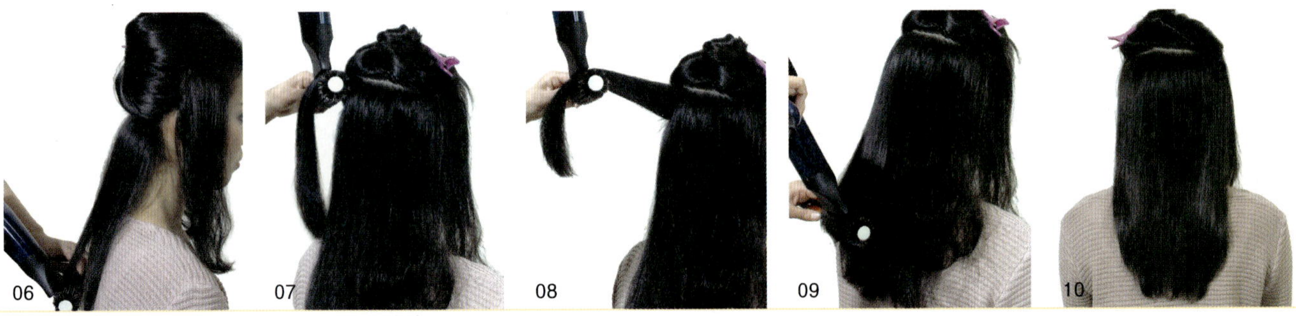

06. 롤 브러쉬와 드라이어로 모발 끝까지 모발 판넬을 내리면서 시술한다.
07. 후중부에 볼륨을 주기 위해 롤 브러쉬를 반 바퀴 돌려 두피에 대고 열을 준다.
08. 모근부에 뜸을 들인 후 롤 브러쉬를 드라이가 따라간다.
09. 롤 브러쉬와 드라이어로 모발 끝까지 모발 판넬을 내리면서 시술한다.
10. 후중부까지 모발을 스트레이트한 상태이다.

11. 시술하기 편리하게 브록킹을 타 놓은 상태이다.
12. 볼륨을 주기 위해 롤 브러쉬를 한 바퀴 회전하여 두피에 대고 드라이어를 열을 주어 뜸을 들인다.
13. 뜸을 들여서 볼륨을 만들고 서서히 각도를 내려 스트레이트한 모발을 시술한다.
14. 서서히 각도를 내려가면서 롤 브러쉬를 드라이어가 따라 가면서 시술한다.
15. 롤 브러쉬와 드라이어로 모발 끝까지 모발 판넬을 내리면서 시술한다.

16

17

18

19

20

16. 롤 브러쉬와 드라이어가 바람을 놓치지 않고 시술해야 모발에 윤기가 난다.
17. 모근부에 볼륨과 모류의 방향을 만들어 준다.
18. 롤 브러쉬를 한 바퀴 돌려 모근부에 볼륨을 주기 위해 롤 브러쉬에 열을 준다.
19. 뜸을 들여서 볼륨을 만들고 서서히 각도를 내려 스트레이트한 모발을 시술한다.
20. 모발의 각도를 들고 롤 브러쉬를 회전하여 두피에 대고 드라이어를 열을 준다.

21

22

23

24

25

21. 열을 주어 뜸을 들인 후 모발의 각도를 내리면서 모근부에 스트레이트한 모발을 만든다.
22. 모발의 각도를 내리면서 롤 브러쉬를 따라 드라이어가 이동한다.
23. 모발 끝까지 모발 판넬을 내리면서 롤 브러쉬를 따라 드라이어가 이동한다.
24. 최대한의 볼륨을 주기 위한 판넬이다.
25. 모발을 들어서 롤 브러쉬를 한 바퀴 회전하여 두피에 밀착하여 앞쪽으로 밀어 드라이어로 열을 준다.

26

27

28

29

30

26. 모발의 각도를 내리면서 드라이어가 따라간다.
27. 모발의 각도를 내려가면서 스트레이트한 모발을 만든다.
28. 측두부도 시술하기 편리하도록 브록킹을 시술해 놓은 상태이다.
29. 모발을 반 바퀴 돌려서 두피에서 열을 준 후 모발의 각도를 낮추어 가면서 시술한다.
30. 모발의 각도를 낮춰 롤 브러쉬를 드라이어가 모발 끝까지 따라가며 스트레이트한 모발을 만든다.

31. 모발 끝까지 모발 판넬을 내리면서 롤 브러쉬를 따라 드라이어가 이동한다.
32. 롤 브러쉬를 얼굴 쪽으로 빼낸다.
33. 이곳에 모류는 대부분 뒤쪽으로 흘러가 있어서 모류보정을 하지 않으면 스트레이트의 효과가 없기 때문에 모류보정이 필요하다.
34. 롤 브러쉬로 모류가 흐르는 반대방향으로 모발을 당겨 열을 주어 뜸을 들여 보정한다.
35. 모류가 흐르는 반대방향으로 모발을 당겨 모류를 잡아주고 열을 주어 뜸을 들여 보정한다.

36. 모류가 뒤쪽으로 흐르기 때문에 사선으로 슬라이스를 떠서 롤 브러쉬를 한 바퀴 돌려 두피에 밀착하여 열을 준다.
37. 열을 주고 뜸을 들인 후 모발의 각도를 낮춰 스트레이트한 모발을 만든다.
38. 모발의 각도를 낮춰 롤 브러쉬를 따라 드라이어가 모발 끝까지 따라가며 스트레이트한 모발을 만든다.
39. 앞머리를 다시 삼각 브록킹을 시술한다.
40. 사각 브록킹으로 떠서 모류보정을 롤 브러쉬로 교정한다.

41. 모발각도를 낮춰 스트레이트한 모발을 만든다.
42. 롤 브러쉬를 한 바퀴 돌려 두피에 두고 드라이어의 열을 준다.
43. 모발에 뜸을 들인 후 모발의 각도를 낮춰 스트레이트한 모발을 만든다.
44. 측두부에 시술하기 위한 브록킹을 시술한다.
45. 모근부에서 뜸을 들인 후 모발의 각도를 낮춰 롤 브러쉬를 드라이어가 따라간다.

  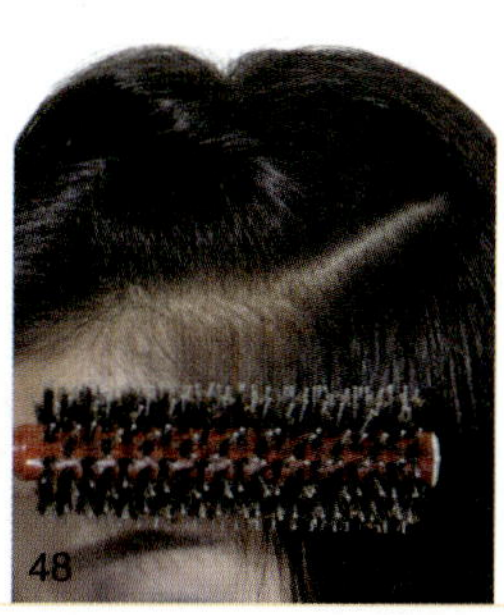  

46. 드라이어가 모발 끝까지 따라 가면서 스트레이트한 모발을 만든다.
47. 뒤쪽으로 흐르는 모류를 보정해야 스트레이트를 표현할 수 있다.
48. 롤 브러쉬를 이용하여 모류가 흐르는 반대쪽으로 모발을 보내고 드라이어로 뜸을 들인다.
49. 모류가 뒤쪽으로 흐르는 보류를 보정한다.
50. 모류를 보정하여 일직선으로 펴 놓은 상태이다.

51. 롤 브러쉬를 반 바퀴 회전하여 두피에 밀착시킨 후 드라이어의 열을 준다.
52. 모발각도를 낮춰 스트레이트한 모발을 만든다.
53. 드라이어가 모발 끝까지 따라 가면서 스트레이트한 모발을 만든다.
54. 모발각도를 낮춰 스트레이트한 모발을 만든다.
55. 모류가 위쪽으로 흐른 상태 이다. 모류보정이 필요한 영역이다.

  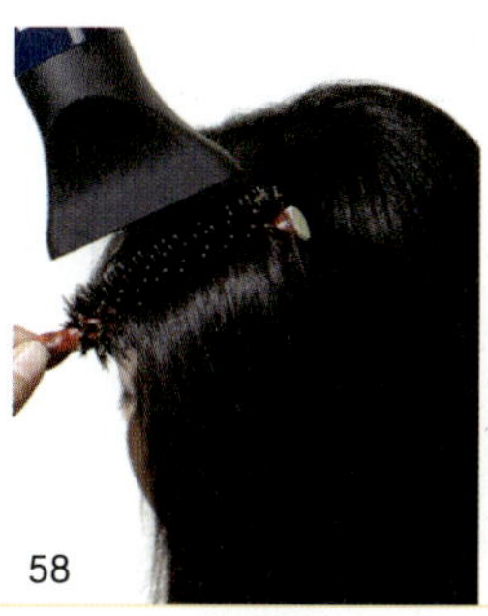  

56. 롤 브러쉬를 모류가 흐르는 반대쪽으로 모발을 당겨서 드라이어의 열을 주어 뜸을 들인다.
57. 모근부에서 볼륨을 주기 위한 열을 주어 뜸을 들인다.
58. 모발의 각도를 내려가면서 스트레이트한 모발을 시술한다.
59. 모류를 보정하기위한 시술을 한다.
60. 모류를 보정하여 자연스럽게 흐르는 듯한 일직선의 모발을 만든다.

01 원형 – 인크리스레이어 3

스트레이트와 C컬의 융합 I

스트레이트와 C컬의 융합
-롤 브러쉬

1. 웨이브의 흐름과 방향

어깨선위에서 C컬의 느슨한 웨이브로 얼굴선을 드러내어 은근한 화려함과 부드러운 여성스러움을 연출한 스타일이다. 롤 브러쉬로 모근부의 스트레이트와 볼륨이 어깨선 위에 떨어지는 C컬의 웨이브를 잘 융합하는 것을 강조하였다.

2. 커트의 시술방법과 도해도

밑길이를 N.P 30cm 정도로 설정하고 먼저 N.P~B.P사이에 U라인을 만든다. B.P~G.P 일반시술각 90°, G.P~T.P 일반시술각 90°로 시술하고, E.B.P에서 가이드를 설정하여 옆선을 만든다. 앞머리는 F.S.P선에서 온 것으로 설정하고 교차하여 자른 후 손질하기 편하게 질감처리를 해야 한다.

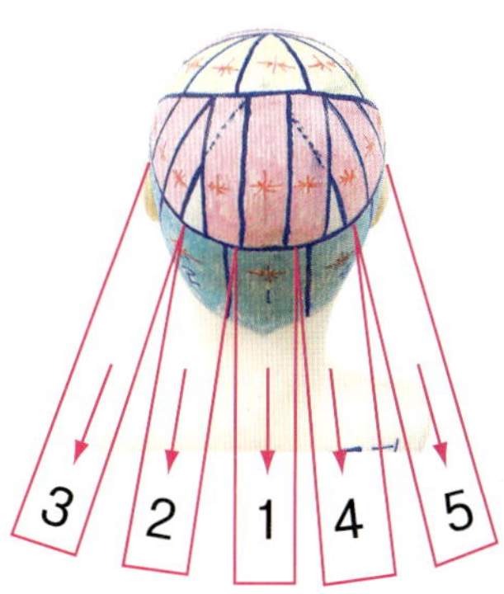

N.P길이 30cm
손가락 기울기 45°

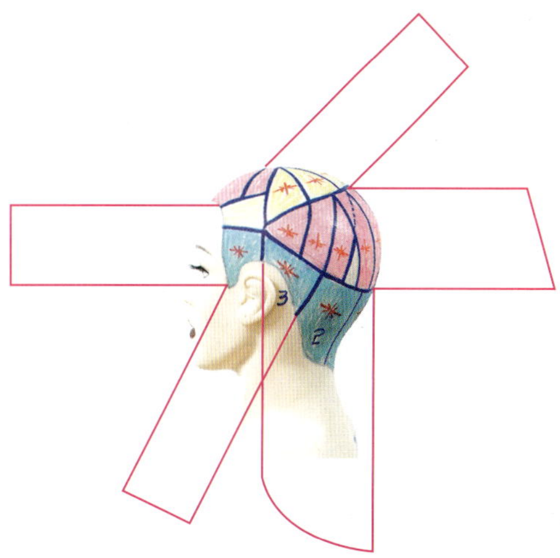

01

02

03

04

05

01. U라인 아래영역은 센타 파트로 나눈 후 후대각 슬라이스를 떠서 드라이 시술한 파팅을 먼저 나누어 놓는다.
02. 모발을 가지런히 롤 브러쉬 안에 넣고 슬라이스와 나란히 드라이어로 열을 주고 모발길이의 10cm를 남기면서 한 바퀴 와인딩을 하기 위한 준비를 한다.
03. 롤 브러쉬를 수직으로 세워 앞쪽, 뒤쪽에서 드라이어로 열을 주고 식힌다.
04. 롤 브러쉬를 반 바퀴 굴리고 C컬을 만들면서 모발을 빼낸다.
05. 모근부에 슬라이스와 나란히 온더베이스로 롤 브러쉬를 대어 볼륨은 만든다. 이때 넓이가 넓으면 2등분으로 나누어서 시술한다.

06

07

08

09

10

06. 롤 브러쉬를 수직으로 세워 앞쪽, 뒤쪽에서 드라이어로 열을 주고 식힌다.
07. 모발이 엉키지 않도록 롤 브러쉬를 회전하면서 모발을 빼낸다.
08. 모근부에서 볼륨을 만든다.
09. 모발끝부분에서 텐션을 주면서 한 바퀴 와인딩을 한다.
10. 롤 브러쉬 앞쪽과 뒤쪽에서 열을 주고 식힌 다음 롤 브러쉬를 회전하면서 빼낸다.

11

12

13

14

15

11. 모발을 가지런히 롤 브러쉬 안에 넣고 슬라이스와 나란히 드라이어로 열을 주고 모발길이의 10cm를 남기면서 한 바퀴 와인딩을 한다.
12. 앞쪽, 뒤쪽에서 드라이어로 열을 주고 충분히 식힌다.
13. 드라이어로 롤 브러쉬를 따라 모발 끝까지 열을 준다.
14. 후중부에는 모근부에 최대한의 볼륨은 준다.
15. 텐션을 주면서 스트레이트한 모발을 모근부에서 만든다(롤은 회전하지 않는다).

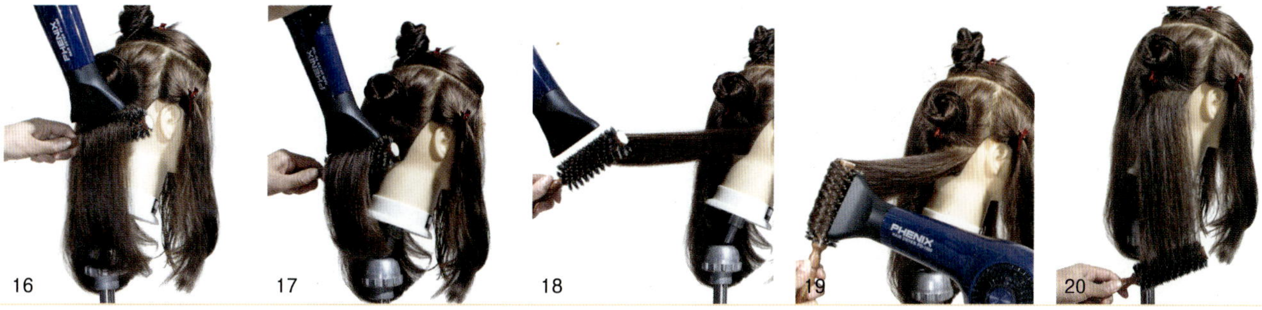

16. 모근부에 드라이어로 열을 주어 볼륨을 만든다.
17. 모근부에는 스트레이트한 모발을 만든다.
18. 모발끝부분에서는 텐션을 주면서 롤 브러쉬로 한 바퀴 와인딩을 시술한다.
19. 롤 브러쉬 앞, 뒤로 열을 주고 뜸을 들인다.
20. 모발을 아래로 내려서 풀어 준다. 너무 잡아당기면서 빼지 말고 롤을 반 회전 하면서 빼낸다.

21. 모발을 마지막 한 올 까지도 정성을 들이면서 천천히 빼낸다.
22. 슬라이스와 평행하게 롤 브러쉬를 대고 모근부에 볼륨을 준다.
23. 모발에 각을 세우고 백(back)으로 밀면서 한 바퀴 와인딩을 한다. 그 후 모발을 풀어 C컬을 만든다.
24. 후대각 슬라이스와 롤 브러쉬를 나란히 하여 드라이로 열을 주어 볼륨을 만든다.
25. 모발에 각을 세우고 백(back)으로 밀면서 한 바퀴 와인딩을 한다. 그 후 모발을 풀어 C컬을 만든다.

26. 모근부에 볼륨을 준다.
27. 롤 브러쉬에 있는 모발을 반회전하면서 롤 브러쉬를 빼낸다.
28. 모발의 각도를 주면서 텐션을 준다.
29. 롤 브러쉬를 아래로 내려서 C컬을 만들면서 모발을 빼낸다.
30. 다시 한 번 열을 줄 경우에는 드라이어로 열을 시키면서 시술한다.

31. 모발의 각도를 들어서 모근부에는 스트레이트한 모발을 만들고 끝부분만 C컬을 만든다.
32. 모근부에 슬라이스와 롤 브러쉬를 나란히 하고 드라이어로 열을 주어 볼륨을 만든다.
33. 모발끝 부분에 와서는 롤 브러쉬를 한 바퀴 와인딩 한다.
34. 모근부에 볼륨을 준다.
35. 모근부에는 일반시술각 90°로 각도를 들어서 스트레이트한 모발을 만든다.

36. 롤 브러쉬를 한 바퀴 반 와인딩을 한다.
37. 롤 브러쉬 앞과 뒤에 드라이어로 열을 충분히 주고 뜸을 들인 다음 모발을 빼낸다.
38. 모근부에 볼륨을 준다.
39. 모발을 내려서 롤 브러쉬를 빼면서 C컬을 만든다.
40. 롤 브러쉬를 사선으로 하여 얼굴쪽으로 향하게 한 바퀴 와인딩을 한다.

41. 롤 브러쉬 앞과 뒤에 드라이어로 열을 준 후 뜸을 들이다 모발을 풀어서 C컬을 만든다.
42. 롤 브러쉬를 한 바퀴 회전하여 모근부에 대고 드라이어에 열을 주어 볼륨을 준다.
43. 모발각도를 들어서 모근부에 스트레이트한 모발을 만든다.
44. 롤 브러쉬 앞과 뒤에 드라이어로 열을 준 후 뜸을 들이다 모발을 풀어서 C컬을 만든다.
45. 롤 브러쉬를 앞쪽으로 밀어서 모근부에 볼륨을 준다.

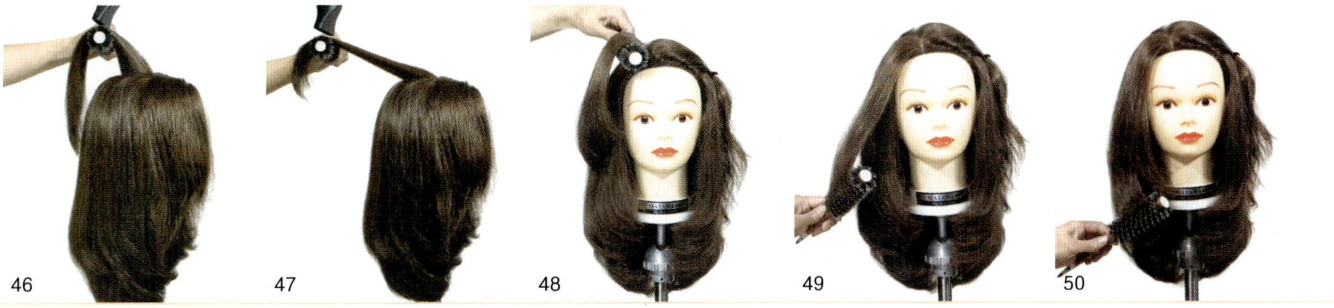

46. 모근부의 모발의 각도를 들어서 스트레이트한 모발을 만든다.
47. 모발의 각도를 내려서 스트레이트한 모발을 만든다.
48. 모근부에는 볼륨을 만든다.
49. 롤 브러쉬를 반 바퀴만 와인딩을 하고 천천히 모발을 빼낸다.
50. 사선으로 댄 롤 브러쉬를 C컬을 만들면서 롤 브러쉬를 빼낸다.

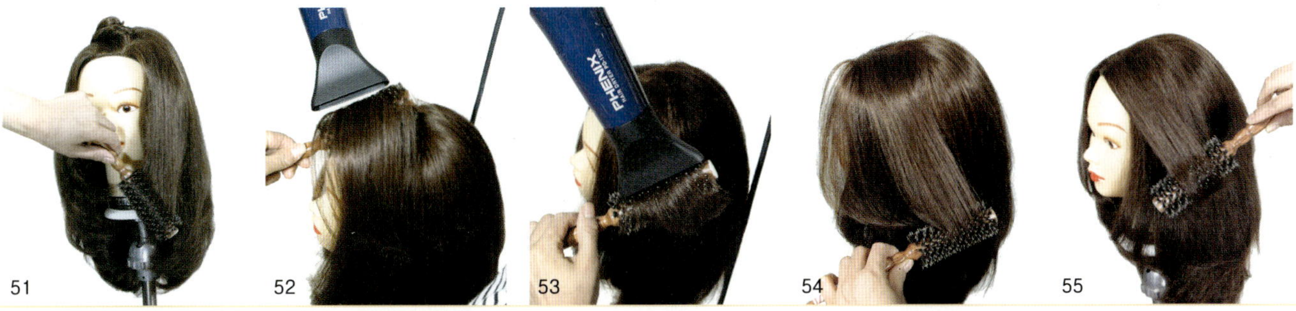

51. 얼굴 쪽을 향하게 롤 브러쉬를 사선으로 반 바퀴 와인딩 하고 앞쪽, 뒤쪽에 열을 준 후 빼낸다.
52. 모근부에 볼륨을 준다.
53. 앞머리에 해당하는 맨 위부분의 판넬은 앞쪽으로 오면 예쁘지 않기 때문에 뒤쪽으로 흐름을 주는 바람머리를 만든다.
54. 천천히 롤 브러쉬를 뒤쪽으로 회전하면서 모발을 빼낸다.
55. 모발을 잡아당기지 않으면서 뒤쪽으로 C컬의 흐름을 만들며 브러쉬를 빼낸다.

56. 모근부에 볼륨을 준다.
57. 위쪽을 향하게 롤 브러쉬를 사선으로 대고 바람머리를 만든다.
58. 반 바퀴 와인딩 후 열을 주어 식힌 후 롤 브러쉬를 살짝 빼고 위쪽으로 밀어서 릿지를 만든다.
59. 롤 브러쉬를 뒤쪽으로 빼면서 C컬의 흐름을 만든다.
60. 뒤쪽으로 흐르는 C컬의 바람머리를 만든다.

01 원형 – 인크리스레이어 4

스트레이트와 C컬의 융합 2

스트레이트-롤 브러쉬

1. 웨이브의 흐름과 방향

어깨선 위에서 C컬의 느슨한 웨이브로 얼굴선을 드러내어 은근한 화려함과 부드러운 여성스러움을 연출한 스타일이다. 롤 브러쉬로 모근부의 스트레이트와 볼륨이 어깨선 위에 떨어지는 C컬의 웨이브를 잘 융합하는 것을 강조하였다.

2. 커트의 시술방법과 도해도

밑길이를 N.P 30cm 정도로 설정하고 먼저 N.P~B.P사이에 U라인을 만든다. B.P~G.P 일반시술각 90°, G.P~T.P 일반시술각 90°로 시술하고, E.B.P에서 가이드를 설정하여 옆선을 만든다. 앞머리는 F.S.P선에서 온 것으로 설정하고 교차하여 자른 후 손질하기 편하게 질감처리를 해야 한다.

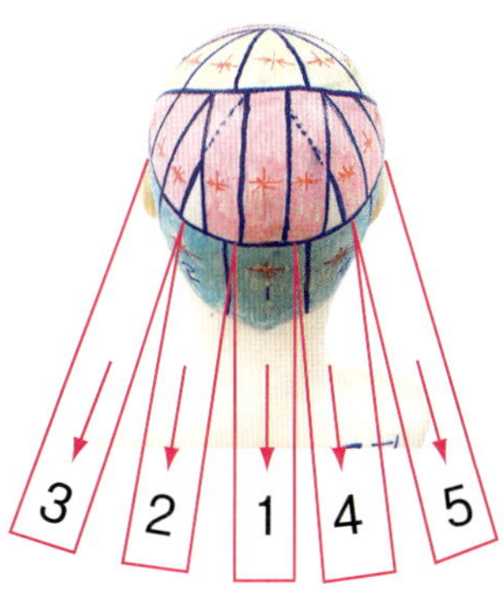

N.P길이 30cm
손가락 기울기 45°

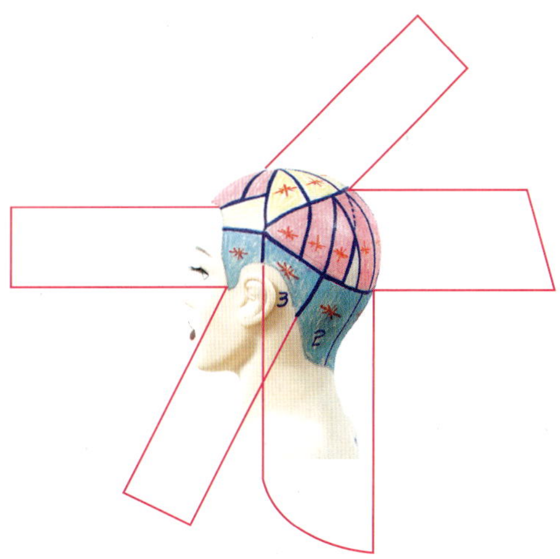

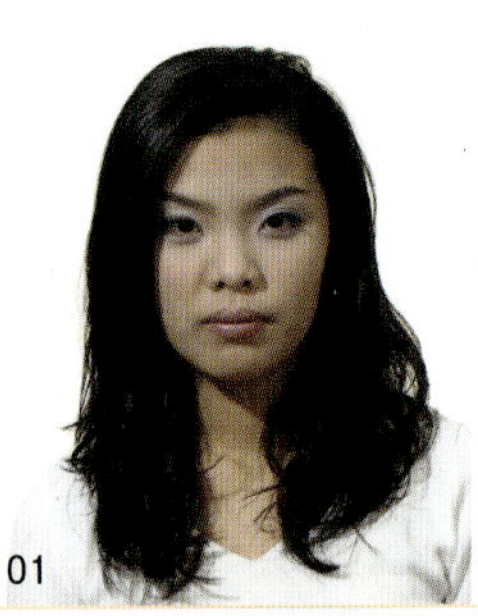
01

02

03

04

05

01. 드라이를 시술하기 위한 준비를 한 상태이다.
02. 웨이브를 주고자 하는 부분은 브록킹과 사선으로 롤 브러쉬에 모발을 가지런히 하여 감는다.
03. 모발 끝을 가지런히 하여 롤 브러쉬에 감고 와인딩 된 곳을 이쪽저쪽에 열을 주고 뜸을 들인다.
04. 뜸을 들인 와인딩된 롤 브러쉬를 떨어뜨린 자리에 풀면서 자연스런 C컬을 만들어 준다.
05. 롤 브러쉬를 반 바퀴 돌려 두피에 올려놓고 볼륨을 주기 위해 드라이어로 열을 준다.

06
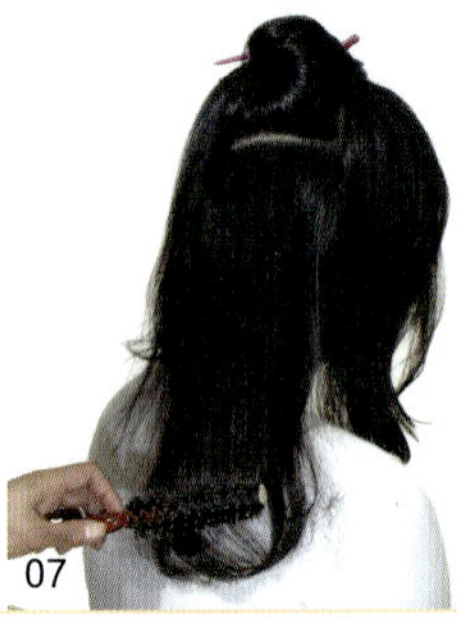
07

08

09

10

06. 모발 끝에서 롤 브러쉬를 사선으로 하여 모발을 감고 열을 위, 아래로 준 후 뜸을 들인다.
07. 롤 브러쉬와 드라이어가 나란히 하여 열을 주고 뜸을 들인 후 모발을 풀면서 자연스런 C컬을 만든다.
08. 롤 브러쉬에 모발을 가지런히 하여 감고 사선으로 와인딩한다.
09. 와인딩 후 이쪽저쪽 열을 주어 뜸을 들인다.
10. 모발을 떨어뜨린 자리에 풀면서 자연스런C컬을 만들어 준다.

11

12
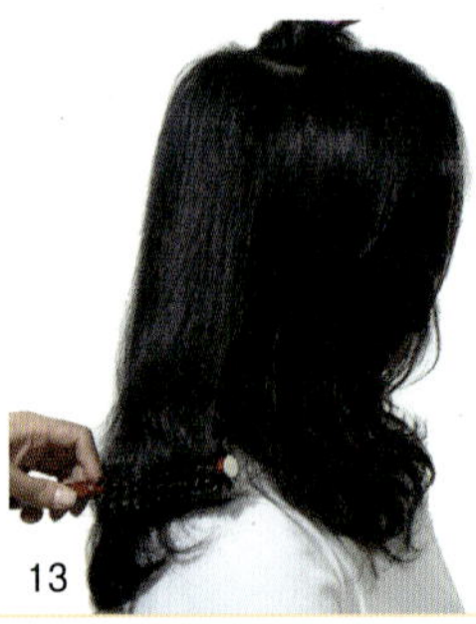
13

14

15

11. 모근부에는 스트레이트한 모발을 시술한다.
12. 모발을 가지런히 정리하여 롤 브러쉬에 사선으로 감는다.
13. 모발을 풀면서 자연스런C컬을 만들어 준다.
14. C컬의 흐름과 스트레이트한 모발을 연결한 모습이다.
15. 롤 브러쉬를 회전하여 두피에 밀착시켜 모근부에 볼륨을 만든다.

16. 사선으로 롤 브러쉬를 잡고 한 바퀴 와인딩 한 후 이쪽저쪽 열을 주어 뜸을 들인다.
17. 모발을 풀면서 롤 브러쉬를 밀어주고 자연스런 C컬을 만든다.
18. 모근부에는 스트레이트한 모발을 시술한다.
19. 사선으로 롤 브러쉬를 잡고 한 바퀴 와인딩 한 후 이쪽저쪽 열을 주어 뜸을 들인다.
20. 모근부에는 스트레이트한 모발을 시술한다.

21. 사선으로 롤 브러쉬를 잡고 한 바퀴 와인딩 한 후 이쪽저쪽 열을 주어 뜸을 들인다.
22. 모발을 풀면서 롤 브러쉬를 밀어주고 자연스런 C컬을 만든다.
23. 롤 브러쉬를 한 바퀴 회전하여 앞쪽으로 밀어서 열을 주어 볼륨을 만든다.
24. 모발 끝부터 모발을 가지런히 하고 열을 주어 볼 브러쉬에 감을 수 있게 한다.
25. 모발 끝에서부터 롤 브러쉬에 와인딩 한다.

26. 시술각도를 다운하고 롤 브러쉬에 모발을 풀어 C컬을 만들어 준다.
27. 롤 브러쉬를 사선으로 반 바퀴 돌려 열을 주어 C컬을 만든다.
28. 시술각도를 다운하고 롤 브러쉬에 모발을 풀어 C컬을 만들어 준다.
29. 롤 브러쉬를 반 바퀴 돌려 두피에 대고 드라이어로 열을 준 후 뜸을 들인다.
30. 뜸을 들인 모발을 펴서 모근부에는 스트레이트 모발을 시술한다.

31

32
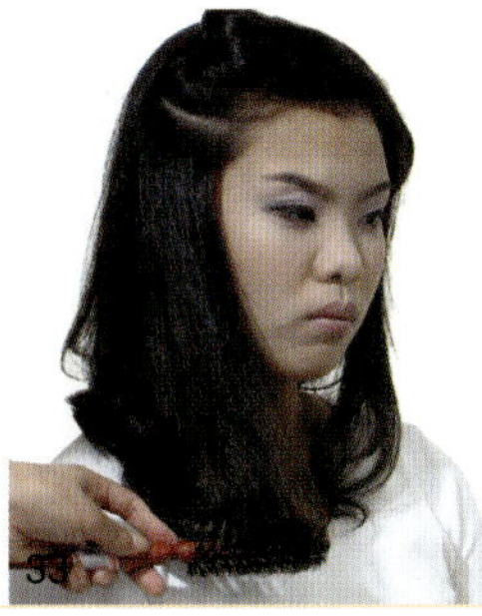
33
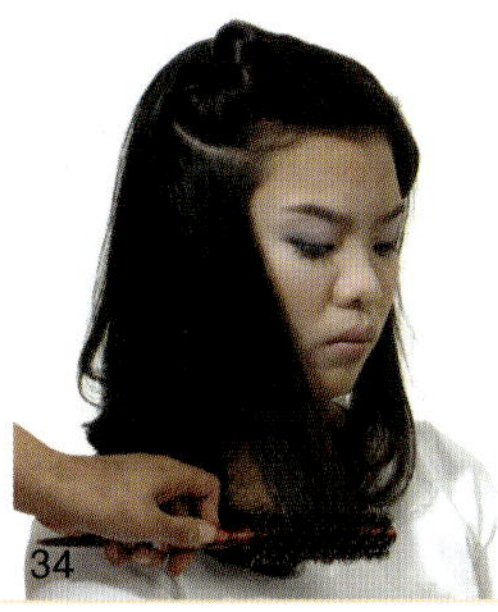
34

35

31. 모발을 가지런히 하고 롤 브러쉬를 사선으로 하여 와이딩 한다.
32. 모발의 각도를 다운시키고 롤 브러쉬로 C컬을 만들어 주면서 풀어준다.
33. 롤 브러쉬를 얼굴 쪽으로 밀면서 풀어 C컬을 만들어 준다.
34. 롤 브러쉬를 앞쪽으로 밀어주면서 C컬을 만들어 주며 모발을 풀어준다.
35. 롤 브러쉬를 얼굴 쪽으로 밀면서 풀어 C컬을 만들어 준다.

36

37

38

39

40

36. 롤 브러쉬를 한 바퀴 회전하여 두피에 대고 볼륨과 모류의 방향을 잡는다.
37. 모발 끝까지 약하게 스트레이트로 시술한다.
38. 롤 브러쉬를 앞쪽으로 밀어 C컬을 만들면서 빼낸다.
39. 얼굴 쪽으로 롤 브러쉬를 풀면서 자연스런C컬을 만든다.
40. 모발 끝까지 스트레이트하게 시술한다.

41

42

43

44

45

41. 롤 브러쉬를 따라 드라이어가 이동하면서 시술한다.
42. 모발 끝에서 롤 브러쉬를 사선으로 대고 와인딩 한다.
43. 모발을 다운시켜 롤 브러쉬를 앞쪽으로 밀어주면서 C컬을 만든다.
44. 롤 브러쉬를 회전시켜 두피에 밀착시킨 후 모근부에 드라이어로 열을 주고 뜸을 들인다.
45. 모발 끝은 한 바퀴만 와인딩하여 뒤쪽으로 흐름을 빼고 C컬을 만든다.

46

47

48

49

50

46. 롤 브러쉬를 뒤쪽으로 빼내 뒤쪽으로 흐르는 C컬을 만든다.
47. 모근부에 열을 주어 볼륨과 모류를 잡아준다.
48. 모발을 다운하고 롤 브러쉬를 사선으로 와인딩 한다.
49. 롤 브러쉬를 사선으로 와인딩 하여 롤 브러쉬에 열을 주고 뜸을 들인다.
50. 얼굴 쪽으로 롤 브러쉬를 밀면서 C컬을 만든다.

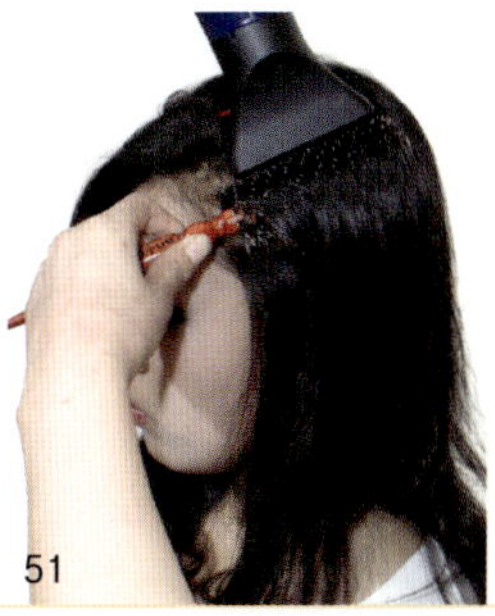
51

52

53

54

55

51. 롤 브러쉬를 한 바퀴 회전한 후 드라이어로 열을 주고 뜸을 들여 볼륨과 모류를 잡아준다.
52. 모발 끝까지 약하게 스트레이트한 모발을 만든다.
53. 롤 브러쉬를 회전하여 두피에 대고 드라이어로 롤 브러쉬에 열을 주어 볼륨과 모류를 잡아준다.
54. 모근부에는 스트레이트한 모발과 볼륨을 만든다.
55. 모발 끝까지 스트레이트한 모발을 만든다.

56

57

58

59

60

56. 롤 브러쉬가 이동하면 드라이어가 따라 가면서 스트레이트한 모발을 만든다.
57. 모발 끝까지 스트레이트한 모발을 만든다.
58. 스트레이트하게 한 후 끝부분은 모발을 가지런히 하여 와인딩 할 준비를 한다.
59. 모근부에는 스트레이트한 모발을 시술한다.
60. 모발끝부분은 롤 브러쉬를 사선으로 대고 와인딩한 후 모발을 풀어서 C컬을 만든다.

01 원형 – 인크리스레이어 5

스트레이트와 C컬의 융합 3

스트레이트와 C컬의 융합
-스트레이트한 열기구

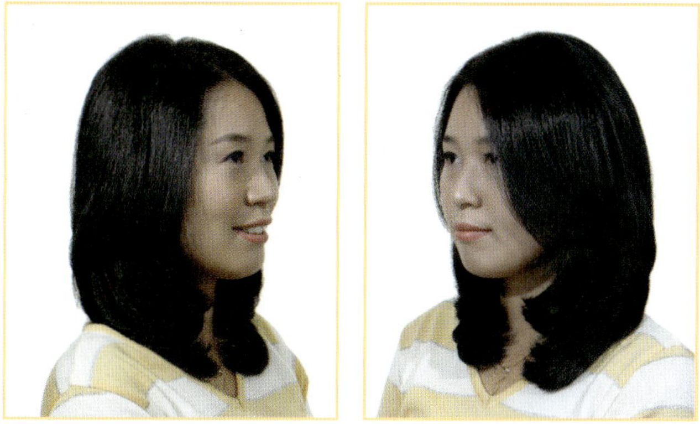

1. 웨이브의 흐름과 방향

윤기 있는 검은 머리를 밑부분에서 자연스럽게 C컬을 만들어 주게 되면 컬만으로도 고상하고 차분한 헤어스타일을 연출할 수 있다. 강한 모질일 경우 드라이와 롤 브러쉬의 열만으로는 웨이브가 쉽게 만들어지지 않으므로 열기구를 사용하였고 두피에 모류교정이나 볼륨을 표현하는 시술은 롤 브러쉬를 사용하였다.

2. 커트의 시술방법과 도해도

밑길이를 N.P 20cm 정도로 설정하고 먼저 N.P~B.P사이에 U라인을 만든다. B.P~G.P 일반시술각 90°, G.P~T.P 일반시술각 90°로 시술하고, E.B.P에서 가이드를 설정하여 옆선을 만든다. 앞머리는 F.S.P선에서 온 것으로 설정하고 교차하여 자른 후 손질하기 편하게 질감처리를 해야 한다.

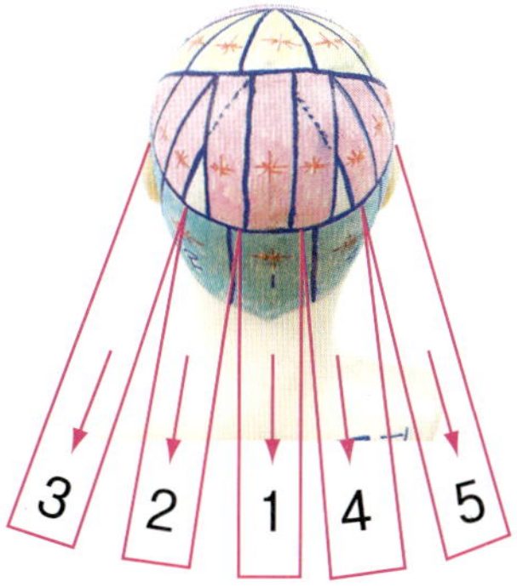

N.P길이 20cm
손가락 기울기 30°

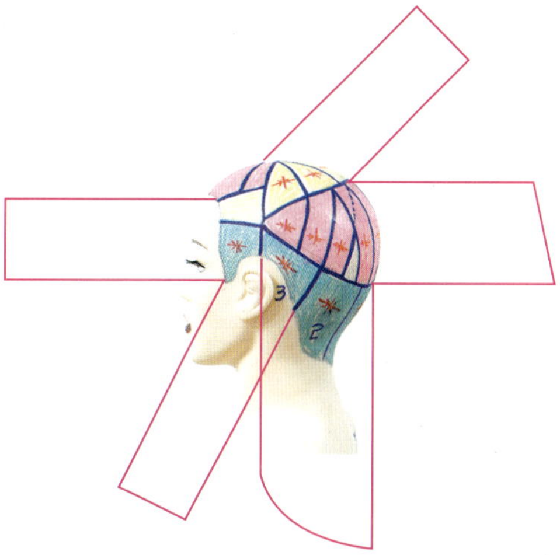

01

02

03

04

05

01. 뿌리에 볼륨과 모류를 잡아주기 위해 브록킹을 시술해 놓은 상태이다.
02. 뿌리에 볼륨을 주기 위해 롤 브러쉬를 브록킹에서 반 바퀴를 돌려 모근부에 열을 준다.
03. 모근부에 열을 준 후 드라이어가 롤 브러쉬를 따라간다.
04. 볼륨을 주기 위해 모발베이스를 앞쪽으로 밀면서 롤 브러쉬에 모발을 감고 열을 준다.
05. 롤 브러쉬를 앞쪽으로 밀면서 롤 브러쉬에 열을 주고 뜸을 들인다.

06

07

08

09

10

06. 모류를 살리고 볼륨은 주기 위해 롤 브러쉬를 밀면서 모근부에 드라이어로 열을 주어 볼륨을 만든다.
07. 롤 브러쉬를 앞으로 밀면서 드라이어로 열을 준다.
08. 롤 브러쉬와 브록킹을 나란히 하여 모근부에 열을 주어 볼륨을 만든다.
09. 롤 브러쉬를 반 바퀴 돌려 두피에 대고 드라이어의 열을 주어 모류와 볼륨을 만든다.
10. 다음 시술을 위한 브록킹이다.

11

12

13

14

15

11. 브록킹과 롤 브러쉬를 나란히 하고 모근부에 열을 주어 볼륨과 모류를 보정한다.
12. 롤 브러쉬를 앞쪽으로 밀어주면 밀어준 만큼 볼륨이 생긴다.
13. 모근부에는 모류보정과 볼륨을 만들어 준다.
14. 롤 브러쉬를 반 바퀴 돌려 두피에 대고 드라이어로 열을 주어 볼륨을 만든다.
15. 곱슬이면서 모질이 뻣뻣한 강모는 드라이어로 웨이브를 잡기 어렵기 때문에 열기구를 이용하여 빠른 시간에 시술이 편리하게 준비한다.

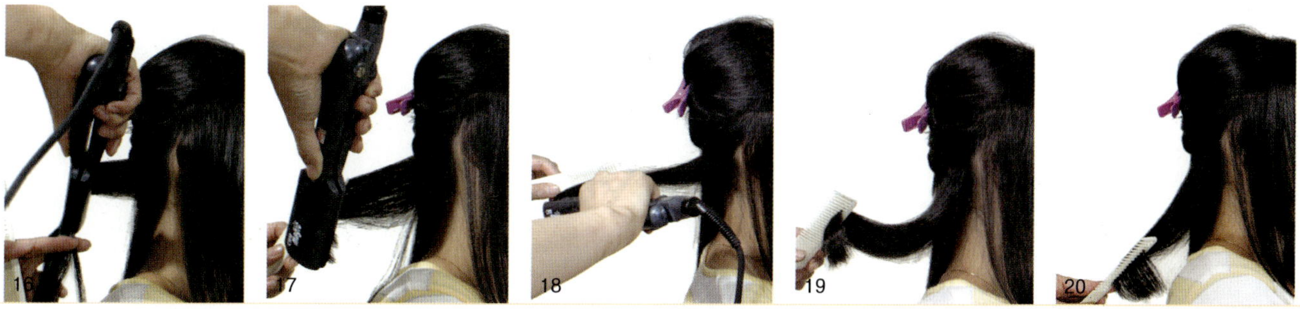

16. 후대각 파팅과 열기구를 평행하게 하여 모발에 열을 가한다.
17. 열기구를 서서히 파팅대로 내려오면서 시술한다.
18. 모발끝부분에 12~15cm 정도를 남기는 길이에서 모발을 꺾어 C컬을 만든다.
19. 열기구 때문에 모발이 뜨거워져있으므로 커트 빗을 사선으로 판넬을 잡고 열을 시키면서 C커브를 만들어 줄 준비를 한다.
20. 커트 빗을 사선으로 판넬을 잡고 열을 시키면서 C커브를 만들어 준다.

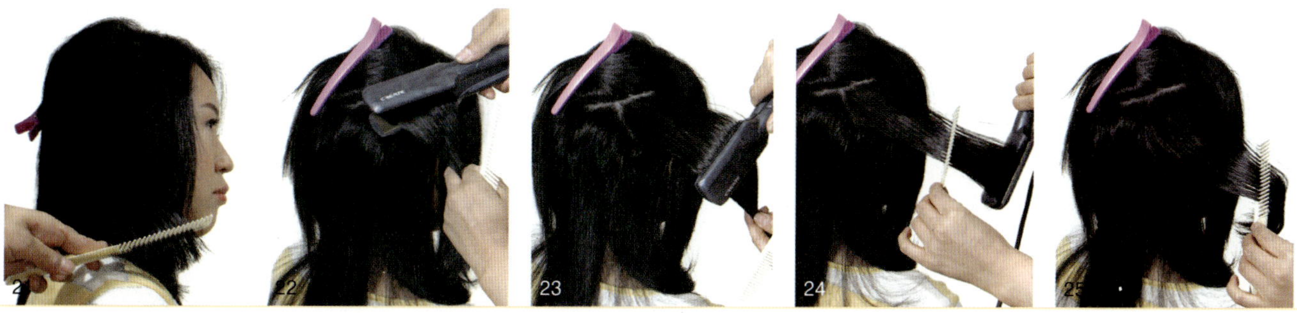

21. 커트 빗이 얼굴 쪽을 향하면서 C컬을 만들고 빗을 빼낸다.
22. 브록킹과 나란히 사선으로 열기구를 잡아주고 서서히 열기구를 내리면서 시술한다.
23. 끝모발이 12~15cm 남았을 때 모발을 꺾어 C컬을 만들 준비를 한다.
24. 모발을 꺾어 C컬을 만들고 모발이 뜨겁기 때문에 커트빗을 사선으로 하고 다시 판넬을 받아 커트 빗을 틀면서 C컬을 만들어 준다.
25. 커트빗을 사선으로 하였던 것을 일직선까지 틀어서 C컬을 만들어 준다.

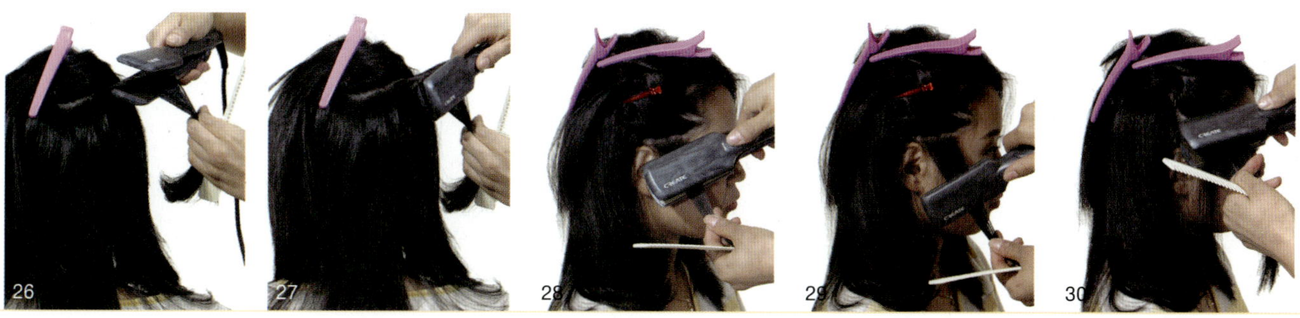

26. 후대각 파팅과 열기구를 평행하게 하여 모발에 열을 가한다.
27. 열기구를 서서히 파팅대로 내려오면서 시술한다.
28. S.C.P에 있는 모발은 따로 모류를 잡고 C컬을 완만하게 만들어 준다.
29. S.C.P에 있는 모발은 따로 모류를 잡고 C컬을 완만하게 만들어 준다.
30. 후대각 파팅과 열기구를 평행하게 하여 모발에 열을 가한다.

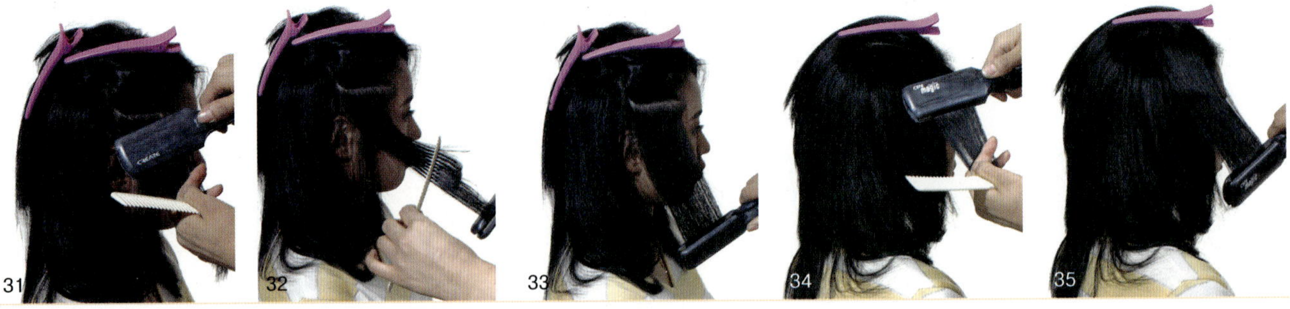

31. 모근부에 열기구를 이용하여 스트레이트하게 시술한다.
32. 모발길이가 12~15cm 정도 남았을 때 열기구를 휘어서 모발을 꺾어 C커브를 만든다.
33. 모발이 뜨겁기 때문에 커트 빗을 다시 사선으로 하여 판넬을 받아 C커브를 만들어 준다.
34. F.S.P 아래 부분까지는 윗부분과 동일하게 시술한다.
35. 후대각 파팅으로 열기구를 내려오면서 시술한다.

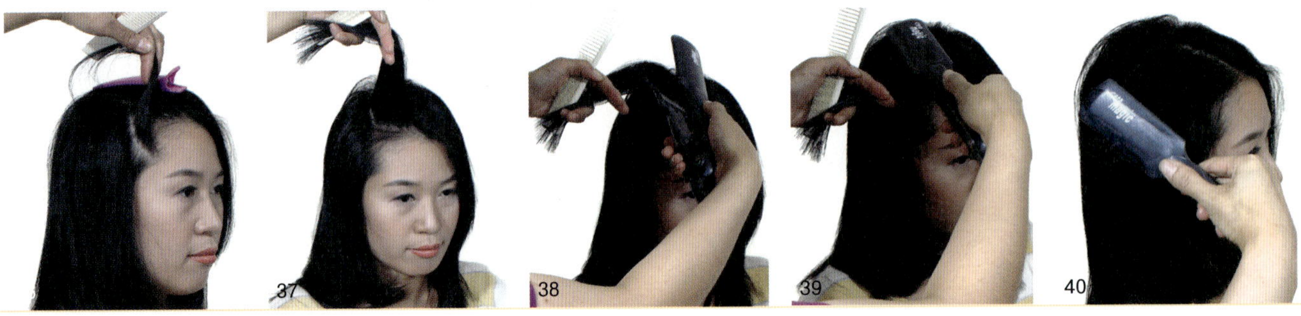

36. F.S.P 앞쪽에서 삼각베이스를 뜬다.
37. 삼각베이스를 떠서 시술하기 위해 모발을 든 상태이다.
38. 모발을 수직으로 잡고 모발에 열기구를 가한다.
39. F.S.P의 위 판넬은 모발을 뒤쪽으로 흐름을 주기 위해 열기구가 뒤쪽 사선으로 대면서 시술을 시작한다.
40. 열기구를 뒤쪽 사선으로 대면서 시술하고 모발 끝 길이가 12~15cm 정도 남았을 때 모발을 꺾는다.

41. 모발을 꺾어 주고 커트 빗을 사선으로 하여 판넬을 다시 받아서 뒤쪽으로 C컬의 흐름을 준다.
42. 커트 빗을 사선으로 하여 판넬을 다시 받아서 뒤쪽으로 C컬의 흐름을 준다.
43. G.B.M.P 윗부분부터는 모발을 들어주면서 열기구를 사용한다.
44. 모근부에는 두피에 열기구가 닿지 않게 조심하면서 최대한 모발을 들어 주면서 시술한다.
45. 열기구를 이용하여 모근부 모발에 열을 가하다가 모발끝부분에서 열기구로 C커브를 만들어준다.

46. T.P 부분부터는 모발을 뿌리부분부터 수직으로 들고 모발에 열을 가하면서 완만한 C컬을 만든다.
47. 열기구에 모발을 열을 가하면서 완만한 C컬을 만든다.
48. 모발끝 부분에서 열기구의 각도를 내리면서 자국이 나지 않는 완만한 C컬을 만든다.
49. 모발끝 부분에서 열기구의 각도를 내리면서 자국이 나지 않는 완만한 C컬을 만든다.
50. 모발끝 처리가 미끄럽게 시술하도록 열기구를 이용하여 C커브를 만든다.

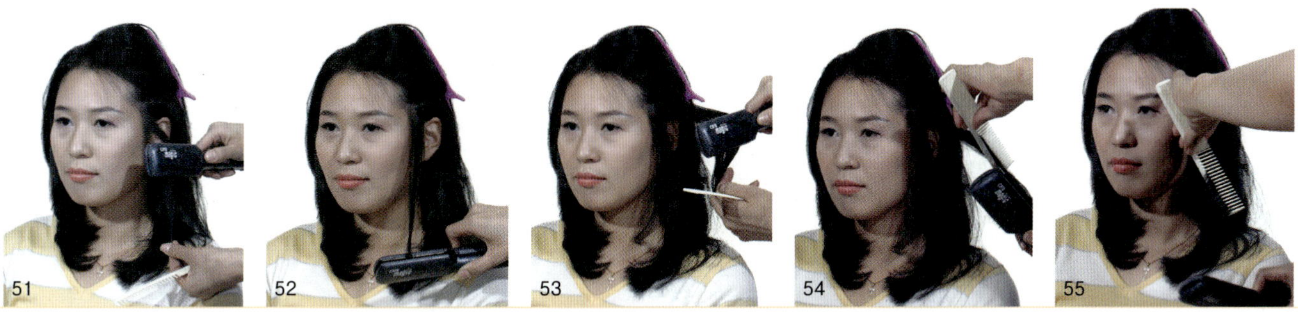

51. S.C.P에 있는 모발은 따로 모류를 잡고 C컬을 완만하게 만들어 준다.
52. 이곳의 모발을 따로 분류하여 시술하여야 다음시술을 원하는 대로 할 수 있다.
53. 브록킹과 평행하게 열기구로 모발을 당긴다.
54. 모발을 당기다가 12cm 정도의 모발끝부분에 오면 후대각 45° 로 C커브를 만들면서 모발을 꺾어준다.
55. 열기구로 모발을 꺾어주고 뜨거운 모발을 커트 빗으로 45° 기울여서 다시 판넬을 잡아 C커브를 만들어 준다.

56. 앞부분의 삼각 판넬의 모발만 후대각으로 열기구를 가하고 뒤쪽으로 흐름을 잡아준다.
57. 앞머리 표현을 자연스럽게 흐름을 뒤로 하기 위하여 가르마 선에서 사선 브록킹을 탄다.
58. 열기구를 파팅과 나란히 대고 모발을 잡아당기다가 C컬을 만들기 위해 열기구로 커브를 꺾고 뒤쪽으로 흐름을 빼면서 C커브를 만든다.
59. 다음 판넬도 동일한 방법으로 시술한다.
60. 열기구로 커브를 꺾다가 뒤쪽으로 흐름을 빼면서 C커브를 만든다.

01 원형 – 인크리스레이어 6

스트레이트와 C컬의 융합 4

스트레이트와 C컬의 융합
-덴멘 브러쉬

1. 웨이브의 흐름과 방향

일자형 앞머리의 깜찍함을 겨냥하고 스트레이트 하다가 끝부분에 느슨한 C컬의 마무리로 조금은 어른스럽고 자연스러움을 연출하였다. 덴멘 브러쉬를 이용하여 커트 후 자연스러운 마무리 효과에 사용하면 좋다.

2. 커트의 시술방법과 도해도

밑길이를 N.P 40cm 정도로 설정하고 먼저 N.P~B.P사이에 U라인을 만든다. B.P~G.P 일반시술각 90°, G.P~T.P 일반시술각 90°로 시술하고, E.B.P에서 가이드를 설정하여 옆선을 만든다. 앞머리는 일직선으로 시술한다.

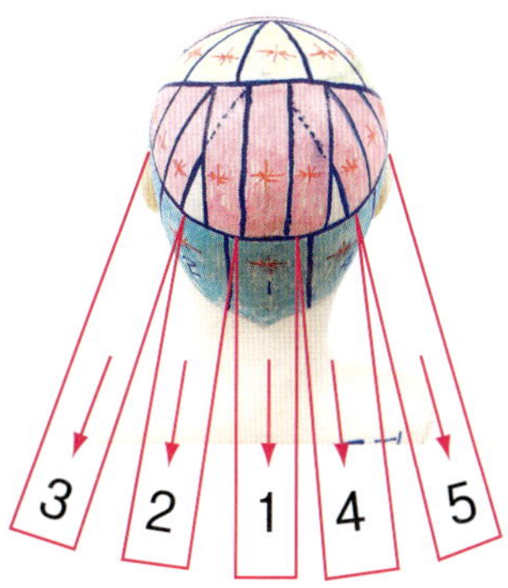

N.P길이 30cm
손가락 기울기 45°

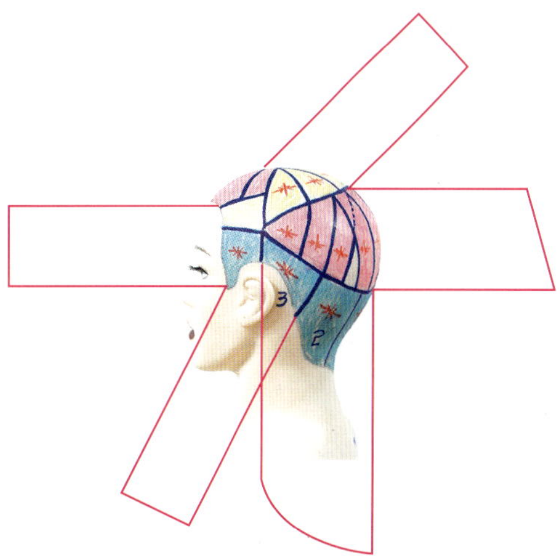

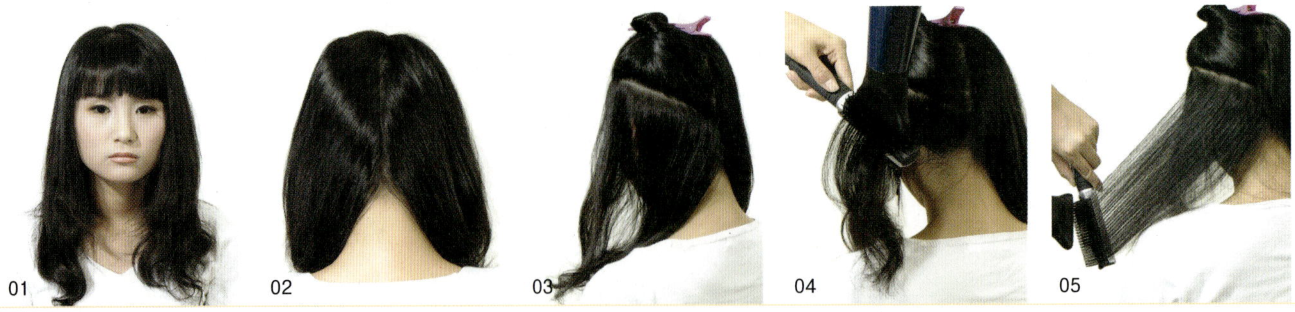

01. 시술하기전의 모델이다.
02. C.L선을 중심으로 하여 좌우로 나누어 브록킹을 시술 해 놓은 상태이다.
03. U라인 브록킹을 탄다.
04. 브록킹과 덴멘 브러쉬를 나란히 하고 모발에 드라이어로 열을 준다.
05. 모발끝부분에 와서 덴멘 브러쉬로 커브를 만들고 드라이어로 모발에 뜸을 들인다.

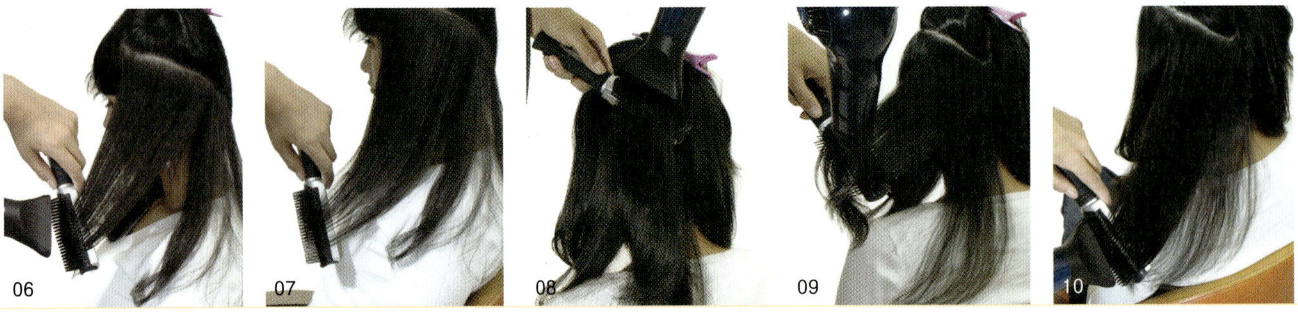

06. 모발에 뜸을 들인 후 다시 C커브를 그리면서 덴멘 브러쉬를 빼낸다.
07. C커브를 그리면서 덴멘 브러쉬를 빼낸다.
08. 뿌리의 덴멘 브러쉬 사이에 드라이어로 열을 준다.
09. 드라이어로 열을 준 후 판넬을 브록킹하고 나란히 당긴다.
10. 모발끝부분에 와서 덴멘 브러쉬를 꺾어 C커브를 주기위해 드라이어로 뜸을 들인다.

11. 드라이어로 뜸을 들인 후 C커브를 그리면서 모발을 빼낸다.
12. 시술을 해 놓은 모발의 상태이다.
13. 이 부분은 모근부에서 볼륨을 주기 위해 덴멘 브러쉬를 반 바퀴이상 돌려서 모근부에 열을 준다.
14. 모근부에 열을 준 후 브록킹과 나란히 시술한다.
15. U라인 브록킹을 시술 해 놓은 상태이다.

16. 브록킹과 덴멘 브러쉬를 나란히 하여 모근부에서 덴멘브 러쉬를 반 바퀴 돌린 후 드라이어로 열을 준다.
17. 파팅과 나란히 당기면서 열관리를 한 후 모발끝 부분에 와서 C커브를 만든다.
18. 위와 동일한 방법으로 시술한다.
19. 파팅과 나란히 당기면서 열관리를 한 후 모발끝 부분에 와서 C커브를 만든다.
20. 한 판넬의 모발을 떠서 덴멘 브러쉬를 두피에서 반 바퀴이상 돌린다.

21. 반 바퀴 이상 돌린 후 모근부에 드라이어로 열을 주어 뜸을 들인다.
22. 모근부에 드라이어로 열을 주어 뜸을 들인다.
23. 파팅과 나란히 당기면서 열관리를 한 후 모발끝 부분에 와서 C커브를 만든다.
24. 이 곳은 볼륨이 들어갈 영역에 브록킹을 타놓은 상태이다.
25. 모발을 한 판넬을 잡고 모근부에서 덴멘 브러쉬를 한 바퀴이상 돌리기 위해 모발을 수직으로 든다.

26, 27. 덴멘 브러쉬를 한 바퀴이상 돌리고 두피에 밀착한다.
28. 앞으로 또 한 판넬을 잡아서 덴멘 브러쉬로 모근부에서 한 바퀴를 돌리고 그 판넬을 앞쪽으로 밀어서 드라이어로 뜸을 들인 후 스트레이트로 시술하다 C커브를 만든다.
29. 앞머리 영역에 판넬을 다시 한 번 한꺼번에 시술하면서 끝부분에 C커브를 만들며 자연스런 C컬을 연출한다,
30. 반대편도 동일한 방법으로 시술한다.

01 원형 – 인크리스레이어 7

스트레이트와 C컬의 융합 5

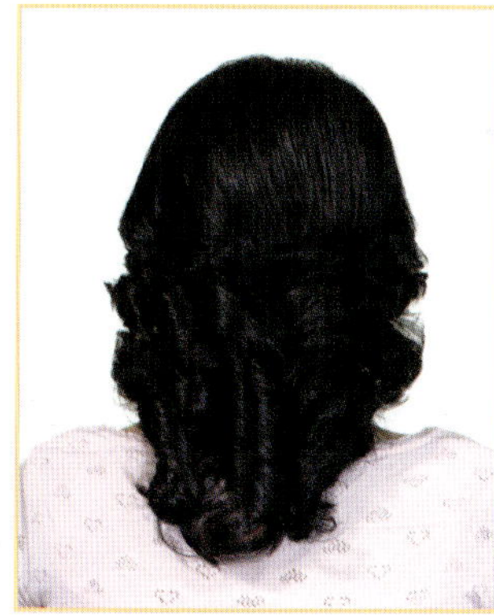

스트레이트와 C컬의 융합
-원형아이롱

1. 웨이브의 흐름과 방향

뒤쪽으로 느슨하게 만든 C컬의 마무리가 어른스럽고 차분한 헤어스타일을 표현한다. 머리끝의 C컬이 얼굴쪽인지, 뒤쪽인지에 따라 얼굴표정을 바꾸게 되므로 고객과의 충분한 대화를 통해 헤어스타일을 연출하면 된다.

2. 커트의 시술방법과 도해도

밑길이를 N.P 20cm 정도로 설정하고 먼저 N.P~B.P사이에 U라인을 만든다. B.P~G.P 일반시술각 90°, G.P~T.P 일반시술각 90°로 시술하고, E.B.P에서 가이드를 설정하여 옆선을 만든다. 앞머리는 F.S.P선에서 온 것으로 설정하고 교차하여 자른 후 손질하기 편하게 질감처리를 해야 한다.

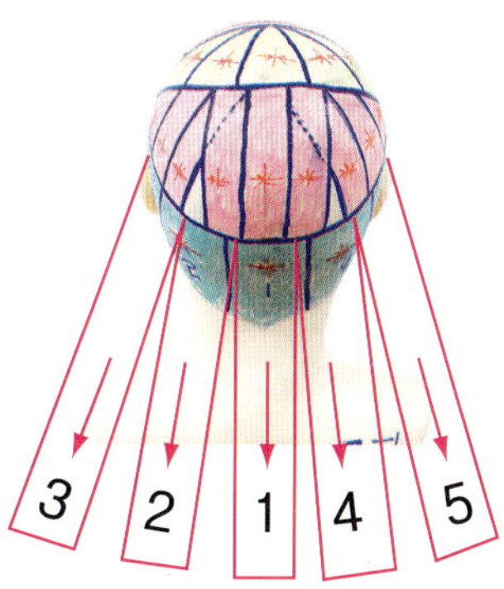

N.P길이 20cm
손가락 기울기 30°

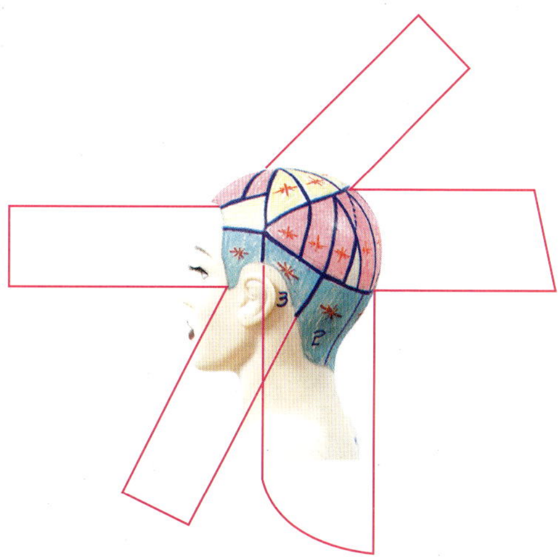

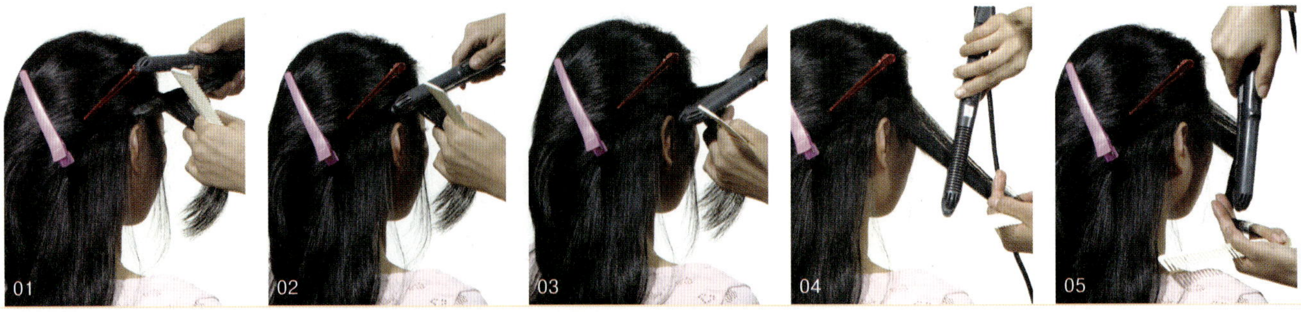

01. 후대각으로 슬라이스를 나누고 열기구를 후대각으로 하여 모발 판넬을 댄다.
02. 모근부에 볼륨을 주고 열기구로 C컬을 그리기 시작한다.
03. 모발의 각도를 90°로 하여 C컬을 그리면서 열기구를 빼낸다.
04. 그 후 모발위에 열기구를 사선으로 댄다.
05. 열기구에 모발을 감는다.

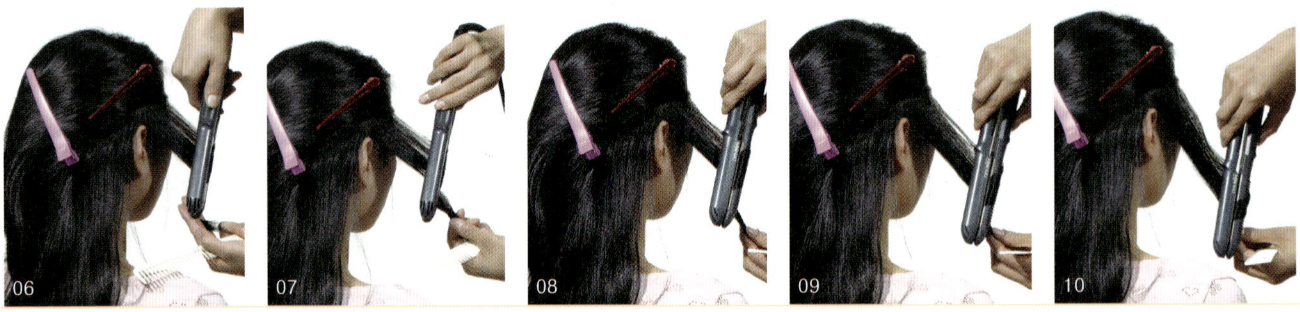

06. 열기구에 모발을 감아 돌리면서 컬을 만든다.
07. 모발 끝은 뭉치지 않게 왼손으로 잡는다.
08. 열기구를 돌리면서 컬을 만든다.
09. 열기구가 앞쪽으로 당기는 느낌으로 시술한다.
10. 모발 끝까지 열기구의 힘을 조절하면서 시술한다.

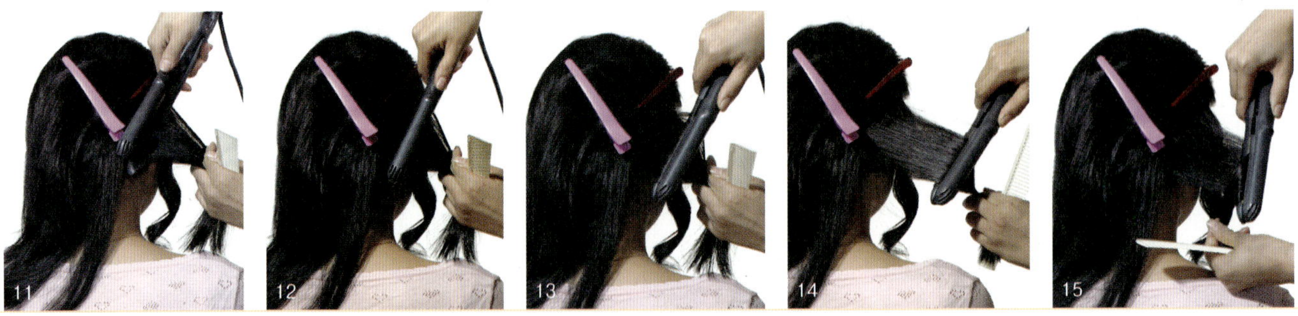

11. 후대각으로 슬라이스를 나누고 열기구를 후대각으로 하여 모발 판넬을 댄다.
12. 모발 판넬을 당기면서 모근부에 볼륨을 주고 열기구로 C컬을 그리기 시작한다.
13. 모발의 각도를 90°로 하여 C컬을 그리면서 열기구를 빼낸다.
14. 열기구를 후대각으로 하여 모발 판넬을 당기면서 C컬을 만들어 준다.
15. 열기구를 처음에는 후대각으로 대던 것이 일직선에 가까워지면서 모발을 당긴다.

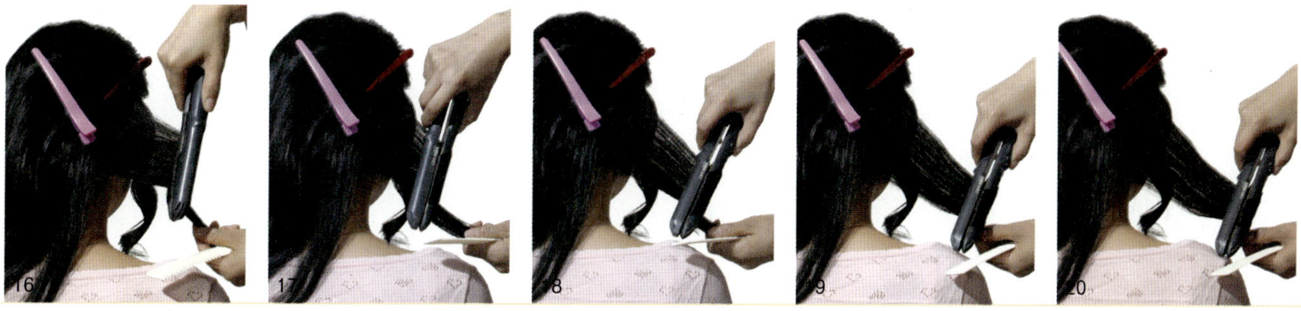

16. 열기구에 모발을 사선으로 감는다.
17. 열기구를 살짝 빼면서 컬을 만들어 준다.
18. 앞쪽으로 모발을 살짝 빼주면서 컬을 만들어 준다.
19. 모발 끝이 흐트러지지 않게 모발 끝을 다른 한손으로 잡는다.
20. 모발 끝까지 열기구의 열을 다스려가면서 시술한다.

21. F,S,P선의 윗 판넬은 모발각도를 들어서 열기구를 가로로 하여 모발 안에 넣는다.
22. 열기구를 들어 올리면서 모발을 잡아당기다가 열기구로 C컬을 만들 곳을 찾는다.
23. 모발을 꺾어 C커브를 만든다.
24. C커브를 만든 모발을 커트 빗으로 받을 준비를 한다.
25. 커트 빗으로 판넬을 받아 열기구를 사선으로 하여 커브를 틀고 커트 빗은 앞으로 밀면서 C커브를 만들어 준다.

26. 웨이브가 약하면 다시 한 번 시술한다.
27. 커트 빗으로 판넬을 받아 열기구를 사선으로 하여 커브를 틀고 커트 빗은 앞으로 밀면서 C커브를 만들어 준다.
28. 손으로 다시 한 번 잡아준다.
29. 모근부에 볼륨을 만들어 준다.
30. 열기구를 사선으로 꺾고 웨이브를 만들어 준다.

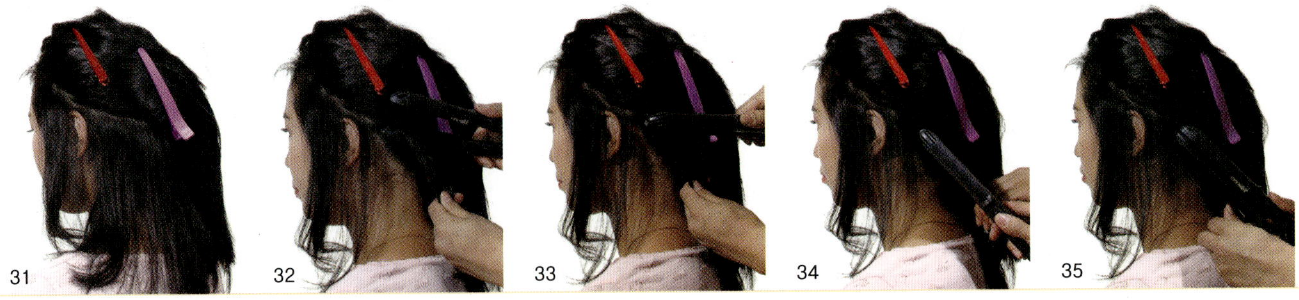

31. 후대각으로 브록킹을 탄다.
32. 브록킹과 열기구를 나란히 하여 모발을 살짝 당기면서 C커브를 만들 준비를 한다.
33. 모발을 살짝 당기면서 C커브를 만들어 준다.
34. 모발위에서 열기구를 사선으로 놓고 모발을 감는다.
35. 사선으로 열기구를 넣고 모발을 감아 웨이브를 만들 준비를 한다.

36. 웨이브를 고정하기 위하여 뜸을 들인다.
37. 뜸을 들인 후 열기구를 빼준다.
38. 옆선을 시술 할 모발을 가지런히 정리한다.
39. 인컬을 만든 후 모발 위에 사선으로 열기구를 대고 모발을 열기구에 감는다.
40. 열기구를 대고 모발을 열기구에 감은 후 컬을 빼준다.

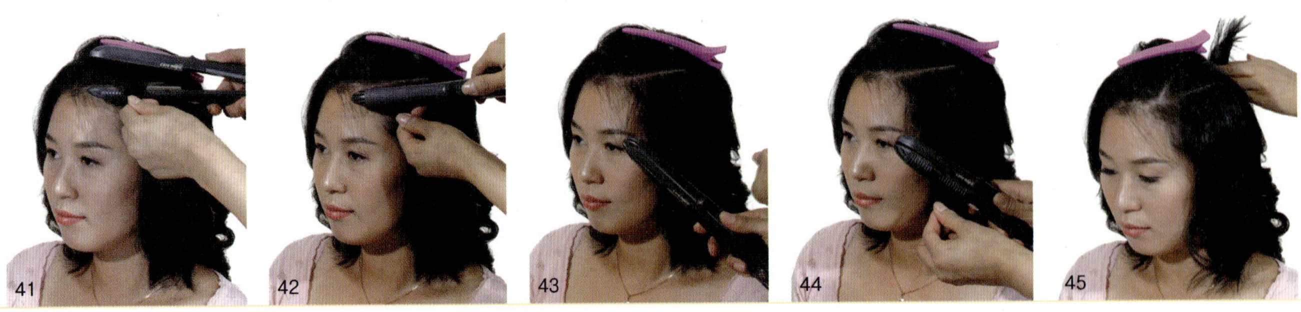

41. F.S.P선 위에는 모류와 볼륨을 잡아준다.
42. 열기구를 이용하여 볼륨을 잡아준다.
43. 모근부에는 모류의 흐름을 먼저 잡아 준다.
44. 이곳의 모발은 모발이 약하므로 열 조절을 끝까지 잘하면서 시술해야 한다.
45. F.S.P선 위에는 사선으로 브록킹을 나눈다.

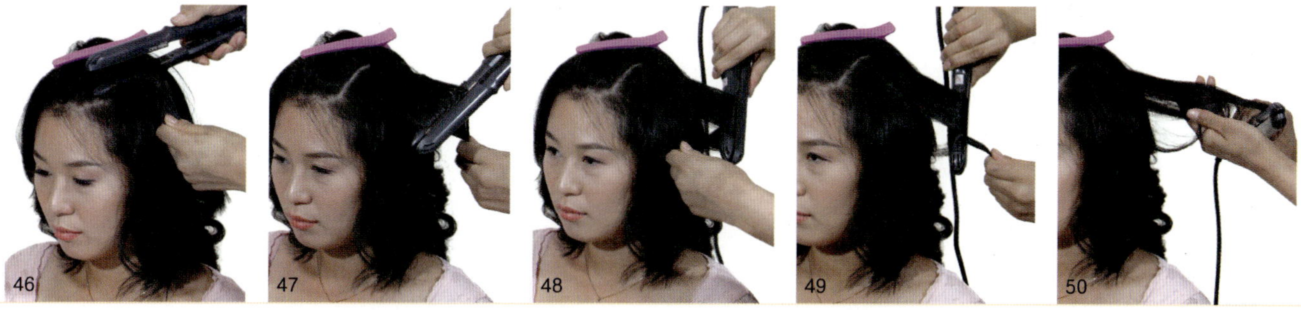

46. 모근부에 열기구로 볼륨을 준다.
47. 브록킹과 평행하게 열을 주면서 시술한다.
48. 평행하게 열을 주다 모발을 꺾어 C커브를 시술한다.
49. 모발을 꺾어 C커브를 열기구에 사선으로 대고 모발을 열기구 안쪽으로 감는다.
50. 열기구 안쪽으로 감은 모발을 다시 뒤쪽으로 밀면서 시술한다.

51. 앞머리 가르마를 중심으로 사선 브록킹을 만든다.
52. 브록킹과 열기구를 나란히 하여 모근부에 볼륨을 준다.
53. 모근부에 볼륨을 준 후 판넬을 빼다가 열기구를 사선으로 한다.
54. 사선으로 하여 열기구를 뜸을 들인 후 커트 빗으로 모발을 받은 후 열기구를 뒤쪽으로 빼낸다.
55. 열기구를 뒤쪽으로 빼면서 C커브의 웨이브를 만들어 준다.

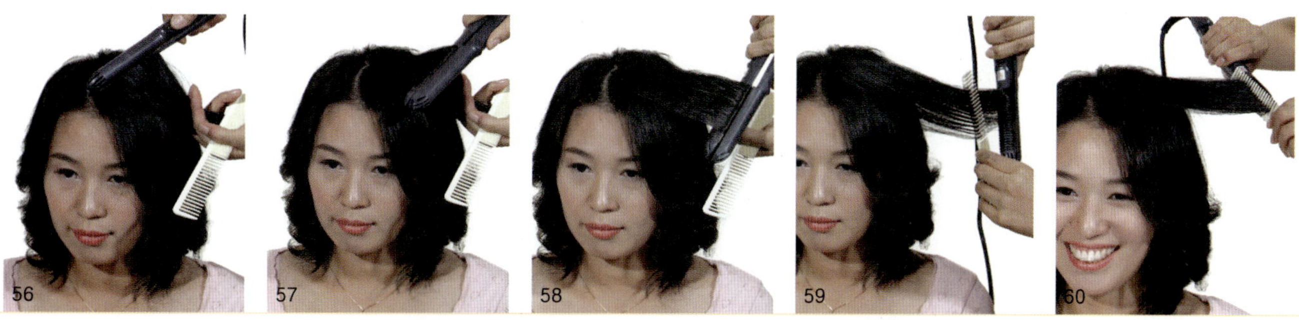

56. 모근부에 볼륨을 준다.
57. 모근부에 볼륨을 주고 판넬을 내려오면서 열기구를 사선으로 시술할 준비를 한다.
58. 모근부에 볼륨을 준 후 판넬을 빼다가 열기구를 사선으로 한다.
59. 사선으로 하여 열기구를 뜸을 들인 후 커트 빗으로 모발을 받은 후 열기구를 뒤쪽으로 빼낸다.
60. 열기구를 뒤쪽으로 빼면서 C커브의 웨이브를 만들어 준다.

01 원형 – 인크리스레이어 8

스트레이트와 S컬의 융합 I

스트레이트와 S컬의 융합
-롤 브러쉬로 S컬

1. 웨이브의 흐름과 방향

우아함을 최대화하고 차분한 웨이브를 연출하여 여성의 아름다움을 표현한 헤어스타일이다. 롤 브러쉬를 이용해서 스트레이트 한 모발과 S컬을 만들었다. 스트레이트의 차분함과 S컬의 화려함을 혼합하여 세련미가 넘치는 멋쟁이로 변신한 S컬이다.

2. 커트의 시술방법과 도해도

밑길이를 N.P 30cm 정도로 설정하고 먼저 N.P~B.P사이에 U라인을 만든다. B.P~G.P 일반시술각 90°, G.P~T.P 일반시술각 90°로 시술하고, E.B.P에서 가이드를 설정하여 옆선을 만든다. 앞머리는 F.S.P선에서 온 것으로 설정하고 교차하여 자른 후 손질하기 편하게 질감처리를 해야 한다.

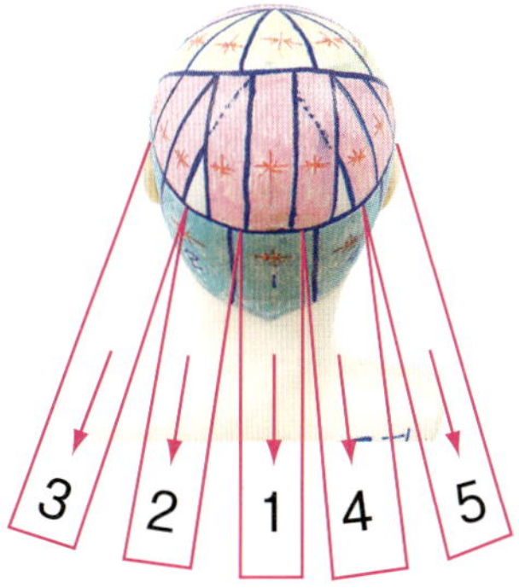

N.P길이 30cm
손가락 기울기 45°

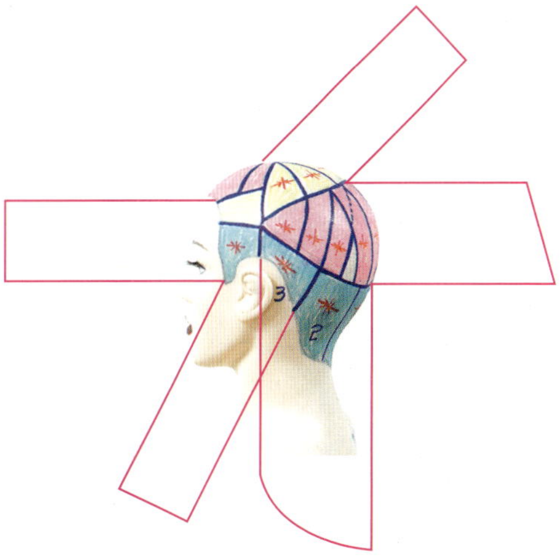

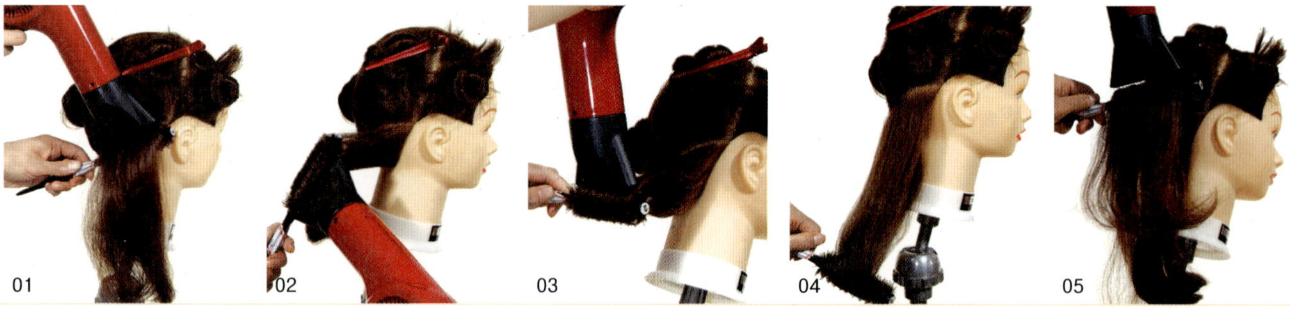

01. 롤 브러쉬를 반 바퀴 회전하여 두피에 대고 드라이어로 열을 주어 모류의 흐름을 잡는다.
02. 롤 브러쉬를 사선으로 대고 모발을 가지런히 정리하여 롤 브러쉬에 모발 끝부터 와인딩 한다.
03. 두 바퀴를 와인딩한 후 롤 브러쉬 위쪽에도 드라이어로 열을 준다.
04. 롤 브러쉬를 한 바퀴 푼 후 롤 브러쉬의 모발을 아래쪽을 향하게 하여 릿지를 만든다.
05. 롤 브러쉬를 회전하여 두피에 대고 모근부에 볼륨을 만든다.

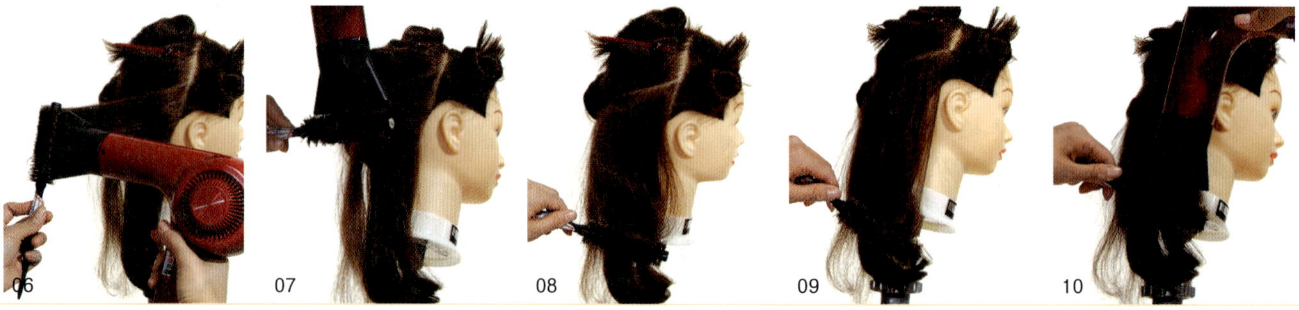

06. 롤 브러쉬를 한 바퀴 말고 드라이어로 열을 준다..
07. 두 바퀴 말고 드라이어로 열을 주고 뜸을 들인다.
08. 롤 브러쉬를 사선을 향하게 하고 한 바퀴를 푼 후 릿지를 형성하게 한다.
09. 롤 브러쉬를 아래쪽으로 향하게 한 후 릿지를 고정시킨다.
10. 릿지 부분이 약하면 열을 주면서 고정한다.

11. 롤 브러쉬에 있는 열을 이용해 잡아당기면서 풀지 않고 그 상태로 빼낸다.
12. 롤 브러쉬를 회전하여 두피에 대고 모근부에 열을 준다.
13. 모발의 각도를 세워서 드라이어에 열을 가해 모근부의 모발을 스트레이트하게 한다.
14. 모발을 가지런히 하여 롤 브러쉬에 두 바퀴 와인딩한 후 드라이어로 롤 브러쉬에 열을 준다.
15. 롤 브러쉬의 위쪽에서도 열을 준다.

16

17

18

19

20

16. 한 바퀴 반을 풀어 주면서 릿지를 형성한다.
17. 릿지가 고정되도록 롤 브러쉬를 멈추고 뜸을 들인다.
18. 릿지가 약하면 드라이어의 열을 한 번 더 준다.
19. 모발을 가지런히 하여 롤 브러쉬에 두 바퀴 반을 와인딩 한 후 드라이어로 롤 브러쉬에 열을 주어 뜸을 들인다.
20. 한 바퀴 반을 풀고 릿지를 형성한다.

21

22

23

24

25

21. 릿지가 고정되도록 롤 브러쉬를 멈추면서 뜸을 들인다.
22. 끝 모발이 말리지 않게 하기 위해 손으로 모발 끝을 잡아준다.
23. 모근부에 볼륨을 주기 위해 롤 브러쉬에 드라이어의 열을 준다.
24. 모발을 가지런히 하여 롤 브러쉬에 두 바퀴 반을 와인딩 한 후 드라이어로 롤 브러쉬에 열을 주어 뜸을 들인다.
25. 한 바퀴 반을 풀고 릿지를 형성한다.

26

27

28

29

30

26. 릿지가 고정되도록 롤 브러쉬를 멈추고 뜸을 들인다.
27. 끝 모발이 말리지 않게 하기 위해 손으로 모발 끝을 잡아준다.
28. 롤 브러쉬를 회전하여 모근부에 드라이어의 열을 주어 뜸을 들인 후 볼륨을 만든다.
29. 모발의 각도를 세워서 드라이어에 열을 가해 모근부의 모발을 스트레이트하게 한다.
30. 모발을 가지런히 하여 롤 브러쉬에 두 바퀴 반을 와인딩 한 후 드라이어로 롤 브러쉬에 열을 주어 뜸을 들인다.

31

32

33
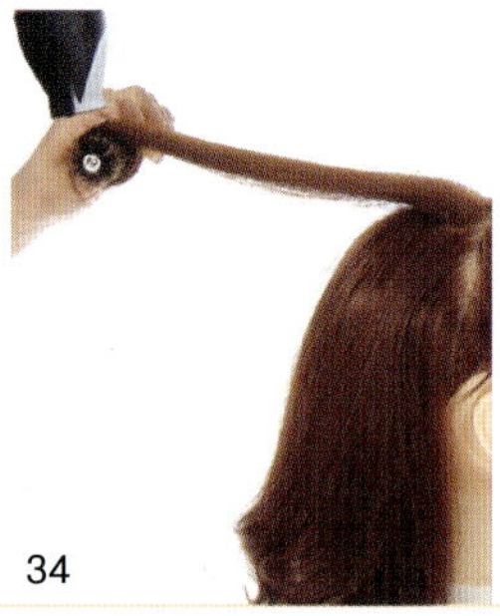
34

35

31. 모발을 풀면서 릿지를 세운 후 고정한다.
32. 롤 브러쉬를 베이스 앞으로 밀어서 드라이어의 열을 주고 볼륨을 만든다.
33. 롤 브러쉬의 모발 끝까지 열을 주면서 끝부분의 모발이 꺾이지 않게 와인딩 한다.
34. 한 바퀴 반을 롤 브러쉬로 와인딩 한 후 드라이어로 열을 준다.
35. 드라이어의 열을 식히면서 뜸을 들인다.

36

37

38

39

40

36. S컬과 스트레이트컬이 연결된 롱헤어의 웨이브의 흐름을 표현한 것이다.
37. 옆선을 후대각으로 슬라이스를 나눈다.
38. 롤 브러쉬를 회전하여 두피에 대고 드라이어의 열을 주어 모근부에 볼륨을 만든다.
39. 두 바퀴 반을 와인딩한 후 드라이어에 열을 준 후 뜸을 들인다.
40. 롤 브러쉬의 위에도 드라이어로 열을 준다.

41

42

43

44

45

41. 한 바퀴 반을 풀고 릿지를 고정한 후 끝부분을 뒤쪽으로 빼낸다.
42. 두 바퀴 반을 와인딩 한 후 드라이어에 열을 준 후 뜸을 들인다
43. 한 바퀴 반을 풀고 릿지를 고정한 후 끝부분을 뒤쪽으로 빼낸다.
44. 릿지가 약하면 다시 한 번 롤 브러쉬를 고정한다.
45. 릿지가 약할 때 손을 이용해 고정시킨다.

46

47

48

49

50

46. 검지와 종지를 이용해 끝부분은 뒤쪽을 향하게 한다.
47. 후대각으로 2등분을 나누어 시술한다.
48. 텐션을 주면서 드라이어로 열을 주어 모근부에 스트레이트한 모발을 시술한다.
49. 뒤쪽을 향하게 하여 와인딩을 한다.
50. 뒤쪽을 향하게 롤 브러쉬를 세워서 두 바퀴 반을 와인딩 한다.

51

52

53

54

55

51. 뜸을 들이면서 컬을 고정하여 열을 시킨다.
52. 릿지를 형성하게 모발을 풀고 릿지를 고정시킨다.
53. 릿지를 강하게 하기위해 릿지를 풀면서 롤 브러쉬를 고정시킨다.
54. 롤 브러쉬를 회전하여 두피에 대고 모근부에 볼륨을 만든다.
55. 롤 브러쉬를 세워서 두 바퀴 반을 와인딩 하여 드라이어의 열을 주고 뜸을 들인다.

56

57

58

59

60

56. 한 바퀴 반을 풀고 릿지를 형성한다.
57. 릿지를 강하게 하기 위해 롤 브러쉬를 멈춘다.
58. 나머지 판넬의 모발을 시술한다.
59. 롤 브러쉬를 회전하여 두피에 대고 모근부에 볼륨을 만든다.
60. 뒤쪽으로 흐르는 웨이브를 시술하기 위해 롤 브러쉬를 뒤로 빼낸다.

01 원형 – 인크리스레이어 9

C와 S컬의 융합
-삼각 아이롱 열기구

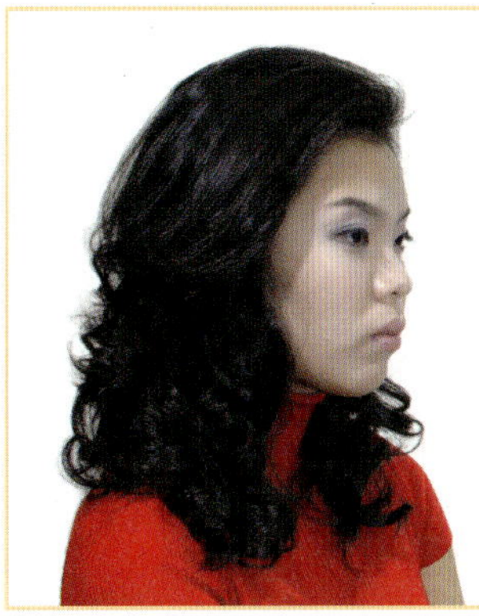

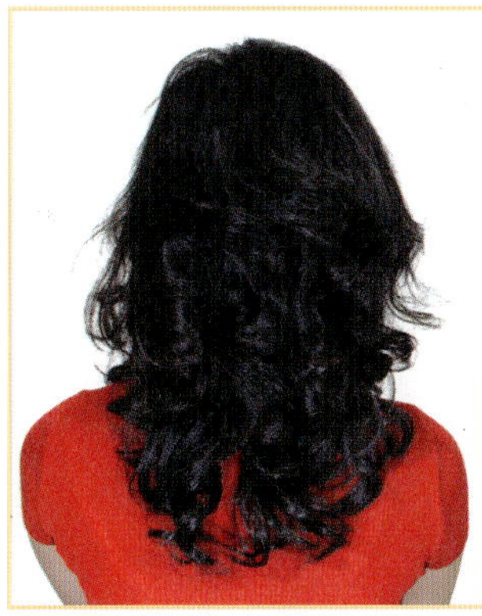

1. 웨이브의 흐름과 방향

우아함을 최대화하고 차분한 웨이브를 연출하여 여성의 아름다움을 표현한 헤어스타일이다. 삼각 아이롱을 이용해서 스트레이트 한 모발과 S컬을 만들었다. 스트레이트의 차분함과 S컬의 화려함을 혼합하여 세련미가 넘치는 멋쟁이로 변신한 S컬이다.

2. 커트의 시술방법과 도해도

밑길이를 N.P 30cm 정도로 설정하고 먼저 N.P~B.P사이에 U라인을 만든다. B.P~G.P 일반시술각 90°, G.P~T.P 일반시술각 90°로 시술하고, E.B.P에서 가이드를 설정하여 옆선을 만든다. 앞머리는 F.S.P선에서 온 것으로 설정하고 교차하여 자른 후 손질하기 편하게 질감처리를 해야 한다.

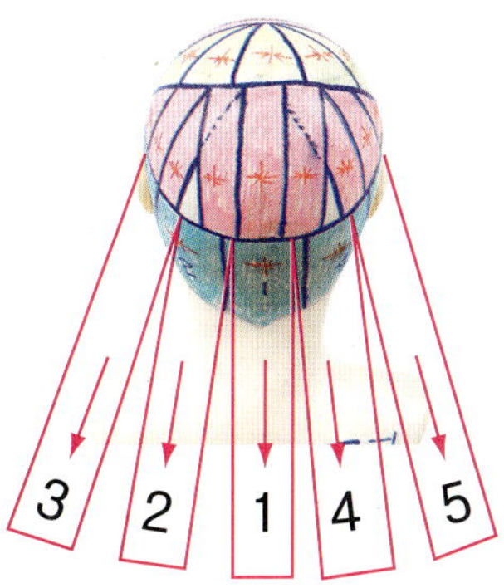

N.P길이 30cm
손가락 기울기 45°

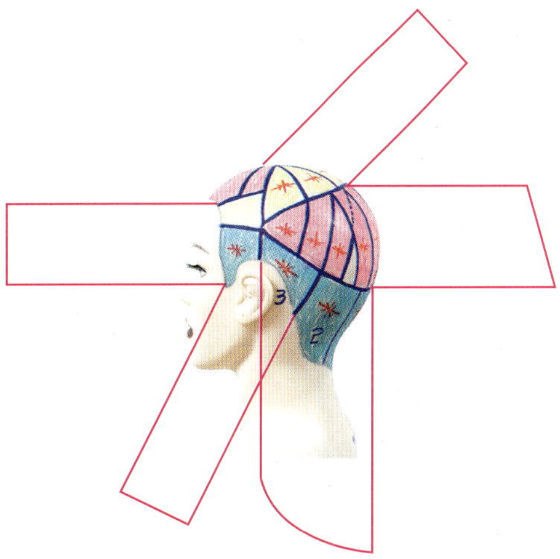

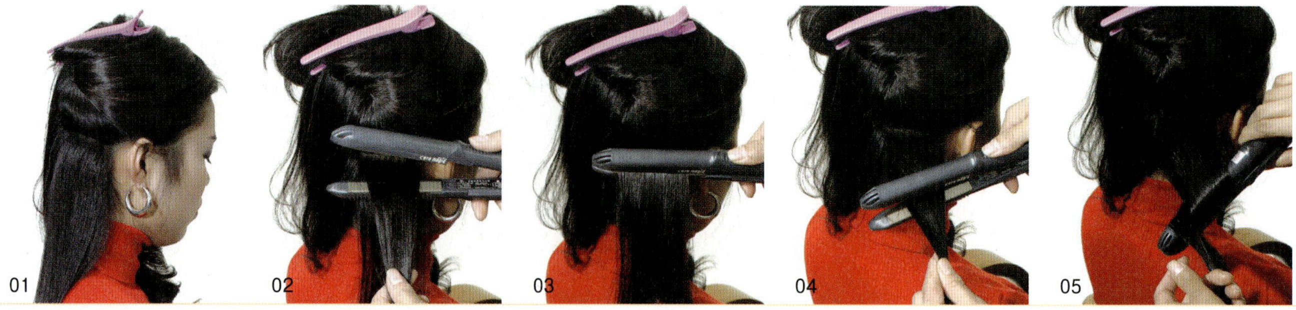

01. 시술하기 편리하게 브록킹을 타 놓은 상태이다.
02. 브록킹과 열기구를 나란히 한다.
03. 모근부에 볼륨을 주는 시술을 한다.
04. 열기구를 사선으로 대고 모발을 감는다.
05. 모발을 열기구에 감고 돌려준 후 앞쪽으로 살짝 밀어준다.

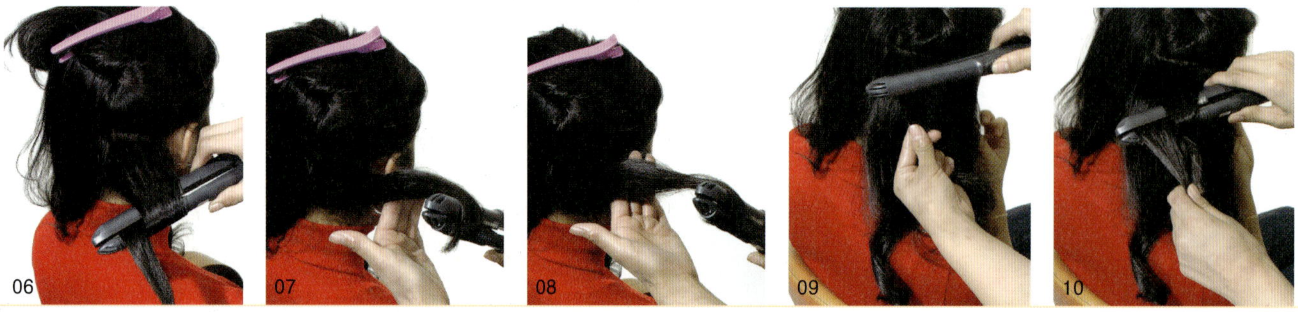

06. 모발을 다시 들어 모발 끝을 밀어 주면서 모발을 빼낸다.
07. 사선이었던 열기구가 일직선이 되고 다른 손은 모발을 받을 준비를 한다.
08. 한손은 열기구에 있던 모발을 받고 모발을 빼며 S 컬을 만들어 준다.
09. 다음 모발도 모근부에 볼륨을 주기 위한 시술을 한다.
10. 모발의 각도를 내리고 열기구를 사선으로 대어 주면서 모발을 감는다.

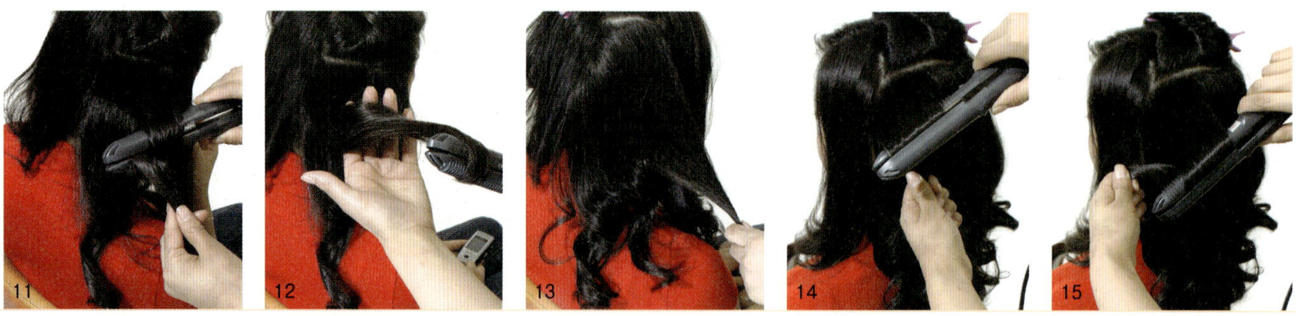

11. 열기구에 감긴 모발은 뜸을 들이면서 움직인다.
12. 뜸은 들인 후 천천히 열기구를 뒤쪽으로 빼면서 S컬을 만든다.
13. 시술한 모발은 다른 손으로 다시 한 번 가지런히 정리한다.
14. 반대쪽도 동일한 방법으로 모근부에 볼륨을 만든다.
15. 모근부에 볼륨을 준 후 열기구를 회전하며 각도를 내려온다.

16. 시술각을 내려오면서 열기구를 사선으로 모발에 댄 후 모발을 감는다.
17. 모발을 감은 열기구를 밀어주면서 S컬을 만들며 모발을 빼낸다.
18. 볼륨을 최대한 표현할 수 있는 영역이다.
19. 열기구를 모근부에서 회전하여 모발을 앞으로 밀어주며 볼륨을 만든다.
20. 열기구가 가로인 상태에서 모발을 감는다.

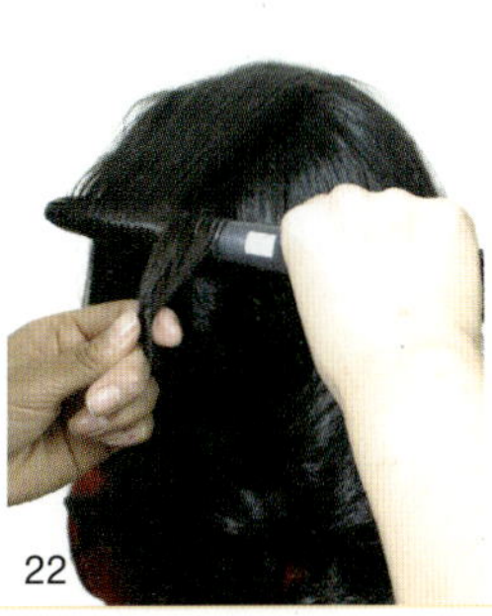

21. 모발을 열기구가 가로로 감는다.
22. 모발을 감은 열기구는 모발의 각도를 내려온다.
23. 모발을 앞으로 밀어주면서 모발의 각도를 내려온다.
24. 모발 끝까지 정성들여 모발을 가지런히 정리한다.
25. 모발을 사선으로 감는다.

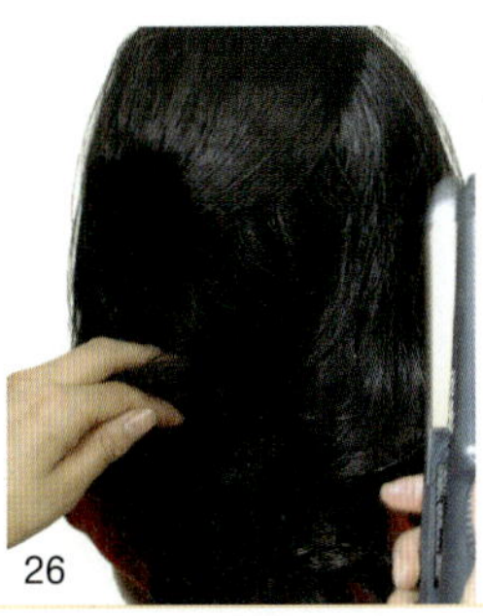

26. 감은 모발은 열기구를 사선으로 세워주면서 모발을 밀어 내며 S컬을 만들면서 빼준다.
27. 웨이브를 내고자 하는 부분에 모발의 시술각을 낮추고 열기구를 사선으로 댄다.
28. 열기구를 사선으로 대고 모발을 감는다.
29. 모발을 감은 열기구는 뜸을 들이면서 모발을 빼낸다.
30. 모발을 감은 열기구를 빼면서 S컬을 만든다.

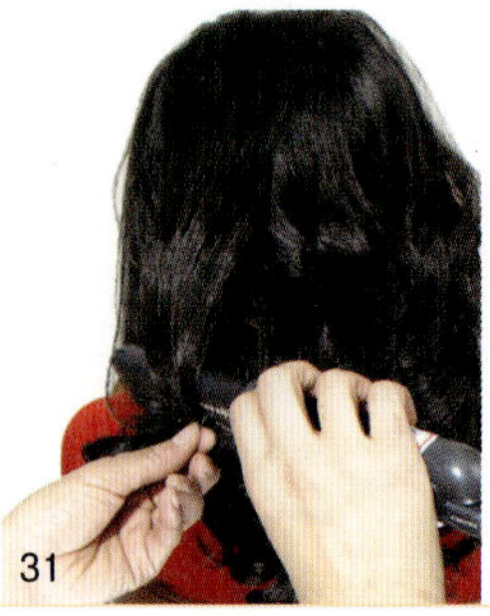    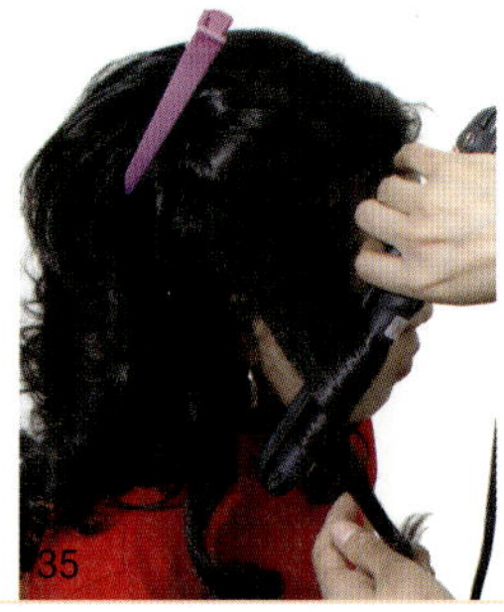

31. 모발 끝까지 정성들여 모발을 정리한다.
32. 다른 손에 받은 모발을 다시 한 번 릿지를 만들어 준다.
33. S.C,P에 있는 모발을 먼저 시술해 준다.
34. 웨이브를 주고자 하는 곳에서 시술각을 낮추고 열기구를 사선으로 댄다.
35. 열기구를 사선으로 잡고 모발을 열기구에 감는다.

36. 사선으로 잡고 모발을 감아 열기구를 빼면서 위로 밀면서 S컬을 만들어 준다.
37. 앞머리를 시술하기 쉽게 사선으로 브록킹을 시술해 놓은 상태이다.
38. 또 다시 삼각 판넬을 뜬다. 이곳이 앞머리의 흐름을 결정한다.
39. 왼손으로 가로로 감은 모발을 잡고 열기구를 빼면서 S컬을 만들어 준다.
40. 이곳의 모발은 열기구로 후대각 릿지를 만들어 준다.

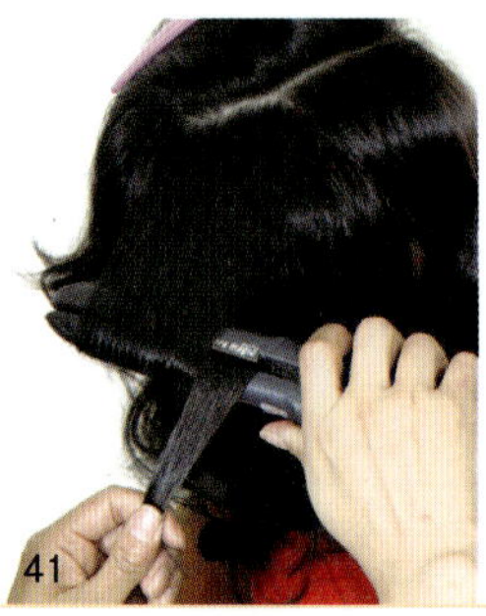  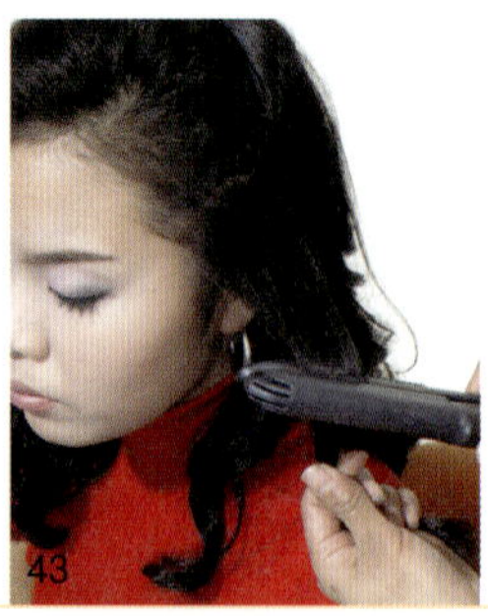  

41. 웨이브를 원하는 곳에서부터 열기구에 모발을 감기시작하면서 왼손으로 모발을 잡고 열기구를 밀면서 빼낸다.
42. 반대편도 S.C.P에 있는 모발을 먼저 시술해 준다.
43. 웨이브를 원하는 곳에서 모발의 각도를 낮추고 열기구를 사선으로 잡아 모발을 열기구에 감는다. 열기구를 회전시켜 가면서 모발을 빼 S컬을 만든다.
44. 웨이브를 만들고 싶은 곳에 시술각을 낮추고 열기구를 사선으로 잡은 뒤 모발을 감는다.
45. 모발을 회전시키면서 빼내 S컬을 만든다.

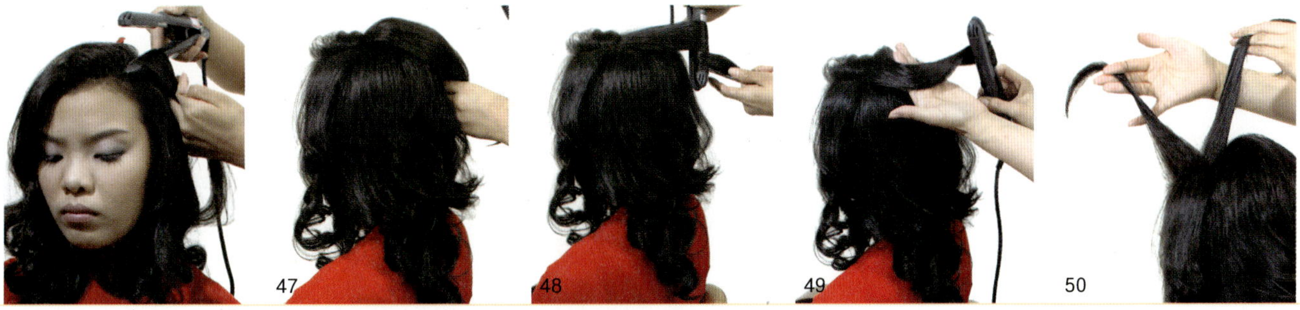

46. 모근부에 볼륨은 주기 위한 시술을 한다.
47. 열기구를 앞쪽으로 밀면서 회전하고 모발을 밀어서 볼륨을 주기 위한 뜸을 들인다.
48. 웨이브를 주고 싶은 부분의 모발을 열기구에 감고 사선으로 한 상태에서 뜸을 들인다.
49. 뜸을 들인 후 반대로 밀면서 S컬을 만들어 준다.
50. 시술을 위한 앞머리 부분을 삼각으로 나눈다.

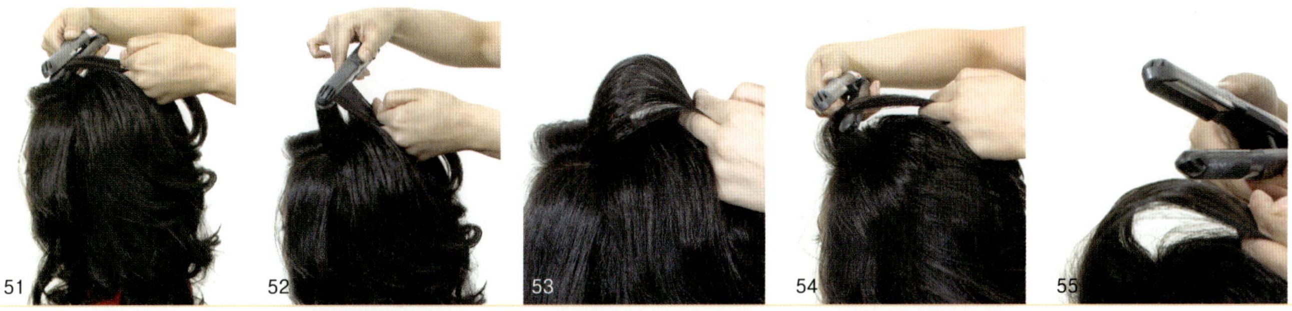

51. 열기구를 모근부에 댄 후 회전시키면서 앞쪽으로 밀어낸다.
52. 회전시키면서 앞쪽으로 밀어낸 모발을 왼손으로 다시 한 번 밀어내고 뜸을 들인다.
53. 밀어낸 형태의 모발을 그대로 열을 식히면서 강한 볼륨을 만들어 낸다.
54. 삼각 판넬에서 남겨둔 모발이다. 열기구를 모근부에 대는 순간 회전하여 밀어 볼륨을 만든다.
55. 밀어낸 형태의 모발을 그대로 열을 식히면서 강한 볼륨을 만들어 낸다.

56. 모발을 밀어준 형태를 잡는다. 한손으로 다시 한 번 상태를 확인하면서 잡아준다.
57. 덜된 부분은 위와 동일한 방법으로 다시 한 번 시술한다.
58. 열기구를 앞쪽으로 밀면서 볼륨을 만든다.
59. 웨이브를 주고 싶은 부분에 시술각을 낮추고 열기구에 모발을 감는다.
60. 열기구에 감은 모발을 회전시켜 밀어주면서 모발이 빠져 나오게 한다.

01 원형 – 인크리스레이어 10

C와 S컬의 융합
– 롤 브러쉬로 S컬

1. 웨이브의 흐름과 방향

스트레이트하게 오다가 끝부분에 화려한 분위기를 연출하기 위해 롤 브러쉬를 이용하여 S컬을 만들었다. 모발의 끝부분에 화려함을 주게 되면 얼굴형태의 약점도 커버하는 장점이 있다. 화려함과 스트레이트의 조합으로 웨이브를 한 층 더 아름답게 연출하였다.

2. 커트의 시술방법과 도해도

밑길이를 40cm 이상 길게 설정하고 B.P~N.P사이에 U라인을 만든다. B.P~G.P사이는 자연시술각 90°로 시술하고, G.P~T.P사이는 일반시술각 90°로 시술한다. 옆선은 E.B.P에서 가이드를 가져와 F.S.P선까지 45°로 완만한 열선을 만든 후 앞머리는 별도로 일직선을 만든다. 마지막으로 손질하기 편하도록 질감처리한다.

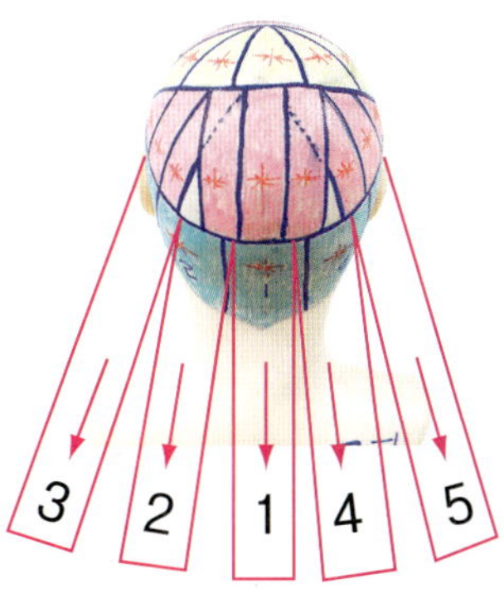

N.P길이 30cm
손가락 기울기 45°

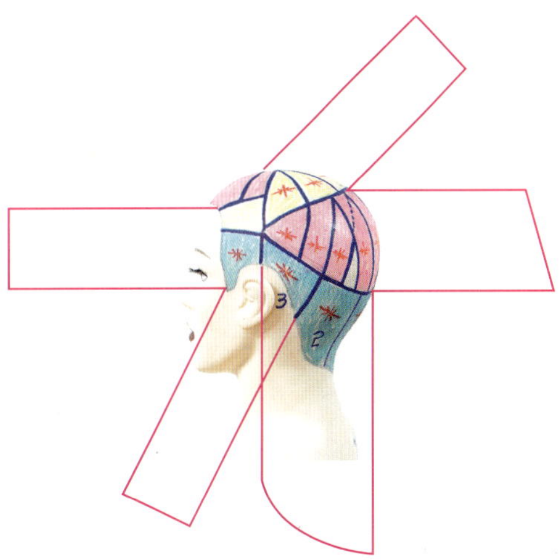

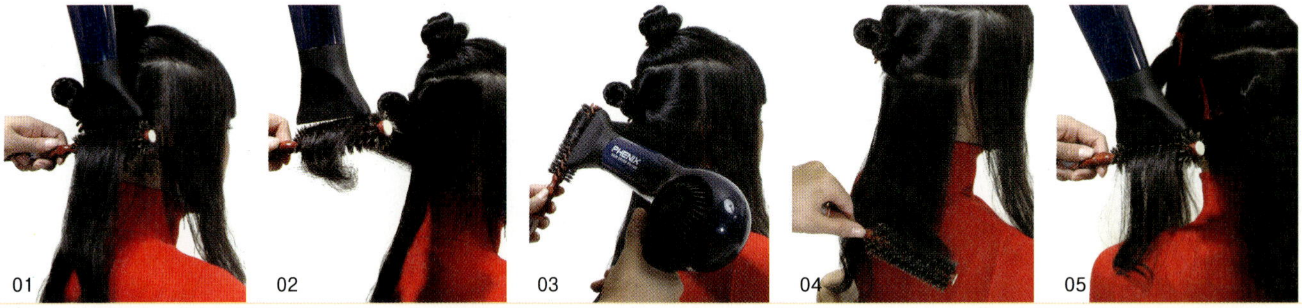

01. 브록킹과 롤 브러쉬를 나란히 하여 모근부에 볼륨을 주고 뜸을 들인다.
02. 모근부를 스트레이트 상태로 시술하고 모발끝부분에 와서 롤 브러쉬를 사선으로 한다.
03. 롤 브러쉬를 사선으로 하여 두 바퀴이상 모발을 감아 이쪽저쪽 드라이어로 열을 준 후 뜸을 들인다.
04. 뜸을 들인 후 사선으로 한 바퀴 풀어주고 다시 뜸을 들여 일자로 한 롤 브러쉬를 밀어주면서 S컬을 만든다.
05. 롤 브러쉬를 반 바퀴 돌려 브록킹과 나란히 하여 모근부에 열을 주고 뜸을 들인 후 스트레이트한 모발을 만든다.

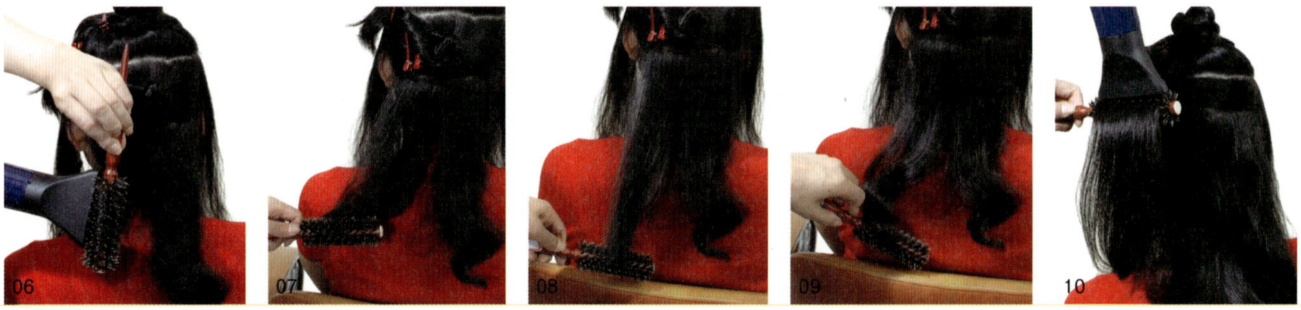

06. 모발끝 부분에 와서 롤 브러쉬를 사선으로 하여 롤 브러쉬에 모발을 두 바퀴 감는다.
07. 뜸을 들인 후 롤 브러쉬를 한 바퀴 풀어준 후 다시 뜸을 들인다.
08. 뜸을 들인 후 롤 브러쉬를 밀어 주면서 S컬을 만들어 준다.
09. 롤 브러쉬가 아래로 사선이 되게 하면서 모발을 밀어낸다.
10. 롤 브러쉬를 반 바퀴 돌려 브록킹과 나란히 하여 모근부에 열을 주어 뜸을 들인다.

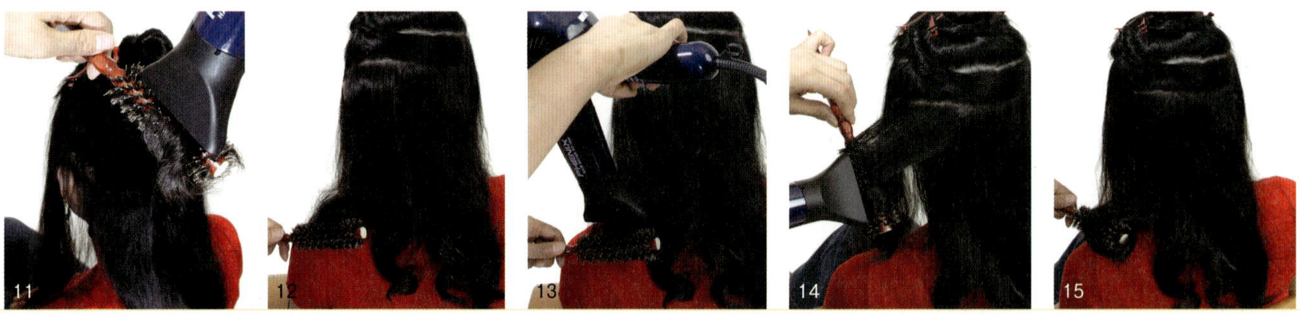

11. 모발 끝부분에 와서는 롤 브러쉬를 틀기 시작하여 모발을 두 바퀴 이상 감아주고 열을 주어 뜸을 들인다.
12. 롤 브러쉬에 있는 모발을 다시 가로로 놓으면서 모발을 풀어준다.
13. 드라이어로 열을 주어 뜸을 들인 후 롤 브러쉬를 사선으로 밀어주면서 S컬을 만든다.
14. 롤 브러쉬를 사선으로 드라이어와 나란히 해놓고 모발을 두 바퀴이상 감는다.
15. 감은 롤 브러쉬의 모발을 일자로 풀어주고 뜸을 들인 후 다시 사선으로 롤 브러쉬를 밀면서 S컬을 만든다.

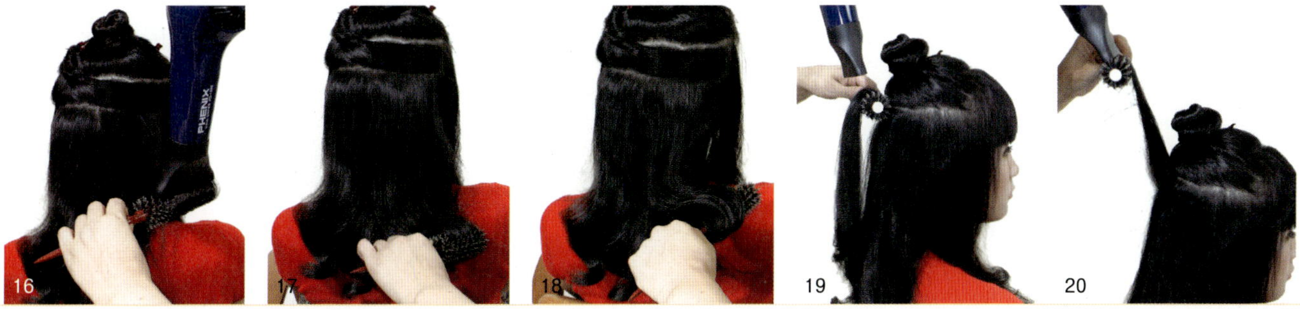

16. 모발끝 부분에 와서 롤 브러쉬에 두 바퀴이상 감는다.
17. 뜸을 들인 후 롤 브러쉬를 가로로 풀어 주면서 릿지를 만든다.
18. 그 후 드라이로 열을 주어 뜸을 들인 후 롤 브러쉬를 사선으로 빼면서 S컬을 만든다.
19. 롤 브러쉬를 한 바퀴이상 돌려 모근부에 열을 주고 뜸을 들여 볼륨을 만든다.
20. 모발 판넬을 들어서 모발을 가지런히 하여 롤 브러쉬에 두 바퀴이상 감는다.

21. 롤 브러쉬에 감은 모발을 사선으로 풀어주고 뜸을 들인 후 다시 평행하게 하여 롤을 밀면서 S컬을 만든다.
22. 롤 브러쉬를 한 바퀴이상 돌려 모근부에 열을 주고 뜸을 들여 볼륨을 만든다.
23. 롤 브러쉬를 사선으로 하여 모발 끝부분부터 두 바퀴이상 감는다.
24. 감긴 롤 브러쉬에 열을 주고 뜸을 들인다.
25. 롤 브러쉬를 풀어서 릿지를 만들고 또 다시 뜸을 들여 S컬을 만들면서 롤 브러쉬를 빼낸다.

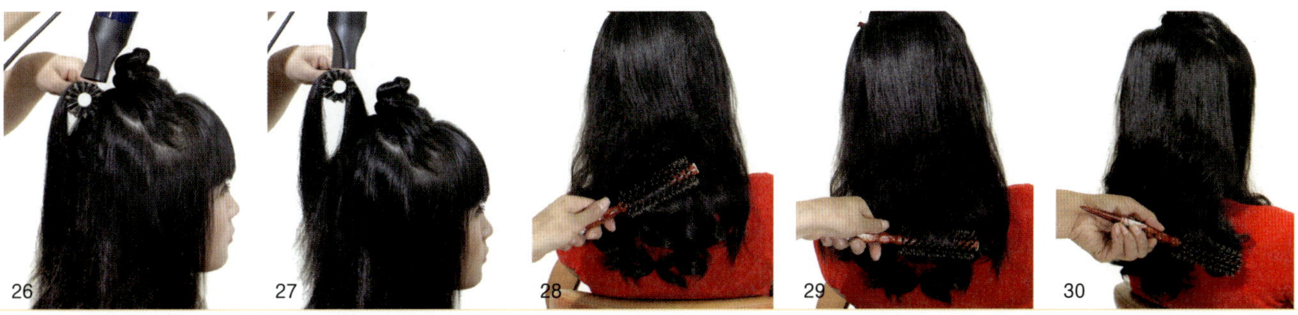

26. 롤 브러쉬를 한 바퀴이상 돌려 모근부에 열을 주고 뜸을 들여 볼륨을 만든다.
27. 다시 앞쪽으로 밀어서 모근부에 볼륨을 주기 위해 드라이어로 열을 주고 있다.
28. 롤 브러쉬에 감긴 모발을 풀면서 릿지를 만든다.
29. 또 다시 판넬을 풀면서 롤 브러쉬를 평행하게 하여 하나의 릿지를 만든다.
30. 약한 릿지는 롤 브러쉬로 모발에 대주고 열을 주어 뜸을 들인다.

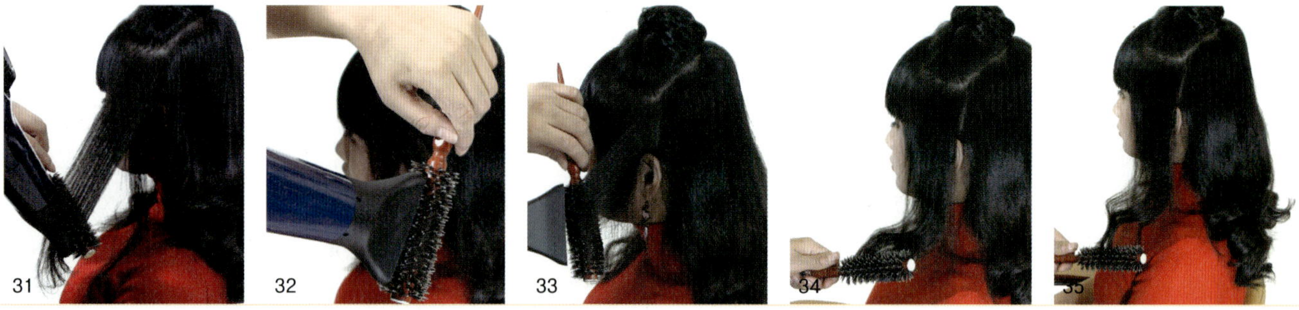

31. 롤 브러쉬를 사선으로 하여 모발을 가지런히 시술한다.
32. 모발을 두 바퀴이상 감고 이쪽저쪽에 열을 주어 뜸을 들인다.
33. 모발을 두 바퀴이상 감고 이쪽저쪽에 열을 주어 뜸을 들인다.
34. 롤 브러쉬를 가로로 잡고 모발을 풀면서 릿지를 만든다.
35. 또 다른 릿지를 만들면서 롤 브러쉬를 빼낸다.

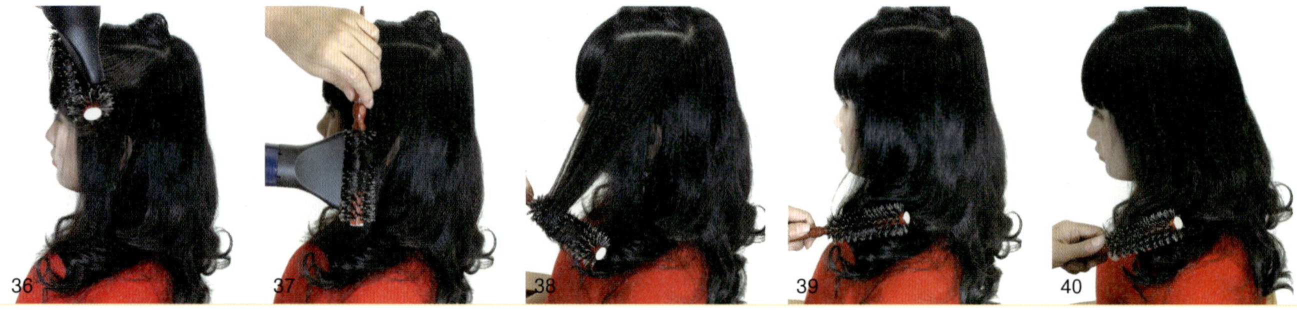

36. 모근부에는 스트레이트한 모발을 만든다.
37. 롤 브러쉬를 사선방향으로 잡고 모발 끝을 가지런히 정리하여 두 바퀴이상 감는다.
38. 롤 브러쉬를 사선에서 가로로 풀어주기 시작한다.
39. 롤 브러쉬를 사선에서 가로로 풀어주면서 릿지를 만든다.
40. 뜸을 다시 들인 후 가로로 된 롤 브러쉬를 사선으로 빼주면서 S컬을 만든다.

41. 덜된 부분은 다시 한 번 판넬을 잡고 롤 브러쉬로 릿지를 잡아준다.
42. 시술하기 위한 모발의 한 판넬이다.
43. 모근부에서 스트레이트로 시술하다가 웨이브를 주고자 하는 부분에서 롤 브러쉬를 사선으로 틀어준다.
44. 롤 브러쉬에 모발을 두 바퀴이상 감고 이쪽저쪽에 열을 주어 뜸을 들인다.
45. 롤 브러쉬를 가로로 하여 모발을 풀면서 릿지를 만들고 다시 사선으로 하면서 S컬을 만든다.

46

47
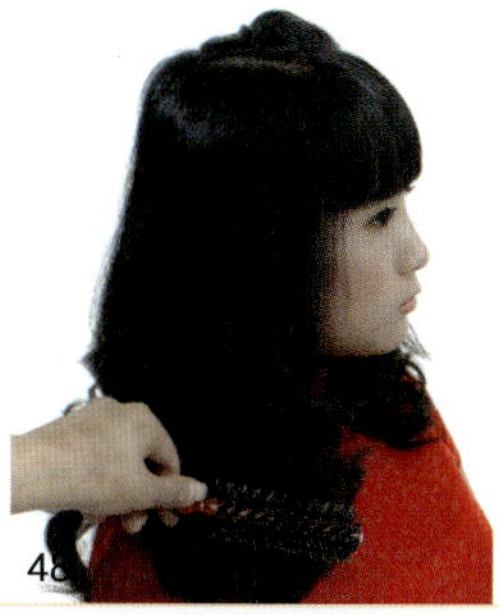
48
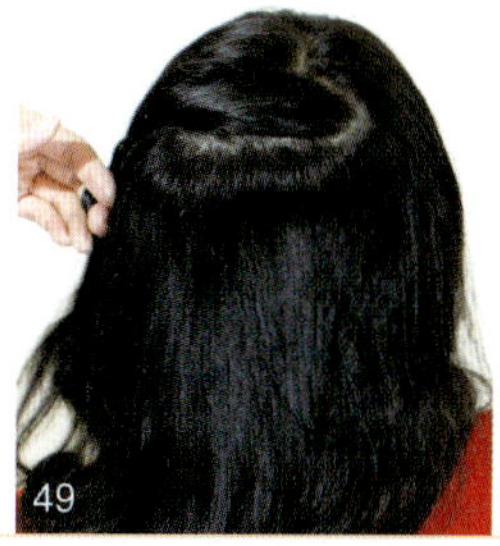
49

50

46. 롤 브러쉬를 한 바퀴이상 돌려 모근부에 열을 주고 뜸을 들여 볼륨을 만든다.
47. 롤 브러쉬에 모발을 두 바퀴이상 감고 이쪽저쪽에 열을 주어 뜸을 들인다.
48. 브러쉬를 가로로 하여 모발을 풀면서 릿지를 만들고, 다시 사선으로 하면서 S컬을 만든다.
49. 볼륨을 줄 영역의 판넬이다.
50. 롤 브러쉬를 한 바퀴이상 돌린 후 앞쪽으로 베이스를 밀어서 드라이어의 열을 준다.

51

52
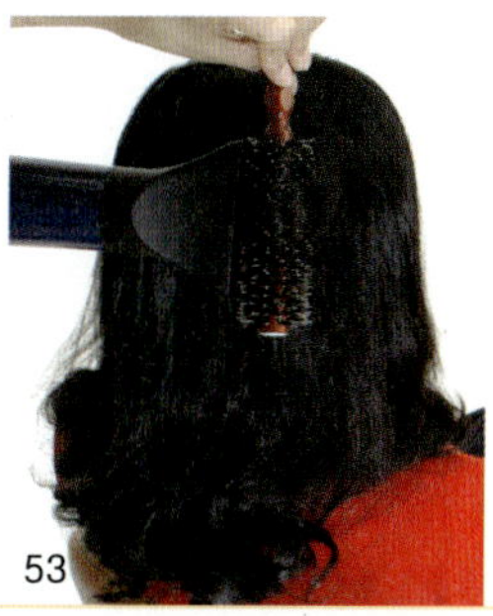
53

54

55

51. 모발을 가지런히 하여 롤 브러쉬에 모발 끝부터 감는다.
52. 모발 끝은 가지런히 하고 롤 브러쉬를 사선으로 하여 두 바퀴이상 감는다.
53. 롤 브러쉬 이쪽저쪽에 열을 주어 뜸을 들이고 컬을 강하게 한다.
54. 롤을 풀면서 S컬을 만든다.
55. 모근부에 볼륨을 시술한다.

56
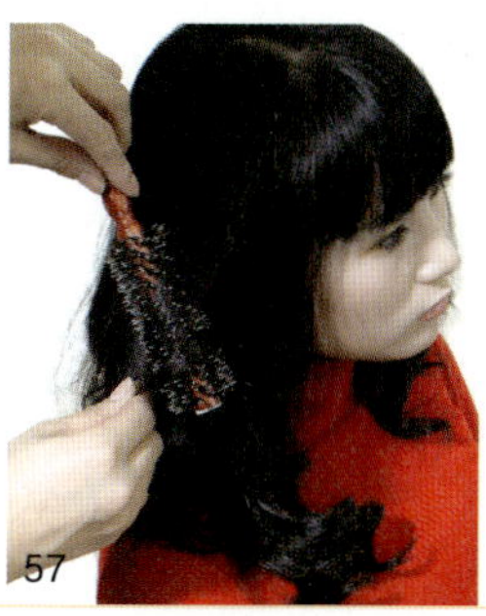
57

58

59
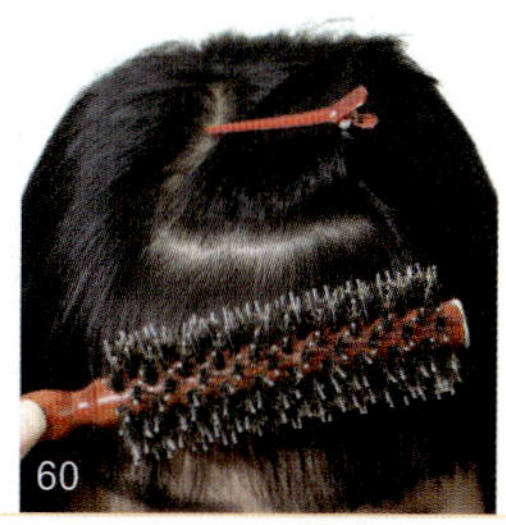
60

56. 롤 브러쉬를 전대각 사선으로 하여 모발을 감아주고 뜸을 들인다.
57. 모발을 감아주고 뜸을 들인다.
58. 모발을 풀면서 릿지를 만들고 S컬을 만든다.
59. 앞머리의 모류를 보정하기 위해 놓은 것이다.
60. 롤 브러쉬를 모발위에 얹어서 모류가 흐르는 반대 방향으로 잡고 열을 주어 뜸을 들인 후 모류를 보정하여 준다.

01 원형 – 인크리스레이어 11

스트레이트와 S컬의 융합 4

스트레이트와 S컬의 융합
–컬링 아이롱 S컬

1. 웨이브의 흐름과 방향

느슨한 웨이브로 적당한 풍성함을 연출한다. 생머리에 원하는 부분을 컬링 아이롱으로 포인트를 주면 자연스러움을 표현할 수 있다.

2. 커트의 시술방법과 도해도

밑길이를 40cm 이상 길게 설정하고 B.P~N.P사이에 U라인을 만든다. B.P~G.P사이는 자연시술각 90°로 시술하고, G.P~T.P사이는 일반시술각 90°로 시술한다. 옆선은 E.B.P에서 가이드를 가져와 F.S.P선까지 45°로 완만한 열선을 만들고 손질하기 편하도록 질감처리한다.

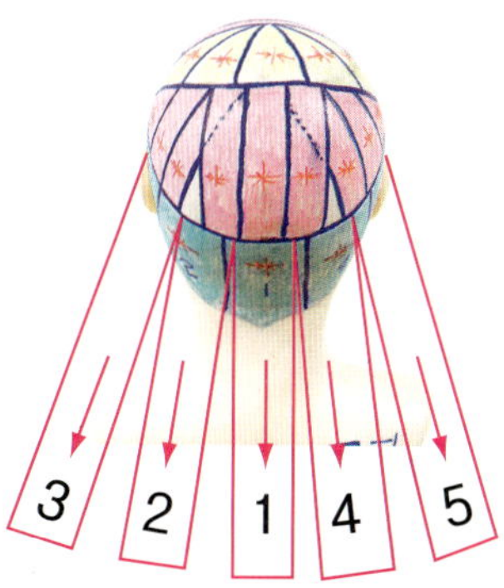

N.P길이 30cm
손가락 기울기 45°

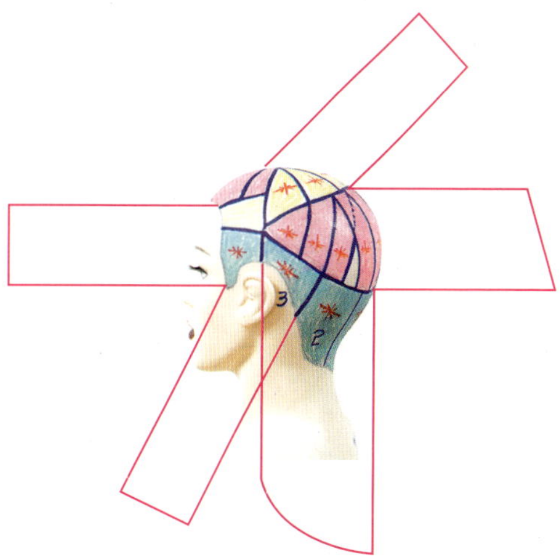

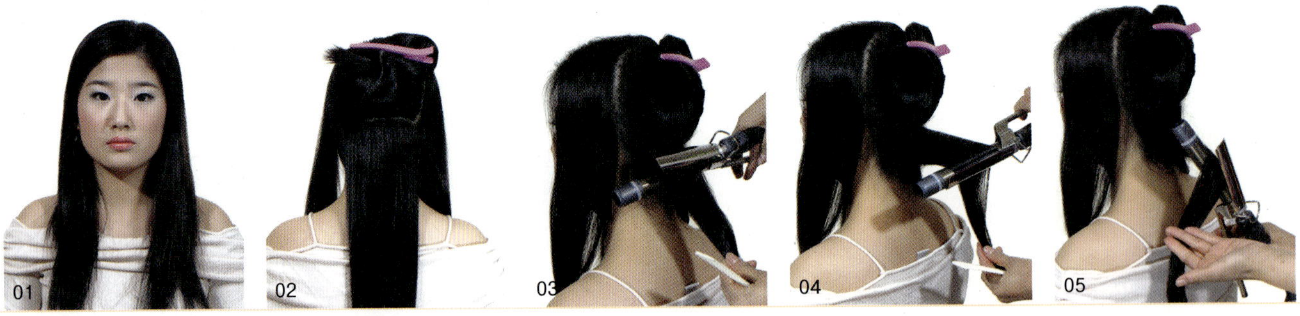

01. 웨이브를 시술하기 위한 준비를 한다.
02. 시술이 편리하게 브록킹을 시술 해 놓은 상태이다.
03. 모근부에는 브록킹하고 나란히 하고 컬 아이롱을 모발 안에 넣는다.
04. 모근부에는 스트레이트한 모발을 만들기 위한 시술을 한다.
05. 컬을 만들고 싶은 부분에서 컬 아이롱을 사선으로 잡고 모발을 회전시킨다.

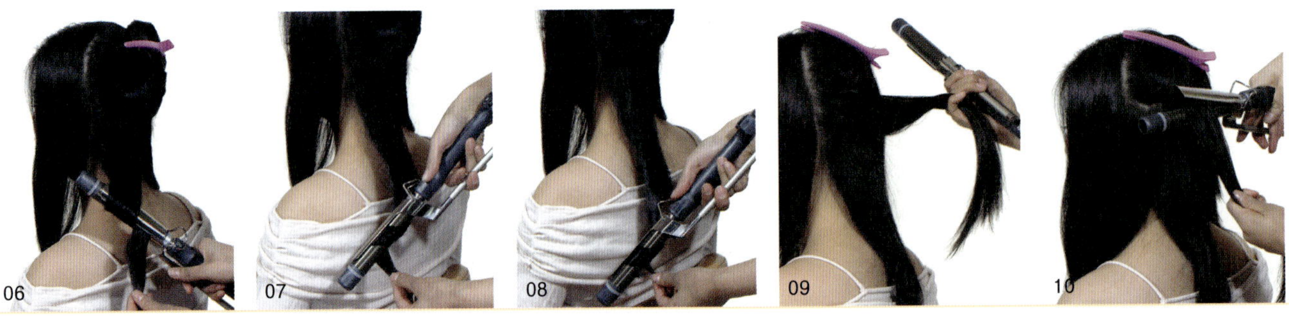

06. 모발을 사선으로 한 바퀴 회전하고 컬 아이롱을 모발에서 빼낸다.
07. 컬 아이롱을 빼서 다시 반대편 사선으로 컬 아이롱을 대고 회전시켜 자연스런 컬을 만든다.
08. 모발 끝까지 웨이브의 흐름을 연결시켜 시술한다.
09. 다음 시술을 위한 모발을 잡는다.
10. 가로로 모발의 한 판넬을 잡고 모근부에서 컬 아이롱을 모발 안에다 넣는다.

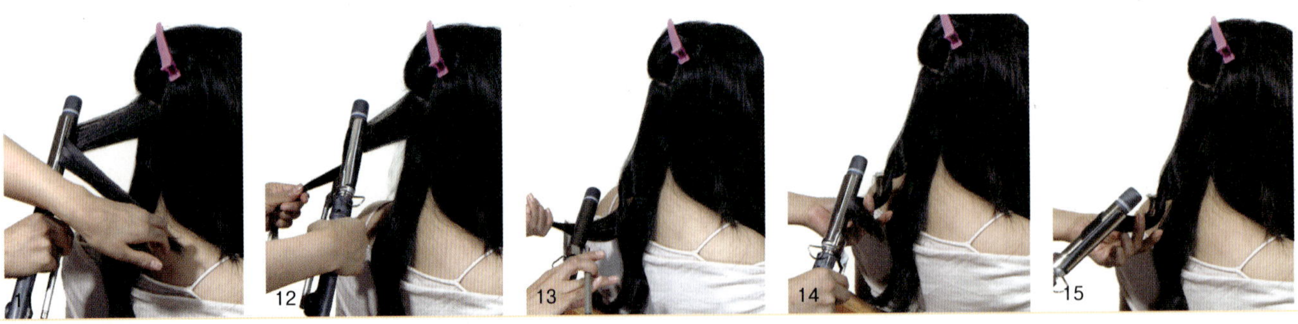

11. 스트레이트하게 모발을 빼다가 웨이브를 주고 싶은 부분에 와서 컬 아이롱을 사선으로 대고 회전시킨다.
12. 사선으로 대고 모발을 회전시키다가 모발을 빼낸다.
13. 모발을 빼다가 끝부분에 와서 컬 아이롱 방향을 다른 사선 방향으로 대고 웨이브를 마무리 한다.
14. 끝부분에 와서 컬 아이롱 방향을 다른 사선 방향으로 대고 웨이브를 마무리 한다.
15. 모발 끝까지 웨이브의 흐름을 연결한다.

16. 모발 끝까지 웨이브의 흐름을 마무리 한다.
17. 두피 가까이에는 컬 아이롱을 대는 순간 회전시켜 볼륨을 준다.
18. 스트레이트한 상태로 모발을 편다.
19. 웨이브를 원하는 부분에 컬 아이롱을 사선으로 댄다.
20. 컬 아이롱을 회전시켜 웨이브를 만든다.

21. 모발을 컬 아이롱에서 빼낸다.
22. 컬 아이롱을 모발에서 빼낸다.
23. 사선으로 컬 아이롱이 들어가고 일직선으로 시술한다.
24. 아이롱을 다른 사선으로 대고 웨이브를 마무리 한다.
25. 두피 가까이에는 컬 아이롱을 대는 순간 회전시켜 볼륨을 준다.

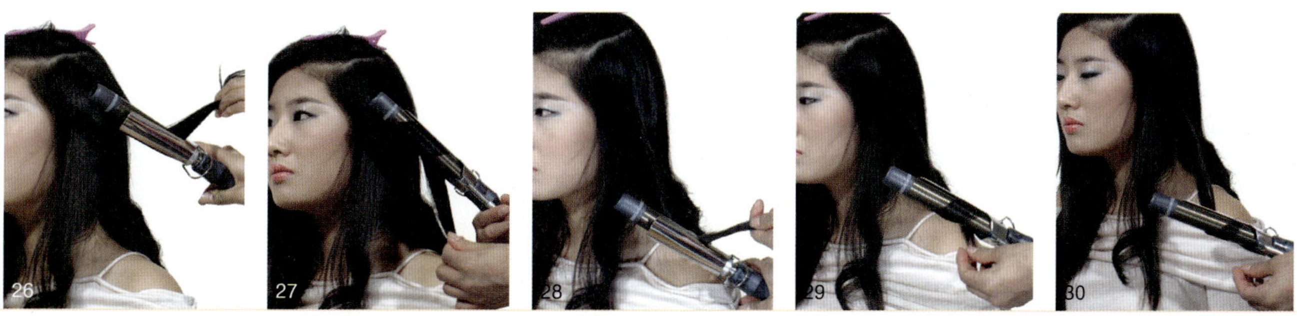

26. 웨이브를 원하는 부분에서 컬 아이롱을 사선으로 댄다.
27. 모발을 회전시켜 웨이브를 만든다.
28. 웨이브를 시술한 후 컬 아이롱을 모발에서 빼낸다.
29. 모발을 회전시켜 웨이브를 만든다.
30. 웨이브를 시술한 후 컬 아이롱을 모발에서 빼낸다.

31. 다른 방향으로 컬 아이롱을 대고 웨이브를 마무리 한다.
32. 사선으로 브록킹을 탄다.
33. 모근부의 볼륨을 컬 아이롱으로 만든다.
34. 모발을 회전시켜 스트레이트한 모발을 만든다.
35. 이전과 반대방향으로 컬 아이롱을 모발에 댄다.

36. 회전시켜 웨이브를 만든다.
37. 모발을 빼내 다른 쪽 방향으로 컬 아이롱을 넣어 마무리 한다.
38. 모근부에 볼륨을 준다.
39. 웨이브를 원하는 곳에서 컬 아이롱을 사선으로 댄다.
40. 회전시켜 웨이브를 만든다.

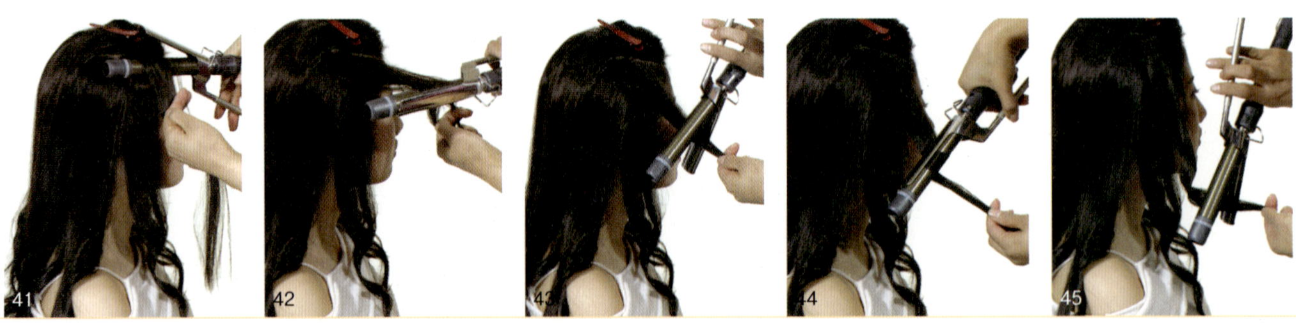

41. 모근부에 볼륨을 준다.
42. 스트레이트한 모발 위에 컬을 만들기 위해 모발을 꺾는다.
43. 컬 아이롱을 사선으로 댄다.
44. 회전시켜 웨이브를 만든다.
45. 다시 한 번 컬 아이롱에 모발을 감고 웨이브를 마무리 한다,

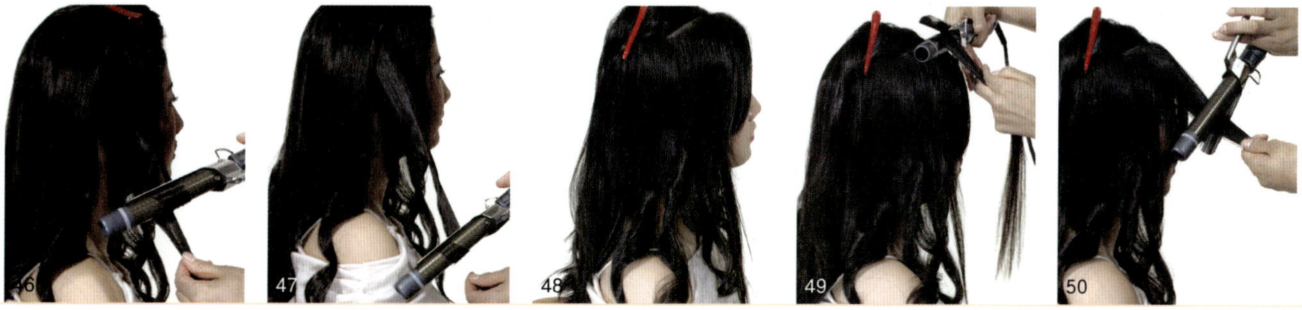

46. 모발 끝까지 웨이브를 확인한다.
47. 사선으로 모발을 빼내 S컬을 만든다.
48. 앞머리를 시술하기 위한 사선 브록킹을 탄다.
49. 모근부에 볼륨을 준다.
50. 컬 아이롱을 사선으로 댄다.

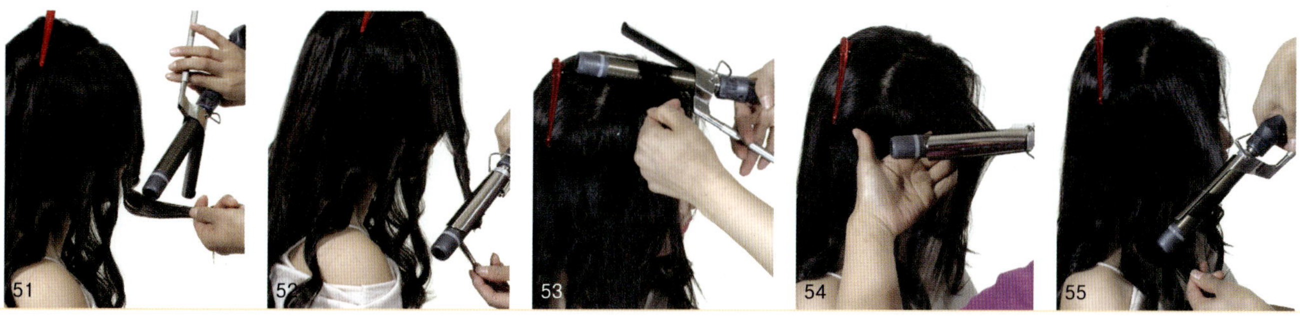

51. 회전시켜 웨이브를 만든다.
52. 다시 컬 아이롱을 모발에 감고 회전 시킨다.
53. 모근부에 볼륨을 준다.
54. 스트레이트하게 모발을 편다.
55. 사선으로 컬 아이롱을 대고 모발을 회전시킨다.

56. 모발 끝까지 모발을 정리하면서 시술한다.
57. 앞머리는 컬 아이롱을 사선으로 대고 회전시켜 C컬의 웨이브를 만든다.
58. 앞머리 모근부에 삼각 아이롱으로 볼륨을 만든다.
59. 끝부분에 C컬을 만들면서 시술한다.
60. C컬을 만들면서 앞머리 표정을 만들어 준다

★ 연습 작품 ★

★ 나의 작품 뽐내보기 ★

02 사각형 – 솔리드

모류보정과 스트레이트

스트레이트 - 롤 브러쉬

1. 웨이브의 흐름과 방향

윤기있는 검은머리만으로도 청순하고 차분한 스타일이 표현된다. 정확히 스트레이트하게 떨어지도록 모류보정과 롤 브러쉬를 드라이어로 모발 끝까지 따라가면서 스트레이트한 모발을 만든다.

2. 커트의 시술방법과 도해도

- N.P에서 10cm의 가이드를 설정하여 일직선의 형태선을 시술한다.
- 후중부는 자연시술각 45°, 후상부는 일반시술각 45°로 시술한다.
- 측두부는 일직선의 형태선을 만든다.
- 전두부도 옆선과 연결된 일직선을 시술한다.

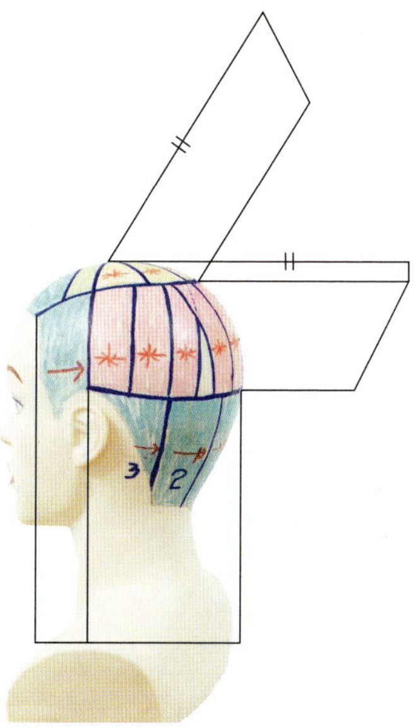

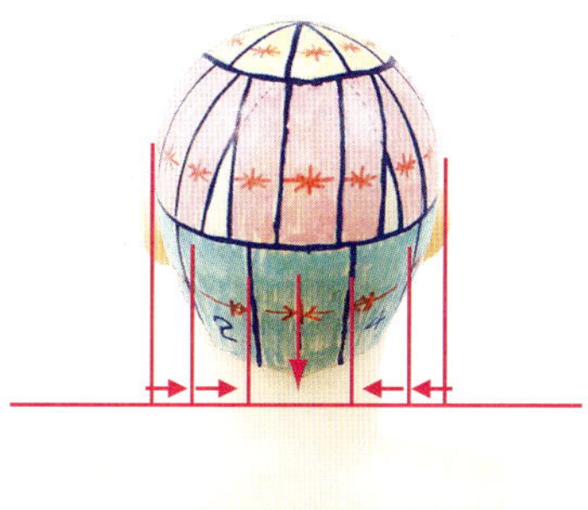

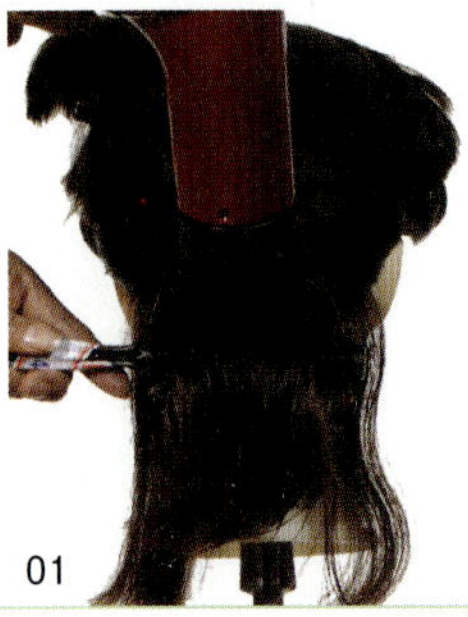
01
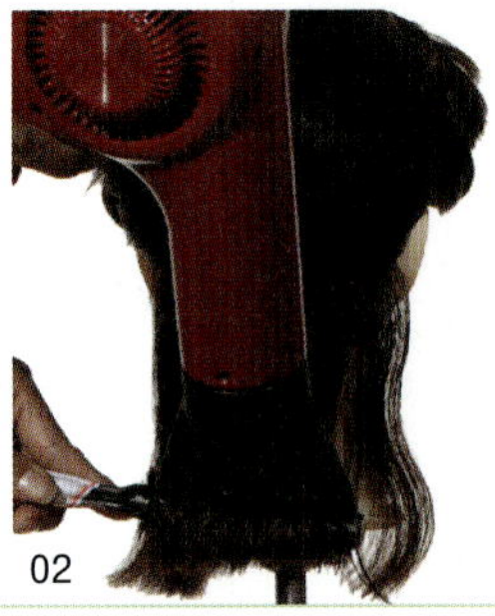
02
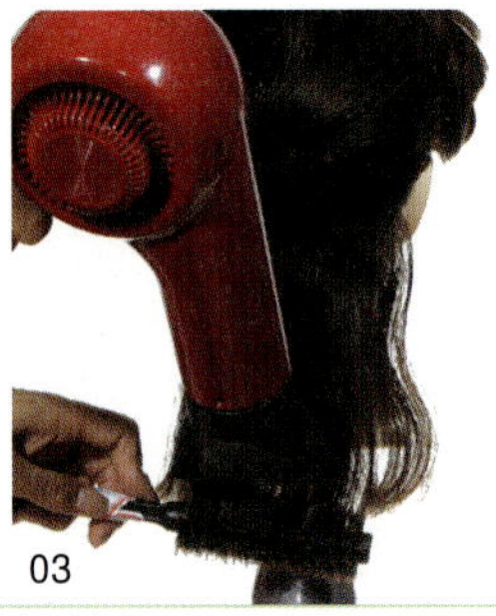
03

04

05

01. 볼륨은 살리지 않고 스트레이트로 그대로 내려온다.
02. 모발 끝으로 갈수록 롤 브러쉬의 회전을 절대하지 않는다.
03. 끝이 들어가지 않게 끝부분에서 열을 주면서 고정한다.
04. 롤 브러쉬를 들지 않고 그대로 아래로 향하게 한다.
05. 판넬 끝부분으로 올수록 급하게 빼지 말고 안으로 말려 들어가지 않도록 한다.

06

07

08

09

10

06. 모발이 말려 들어가지 않도록 천천히 롤 회전 없이 고정 후 빼낸다.
07. 뿌리에 볼륨을 주기위해 롤 브러쉬에 열을 주어 뜸을 들인다.
08. 모발의 각도를 들어서 볼륨을 만들고 뜸을 들여 고정한다.
09. 볼륨을 만들고 고정한 후 그대로 스트레이트하게 시술한다.
10. 판넬 가장자리 끝부분은 안으로 말리지 않게 롤 브러쉬 위에서 회전 없이 시술한다.

11

12

13

14

15

11. 뿌리에 볼륨을 주기 위해 롤 브러쉬를 돌리면서 앞쪽으로 민 다음 드라이어로 열을 주고 식힌다.
12. 스트레이트를 최대로 하기 위해 롤 브러쉬를 90°로 풀었다.
13. 롤 브러쉬를 따라 드라이어가 이동하면서 스트레이트한 모발을 시술한다.
14. 모발 끝까지 말리지 않게 시술한다.
15. 이곳에 모류가 누워있기 때문에 앞쪽으로 롤 브러쉬를 밀어서 열을 주고 뜸을 들인다.

16. 컬을 최대로 하기위해 90°로 롤 브러쉬를 풀어준다.
17. 드라이가 롤 브러쉬를 따라서 이동한다.
18. 롤 브러쉬를 따라 드라이가 이동하면서 스트레이트한 모발을 시술한다.
19. 모발 끝까지 말리지 않게 시술한다.
20. 롤 브러쉬를 반 바퀴쯤 돌려 두피에 밀착하여 모근부에 볼륨을 준다.

21. 롤 브러쉬를 따라 드라이어가 이동하면서 스트레이트한 모발을 시술한다.
22. 모발 끝까지 말리지 않게 시술한다.
23. 판넬 가장자리 끝부분은 안으로 말리지 않게 롤 브러쉬 위에서 회전 없이 시술한다.
24. 롤 브러쉬를 회전하지 않고 시술하는 것을 확인한다.
25. 롤 브러쉬를 회전한 후 두피에 밀착하여 모근부에 볼륨을 준다.

26. 롤 브러쉬를 따라 드라이어가 이동하면서 스트레이트한 모발을 시술한다.
27. 모발 끝까지 말리지 않게 시술한다.
28. 롤 브러쉬를 회전한 후 두피에 밀착하여 모근부에 볼륨을 준다.
29. 90°로 롤 브러쉬를 다시 풀어준다.
30. 롤 브러쉬를 따라 드라이어가 이동하면서 스트레이트한 모발을 시술한다.

02 사각형 - 보브스타일 1

C컬과 S컬의 융합

C컬과 S의 융합 - 롤 브러쉬

1. 웨이브의 흐름과 방향

모근부에는 볼륨과 모류방향을, 머리끝에는 안쪽으로 C컬을 만들어 부드러운 탄력을 주고 안정된 분위기를 연출하였다. 두상에 모량이 많고 모질이 두껍기 때문에 모발 끝까지 롤 브러쉬에 드라이어 열을 최대로 주어 멋진 마무리로 모발의 윤기를 만들었다.

2. 커트의 시술방법과 도해도

N.P에서 길이 가이드를 3~5cm 정도로 시술하여 완만한 U라인을 만들고, B.P~G.P까지는 자연시술각 90°, G.P~T.P까지는 일반시술각 90°로 시술하였다. 옆선은 E.B.P에서 가져와 약간의 후대각라인 선을 만들고 앞머리는 가르마를 나누고 서로 교차하여 모발이 순서대로 떨어지게 만든 후 손질하기 편하게 질감처리를 한다.

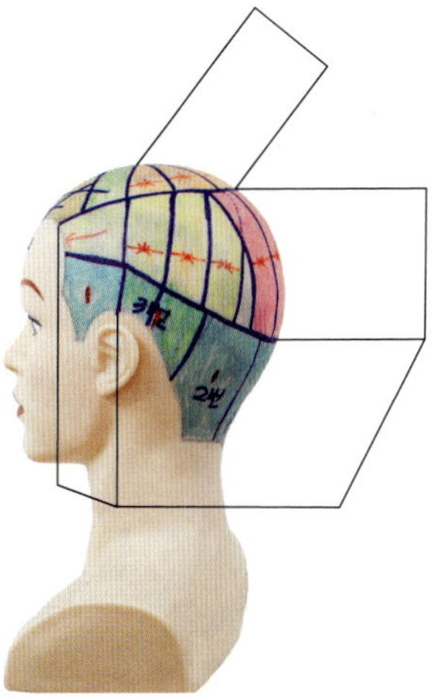

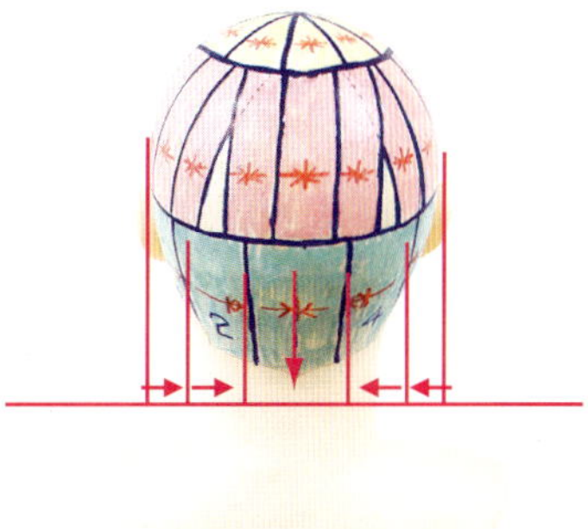

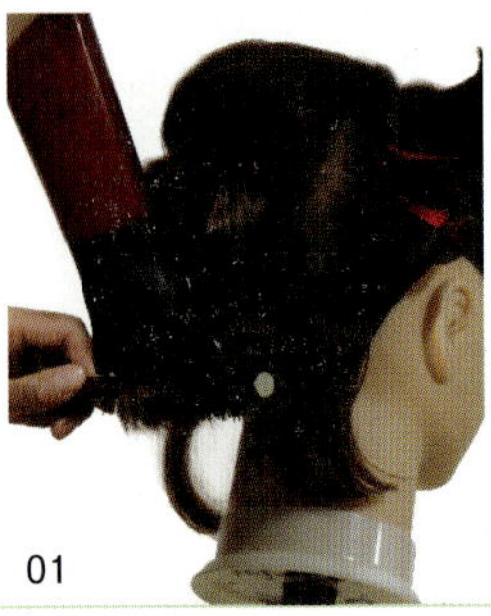
01

02

03

04
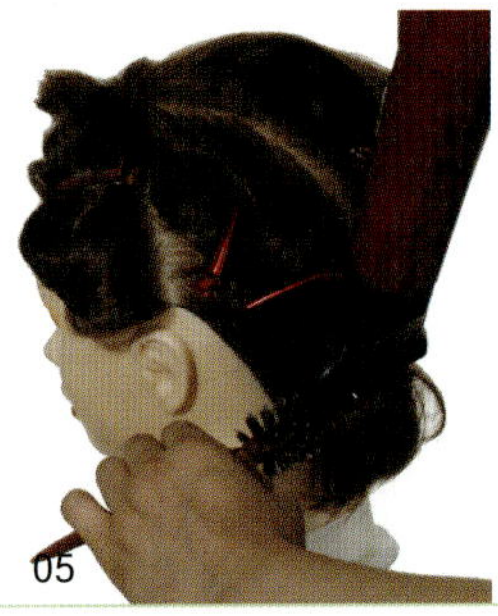
05

01. 모근부에서 롤 브러쉬를 살짝 돌려주고 드라이어가 롤 브러쉬를 따라 간다.
02. 롤 브러쉬를 따라 가면서 자연스런 C 컬을 만들어 준다.
03. 모근부에 롤 브러쉬와 드라이어를 나란히 하여 열을 준다.
04. 사이드도 곡면을 따라 귀바퀴 방향으로 C 커브를 그리면서 롤 브러쉬를 빼낸다.
05. 사이드도 곡면을 따라 귀바퀴 방향으로 C 커브를 그리면서 롤 브러쉬를 빼낸다.

06
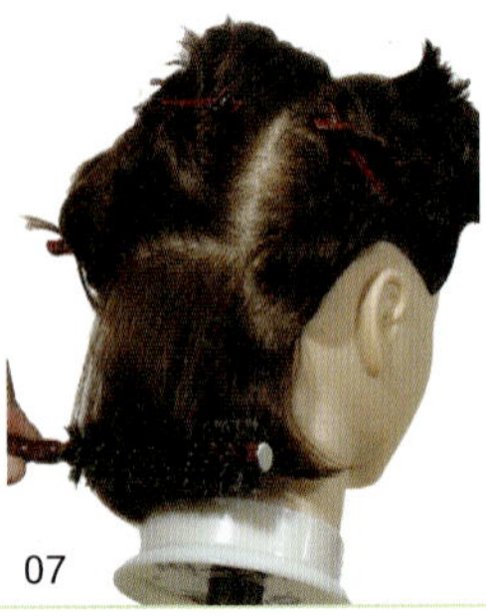
07

08

09

10

06. 다른 쪽 사이드도 곡면을 따라 귀바퀴 방향으로 C 커브를 그리면서 롤 브러쉬를 빼낸다.
07. 후하부는 볼륨 없이 모류만 잡고 완만한 C컬을 만들면서 롤 브러쉬를 빼낸다.
08. 이곳부터 웨이브를 내기 시작한다. 모발의 각도를 끌어올려 롤 브러쉬에 모발을 감는다.
09. 롤 브러쉬 안에 있는 모발에 열을 주어 뜸을 들인다.
10. 모발의 각도를 내려서 컬을 만들기 위한 준비를 한다.

11

12

13
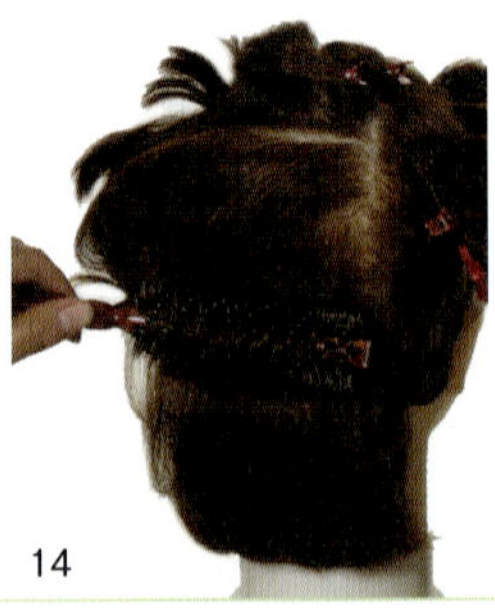
14
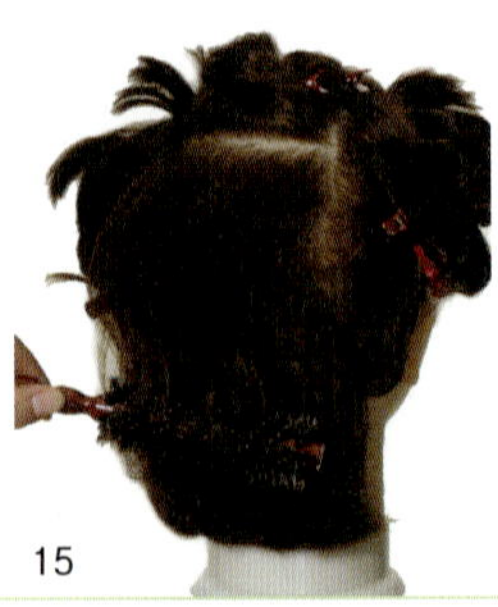
15

11. 다시 한 면의 강한 컬을 시술하기 위해 롤 브러쉬에 열을 준다.
12. 롤 브러쉬에 모발을 다시 감고 두피에 롤 브러쉬를 밀착시킨다.
13. 롤 브러쉬에 있는 모발에 웨이브를 만든다. 브록킹과 롤 브러쉬를 나란히 한다.
14. 릿지를 만들기 위해 모발을 푼다. 롤 브러쉬가 오른쪽으로 살짝 온다.
15. 롤 브러쉬를 오른쪽으로 살짝 움직여서 릿지를 만든다.

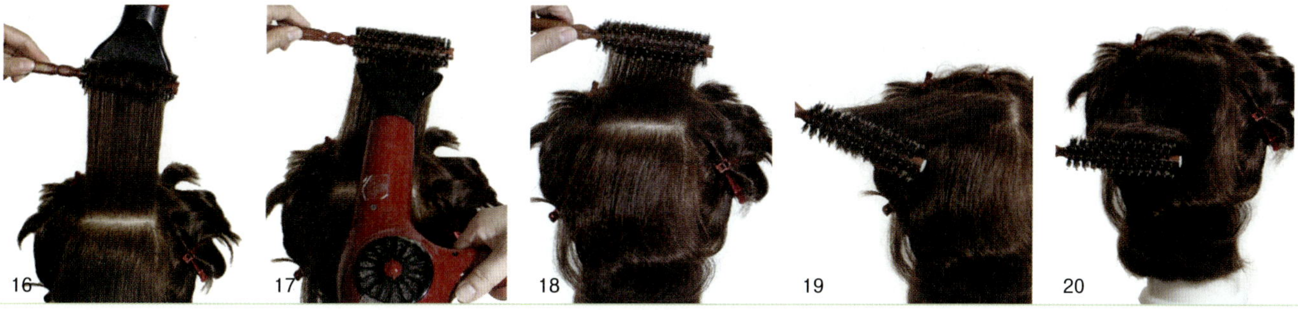

16. 모발끝이 엉키지 않고 잘 말려야 원하는 웨이브를 만들 수 있다.
17. 롤 브러쉬와 드라이어를 나란히 하여 모발을 롤 브러쉬에 와인딩한다.
18. 반대방향으로 풀기 시작한다.
19. 브록킹과 수평으로 왼쪽 롤 브러쉬를 풀기 시작한다.
20. 열을 식히면서 릿지를 만든다.

21. 롤 브러쉬를 사선으로 하여 웨이브를 고정시키기 위한 시술을 한다.
22. 롤 브러쉬로 웨이브를 고정시킨다.
23. 롤 브러쉬를 두피에 밀착하여 회전 시키면서 모근부에 볼륨을 준다.
24. 모발의 각도를 들어서 롤 브러쉬 안에 모발을 잘 정돈시켜 와인딩한다.
25. 웨이브를 위해 롤 브러쉬에 열풍을 주어 뜸을 들인다.

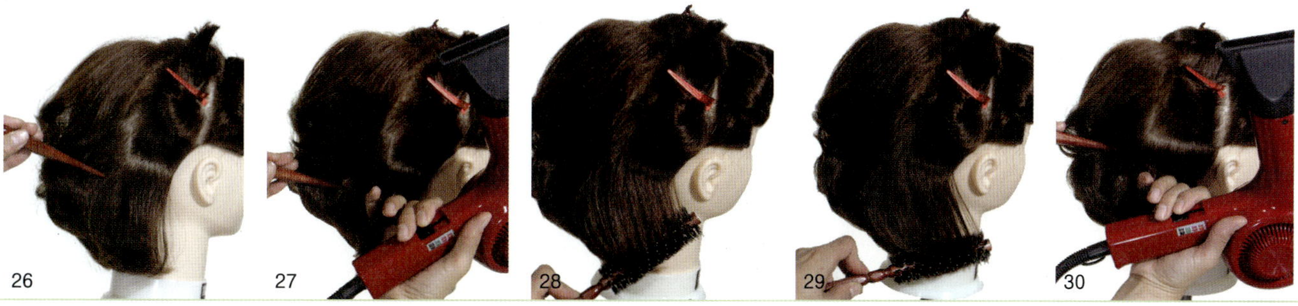

26. 뜸을 들인 모발을 C컬을 만들면서 롤 브러쉬에서 빼낸다.
27. 중앙에서 했던 판넬과 함께 한 판넬을 뜬다.
28. 롤 브러쉬에 열을 주고 풀면서 C컬을 만든다.
29. 롤 브러쉬를 풀면서 C컬을 만들어 준다.
30. 뒷부분에서 갈라진 부분을 중심으로 양쪽에서 모발의 판넬을 떠서 시술한다.

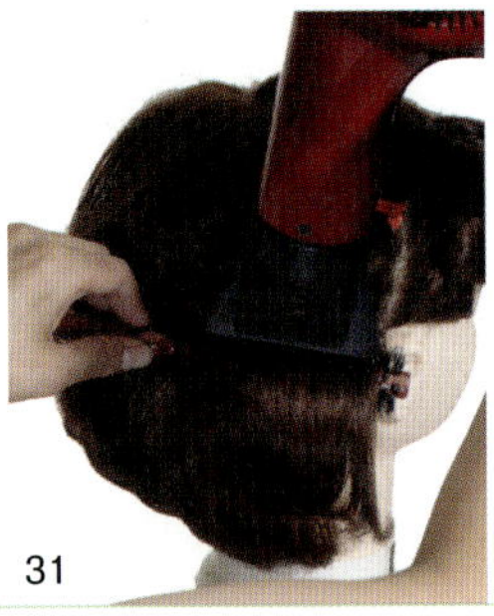
31

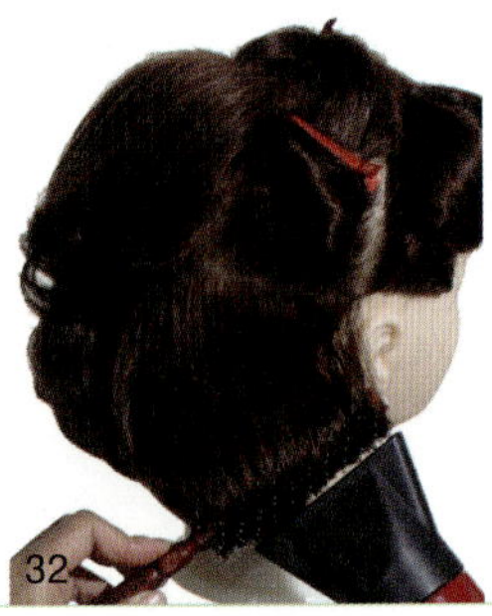
32

33

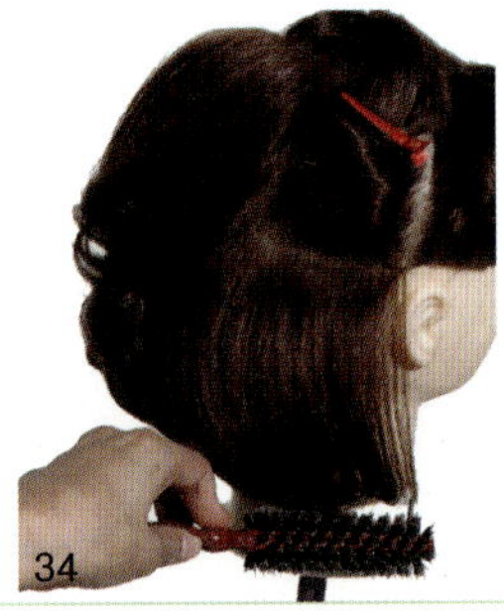
34

35

31. 모근부에서 모류를 잡고 열을 주어 뜸을 들인다.
32. 롤 브러쉬를 사선으로 하고 드라이어로 열을 주어 뜸을 들인다.
33. 뜸을 들인 모발을 풀어서 자연스런 C컬을 만들어 준다.
34. 모발 끝까지 방향을 생각하면서 롤 브러쉬의 모발을 풀어준다.
35. 모발 끝 부분을 가지런히 하여 모발을 감고, 웨이브를 만들기 위해 롤 브러쉬에 열을 준다.

36

37

38

39

40

36. 파팅과 나란히 롤 브러쉬를 푼다.
37. 뒤쪽으로 롤 브러쉬를 밀면서 웨이브를 만든다.
38. 모발 끝까지 방향을 생각하면서 롤 브러쉬의 모발을 풀어준다.
39. 드라이에서 가장 중요한 부분은 뿌리에서 2cm이다. 이곳에 모류가 살아야 하므로 모근부에 열을 주어 뜸을 들인다.
40. 모발 끝은 롤 브러쉬 안에 가지런히 하여 와인딩한다.

41

42

43

44

45

41. 손목에 힘을 빼고 롤 브러쉬를 아래로 자연스럽게 내려준다.
42. 롤 브러쉬를 앞쪽으로 밀었다 뒤쪽으로 밀어준다.
43. 모근부에서 모발이 뜬 부분은 롤 브러쉬로 방향을 잡기 위해 모발 위에 얹고 열을 준다.
44. 모근부에 열을 주고 뜸을 들인다.
45. 모발 끝은 롤 브러쉬 안에 가지런히 하여 와인딩하고 열을 주고 뜸을 들인다.

46. 브록킹과 나란히 하여 롤 브러쉬를 풀어준다.
47. 앞머리흐름을 자연스럽게 시술하기 위한 방법이다.
48. 브록킹과 롤 브러쉬를 나란히 하여 모근부에 열을 주고 뜸을 들인다.
49. 모발 끝은 롤 브러쉬 안에 가지런히 하여 와인딩하고, 열을 주고 뜸을 들인 후 롤 브러쉬를 풀면서 웨이브를 만든다.
50. C자를 그리면서 백(back)쪽을 향하게 한다.

51. 앞머리를 시술하기 위한 남은 모발이다.
52. 롤 브러쉬를 일자로 하여 모근부에 열을 주고 뜸을 들인다.
53. 모발 끝은 롤 브러쉬안에 가지런히 하여 와인딩하고, 열을 주고 뜸을 들인 후 롤 브러쉬를 풀면서 웨이브를 만든다.
54. 롤 브러쉬는 C자를 그리면서 백(back)쪽을 향하게 한다.
55. 보륨을 주기 위해 모발을 앞쪽으로 밀면서 모근부에 열을 주고 뜸을 들인다.

56. 모발을 앞쪽으로 밀면서 롤 브러쉬 안에 모발을 가지런히 하여 와인딩한다.
57. 모발끝가지 엉키지 않게 하여 와인딩한다.
58. 끝부분에 웨이브를 만들기 위해 롤 브러쉬 곳곳에 열을 주고 뜸을 들인다.
59. 롤 브러쉬를 풀면서 웨이브를 만들 준비를 한다.
60. 롤 브러쉬는 사선으로 하여 왼쪽으로 밀었다가 오른쪽으로 풀면서 웨이브를 만든다.

02 사각형 – 보브스타일 2

C컬과 아웃컬의 융합

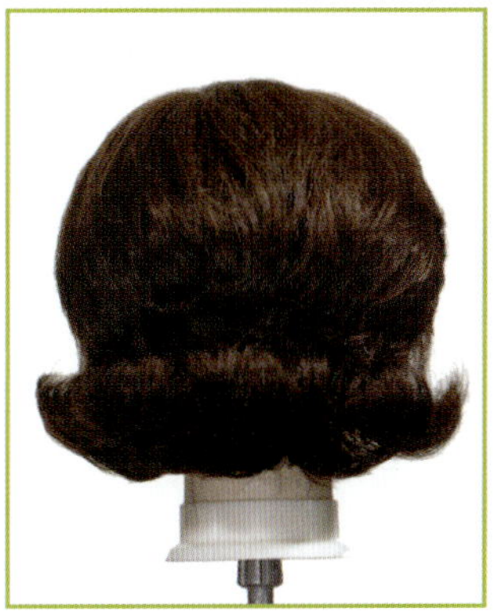

C컬과 아웃컬의 융합
- 롤 브러쉬

1. 웨이브의 흐름과 방향

모근부에는 볼륨과 모류방향을, 머리끝에는 바깥쪽으로 C컬을 만들어 아웃컬을 만들어서 움직임이 있는 분위기를 연출하였다. 두상에 모량이 많고 모질이 두껍기 때문에 모발 끝까지 롤 브러쉬에 드라이어 열을 최대로 주어 멋진 마무리로 모발의 표정을 만들었다.

2. 커트의 시술방법과 도해도

N.P에서 길이 가이드를 5cm 정도로 시술하여 일직선의 형태선을 만들고, B.P~G.P까지는 자연시술각 90°, G.P~T.P까지는 일반시술각 up 45°로 시술하였다. 옆선은 E.B.P에서 가져와 약간의 전대각라인 선을 만들고 앞머리는 가르마를 나누고 서로 교차하여 모발이 순서대로 떨어지게 만든 후 손질하기 편하게 질감처리를 한다.

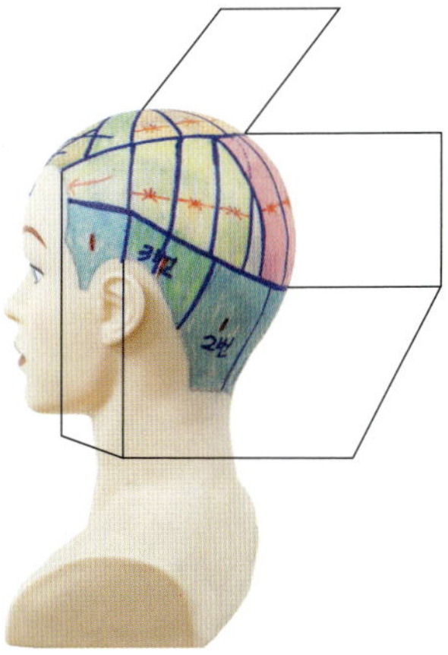

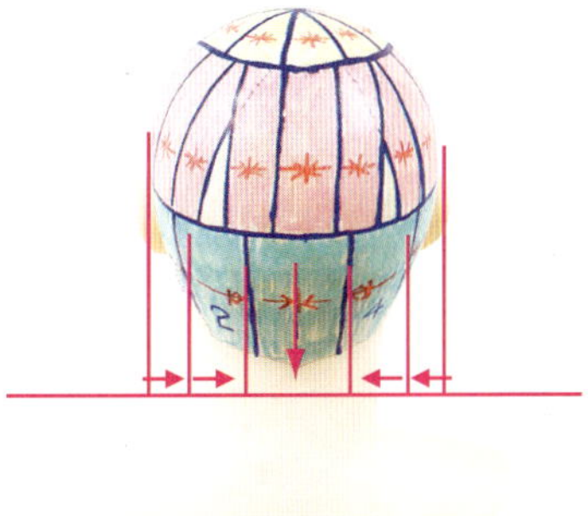

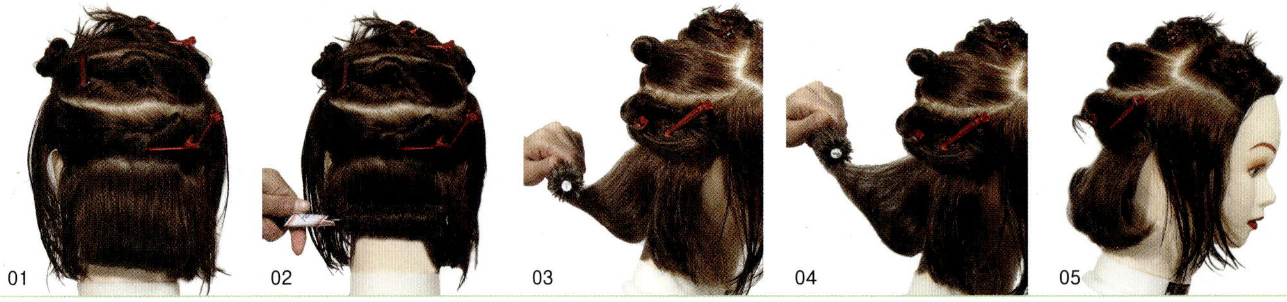

01. 시술하기 편리하게 브록킹을 나누고 후하부에 먼저 인컬을 시술해 놓는다.
02. 아웃컬을 만들기 위해 모발 위에 롤 브러쉬를 놓고 회전하여 와인딩한다.
03. 롤 브러쉬를 위로 빼면서 아웃컬을 만든다.
04. 롤 브러쉬를 밑에서 위를 향해 빼낸다.
05. 모근부에 열을 주고 먼저 인컬을 만든다.

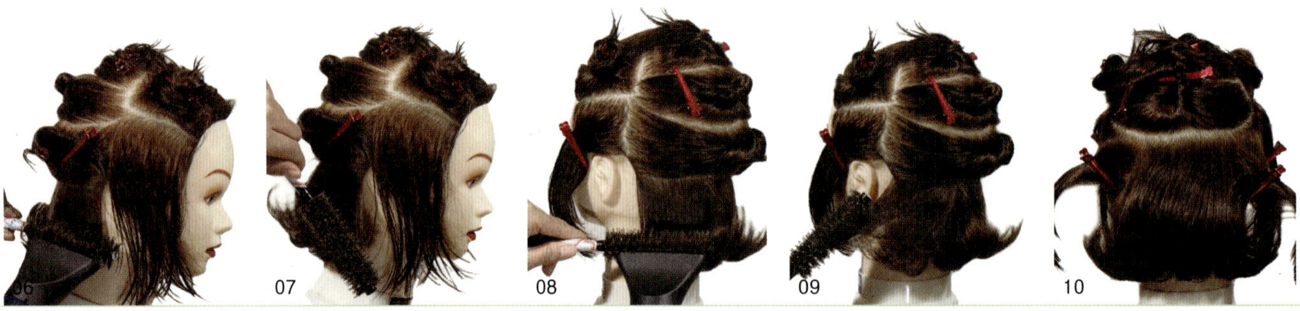

06. 전대각으로 놓고 와인딩하여 드라이어로 열을 주고 뜸을 들인다.
07. 뜸을 들인 후, 롤 브러쉬를 빼면서 아웃컬을 만든다.
08. 롤 브러쉬를 모발위에 놓고 와인딩하여 드라이어로 열을 주고 뜸을 들인다.
09. 뜸을 들인 후, 롤 브러쉬를 앞쪽으로 빼면서 아웃컬을 만들어 준다.
10. 롤 브러쉬를 이용하여 먼저 인컬을 시술한다.

11. 롤 브러쉬를 모발위에 놓고 아웃컬을 만들기 위해 와인딩하여 드라이어로 열을 주고 뜸을 들인다.
12. 롤 브러쉬를 풀어 주면서 아웃컬을 만든다.
13. 모발의 각도를 들어주면서 롤 브러쉬를 빼낸다.
14. 모류를 잡아주기 위해 모근부에 열을 준다.
15. 아웃컬을 와인딩 후 롤 브러쉬 이쪽저쪽에 드라이어로 열을 준다.

16. 롤 브러쉬에 열을 주고 뜸을 들인다.
17. 롤 브러쉬를 풀어 주면서 아웃컬을 만들어 준다.
18. 먼저 인컬을 시술한다.
19. 모발위에 롤 브러쉬를 빼면서 아웃컬을 만들어 준다.
20. 롤 브러쉬에 모발을 빼면서 아웃컬을 만들어 준다.

21. 드라이어가 롤 브러쉬를 따라 가면서 모근부 모발의 각도를 들어 준다.
22. 모발을 가지런히 하여 롤 브러쉬에 와인딩을 한다
23. 모발위에 롤 브러쉬를 얹고 와인딩하여 열을 주고 뜸을 들인다.
24. 롤 브러쉬를 풀면서 아웃컬을 만든다.
25. 롤 브러쉬 위쪽, 아래쪽에 열을 주고 뜸을 들인다.

26. 롤 브러쉬를 풀면서 아웃컬을 만든다.
27. 뜬 모발을 롤 브러쉬로 눌러 주면서 열을 주어 모발의 흐름을 만든다.
28. 시술을 위해 브록킹을 먼저 잡아 놓는다.
29. 롤 브러쉬를 회전하여 두피에 대고 열을 주어 볼륨을 만든다.
30. 롤 브러쉬를 회전하여 두피에 대고 열을 주어 볼륨을 만든다.

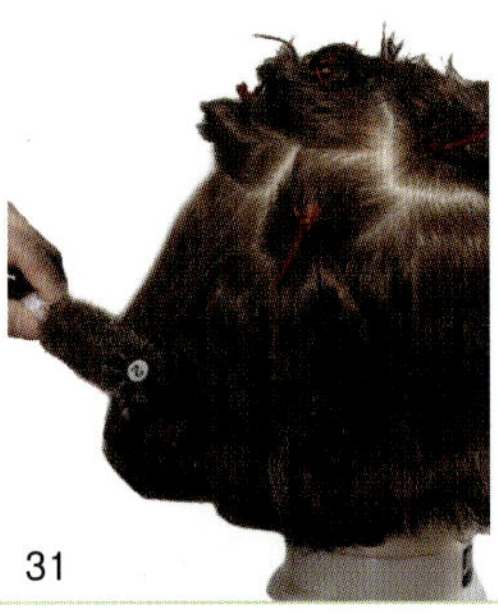
31

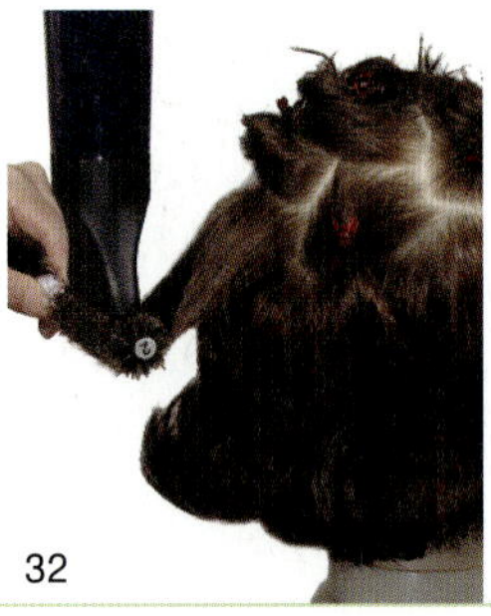
32

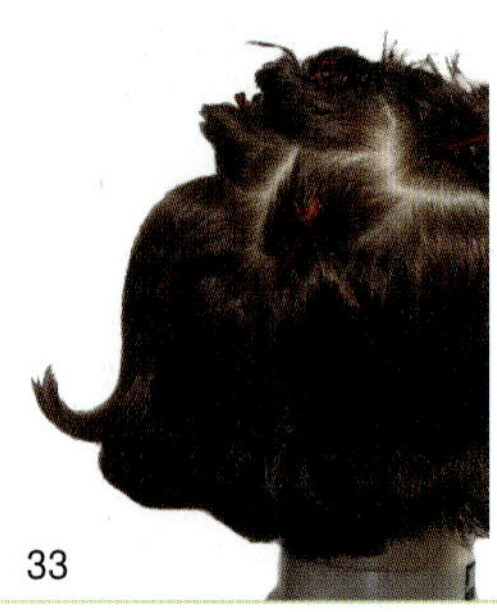
33

34

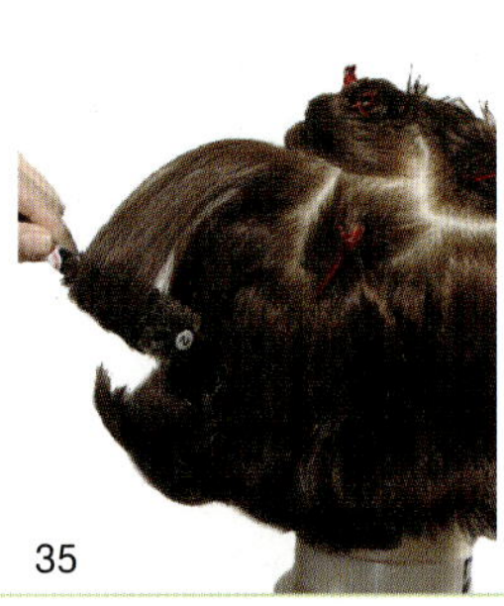
35

31. 롤 브러쉬를 모발위에 얹어서 와인딩하여 아웃컬을 만들어 준다.
32. 롤 브러쉬 위쪽, 아래쪽에 열을 주고 뜸을 들인다.
33. 롤 브러쉬를 풀면서 아웃컬을 만든다.
34. 모발의 각도를 들고 모발을 가지런히 하여 롤 브러쉬에 와인딩한다.
35. 롤 브러쉬를 드라이어가 따라 가면서 인컬을 만들어 준다.

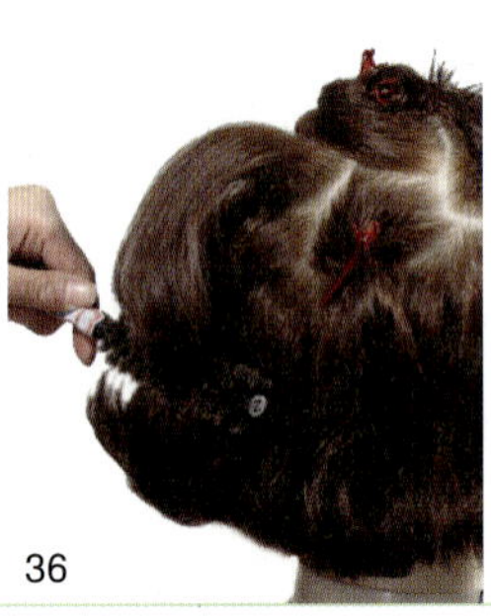
36

37

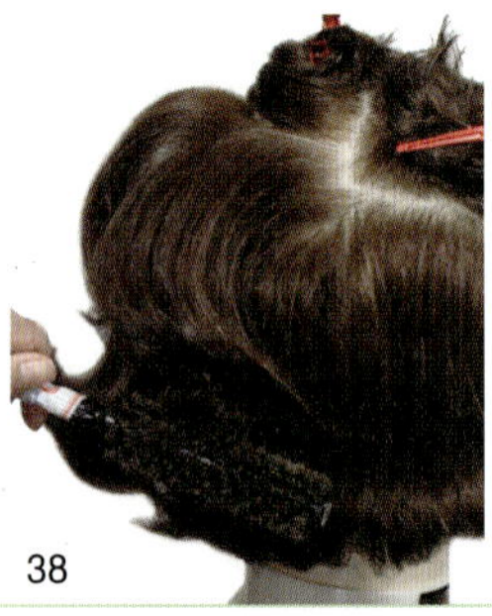
38

39

40

36. 모발 끝까지 롤 브러쉬의 모발을 자연스런 C컬을 만든다.
37. 롤 브러쉬를 반 바퀴 회전하여 두피에 대고 열을 주어 볼륨을 만든다.
38. 롤 브러쉬를 회전하여 S컬을 만들어 준다.
39. 시술을 위한 판넬이다.
40. 드라이어가 롤 브러쉬를 따라 가면서 S컬을 만든다.

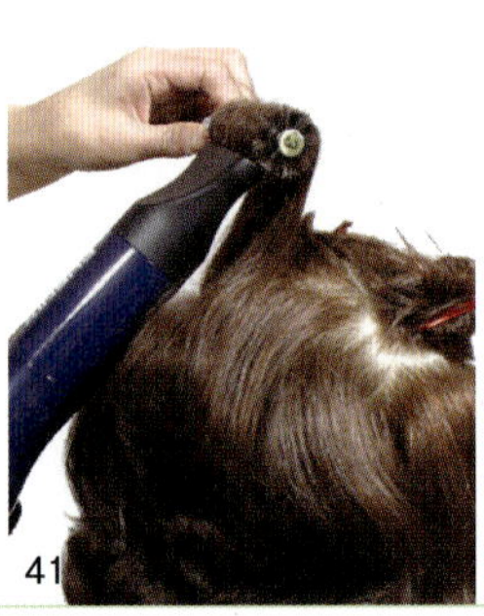
41

42

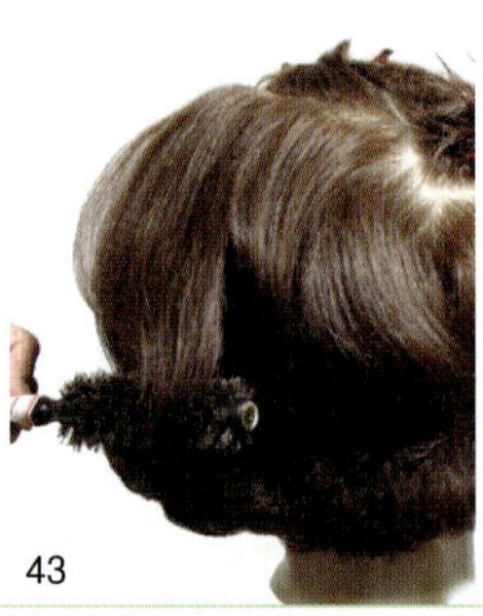
43

44

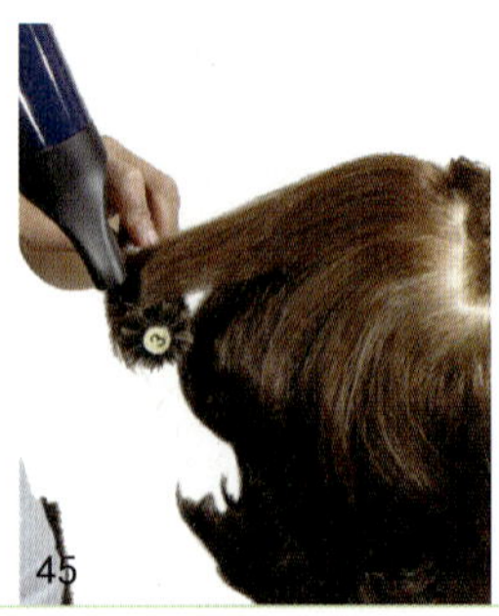
45

41. 모발을 가지런히 하여 롤 브러쉬에 와인딩하고 열을 주어 뜸을 들인다.
42. 다시 판넬을 잡고 롤 브러쉬를 와인딩하여 C컬을 만든다.
43. 모발의 각도를 내리면서 자연스런 C컬을 만든다.
44. 모발의 각도를 들어서 롤 브러쉬에 가지런히 모발을 와인딩한다..
45. 모발의 각도를 내리면서 자연스런 C컬을 만든다.

46. 앞머리의 시술을 위해 브록킹을 타놓은 상태이다.
47. 롤 브러쉬와 브록킹을 나란히 하고 모근부에 열을 준다.
48. 롤 브러쉬를 뒤쪽으로 빼면서 C컬을 만들어 준다.
49. 시술을 위해 큰 브록킹을 작은 브록킹으로 다시 잡은 상태이다.
50. 브록킹과 롤 브러쉬를 나란히 하고 모근부에 열을 준다.

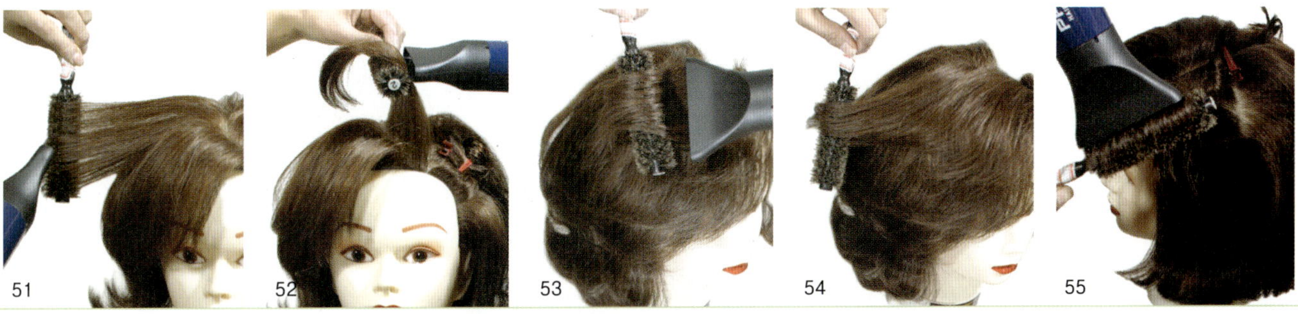

51. 롤 브러쉬를 회전하여 뒤쪽으로 빼면서 C컬을 만든다.
52. 모근부에 열을 주고 드라이어가 롤 브러쉬를 따라 이동한다.
53. 롤 브러쉬를 사선으로 틀고 뒤쪽으로 롤 브러쉬를 빼면서 웨이브의 흐름을 만든다.
54. 롤 브러쉬를 뒤쪽으로 빼면서 C컬을 만들어 준다.
55. 모발 끝을 가지런히 하여 롤 브러쉬에 와인딩한다.

56. 롤 브러쉬의 방향을 틀고 이쪽저쪽에 열을 주고 뜸을 들인다.
57. 롤 브러쉬를 뒤쪽으로 빼면서 C컬을 만들어 준다.
58. 모발 끝까지 정성들여서 시술한다.
59. 모근부에 열을 주고 뜸을 들인다.
60. 드라이어가 롤 브러쉬를 따라서 이동하면서 C컬을 만든다.

02 사각형 – 보브스타일 3

스트레이트와 C컬의 융합

스트레이트와 C컬의 융합
-롤 브러쉬

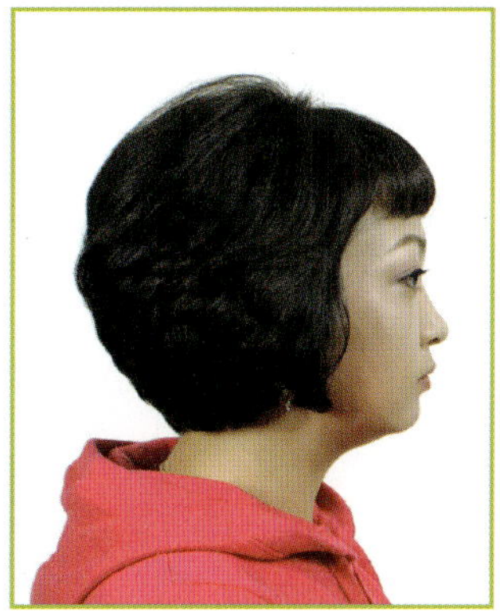

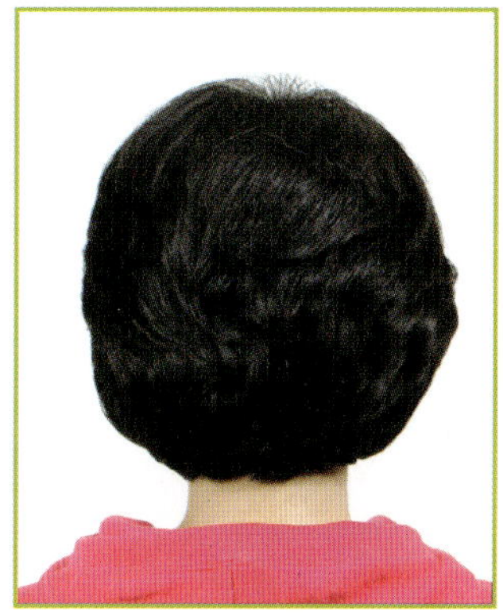

1. 웨이브의 흐름과 방향

모근부에는 볼륨과 모류방향을, 머리끝에는 안쪽으로 C컬을 만들어 부드러운 탄력을 주고 안정된 분위기를 연출하였다. 두상에 모량이 많고 모질이 두껍기 때문에 모발 끝까지 롤 브러쉬에 드라이어 열을 최대로 주어 멋진 마무리로 모발의 윤기를 만들었다.

2. 커트의 시술방법과 도해도

N.P에서 길이 가이드를 3cm 정도로 시술하여 완만한 U라인을 만들고, B.P~G.P까지는 일반시술각 90°, G.P~T.P까지는 일반시술각 90°로 시술하였다. 옆선은 E.B.P에서 가져와 약간의 후대각라인 선을 만들고 앞머리는 뒷머리와 완전 별개로 아주 짧은 일직선을 만든 후 손질하기 편하게 질감처리를 한다.

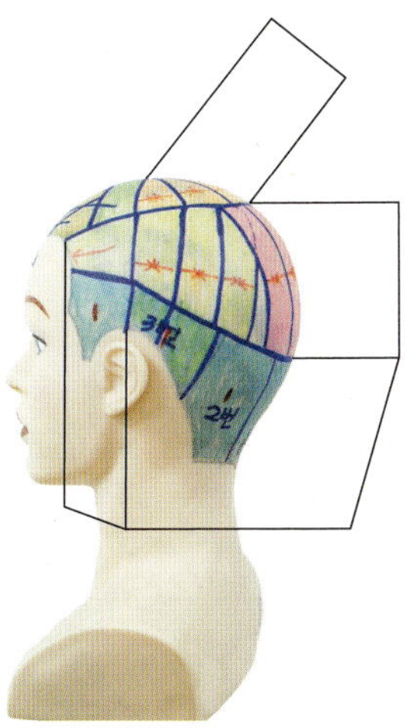

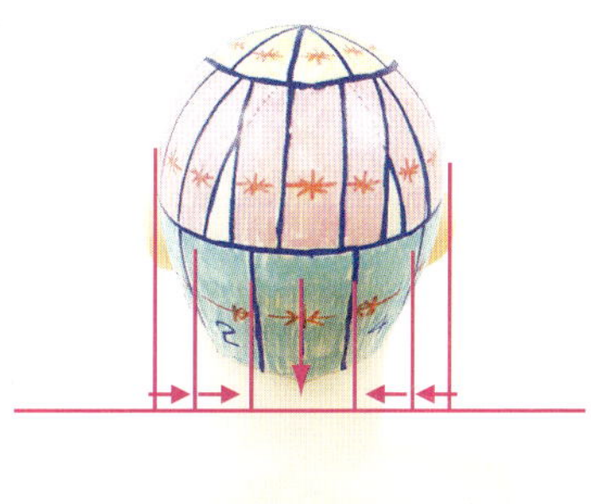

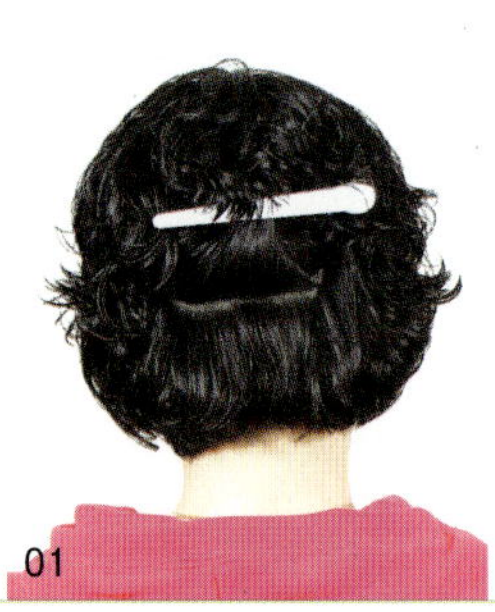
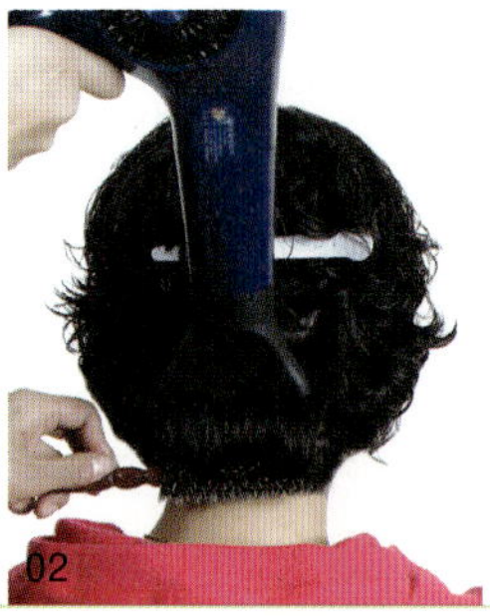

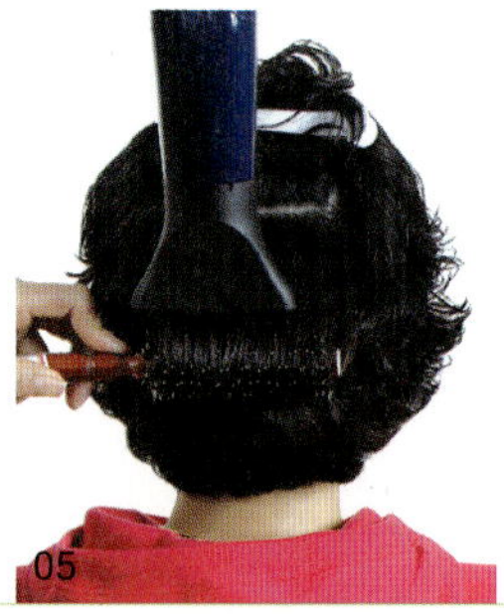

01. 시술하기 편리하게 후하부의 브록킹을 시술해 놓은 상태이다.
02. 롤 브러쉬를 두피에 대고 드라이어로 열을 주어 뜸을 들인 후 C컬을 그리면서 모발 끝까지 풀어준다.
03. 롤 브러쉬를 한 바퀴 회전하여 두피에 대고, 드라이어로 열을 주어 뜸을 들인다.
04. C컬을 그리면서 모발 끝까지 풀어준다.
05. 드라이어가 롤 브러쉬를 모발 끝까지 따라가면서 C컬을 만들어 준다.

06. 모발 끝까지 정성들여서 시술한다.
07. 롤 브러쉬를 한 바퀴 돌려 두피에 밀착시킨 후 열을 주고 뜸을 들인다.
08. 모발을 앞으로 당겨서 열을 주고 뜸을 들인다. 볼륨을 만들어 준다.
09. 다시 모발을 90°로 각도를 들어서 열을 주고 뜸을 들인다.
10. 모발의 시술각도를 낮추고 모발을 풀면서 C컬을 만들어 준다.

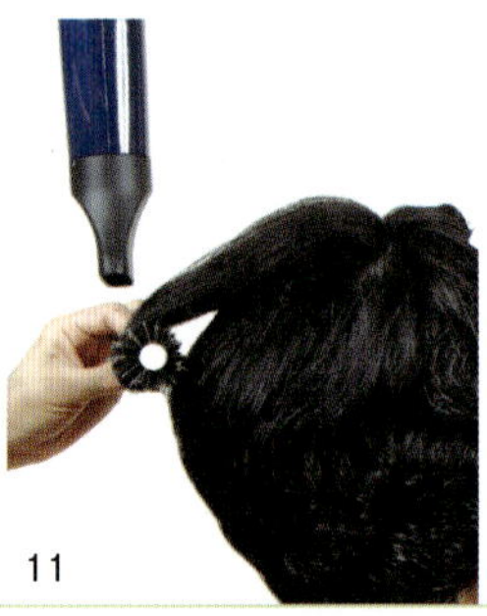

11. 모발 끝까지 정성들여서 시술한다.
12. 롤 브러쉬를 한 바퀴 반을 돌려 두피에 밀착시킨 후 열을 주고 뜸을 들인다.
13. 모발을 앞으로 당겨서 열을 주고 뜸을 들인다. 볼륨을 만들어 준다.
14. 다시 모발을 90°로 각도를 들어서 열을 주고 뜸을 들인다.
15. 모발의 시술각도를 낮추고 모발을 풀면서 C컬을 만들어 준다.

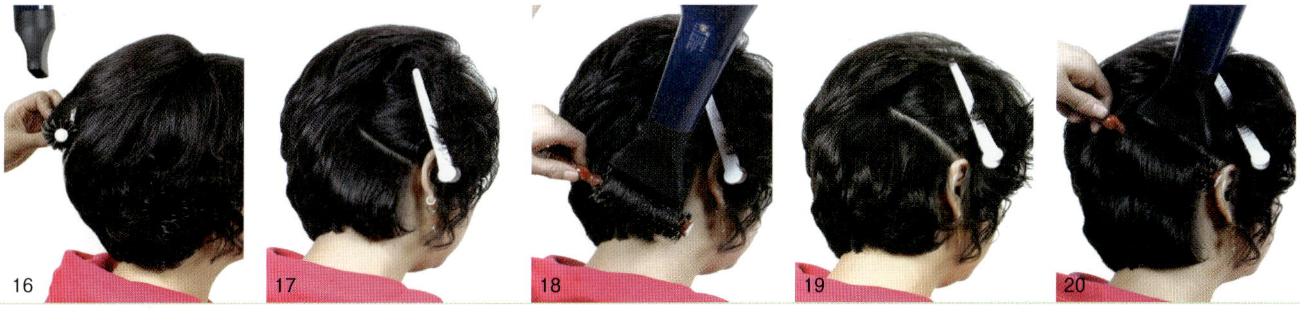

16. 모발 끝까지 정성들여서 시술한다.
17. 전대각으로 브록킹을 타 놓은 상태이다.
18. 롤 브러쉬와 브록킹을 나란히 하여 롤 브러쉬에 열을 준 후 뜸을 들이고, C컬을 만들면서 모발을 풀어준다.
19. 전대각으로 브록킹을 타 놓은 상태이다.
20. 롤 브러쉬와 브록킹을 나란히 하여 롤 브러쉬에 열을 준 후 뜸을 들인다.

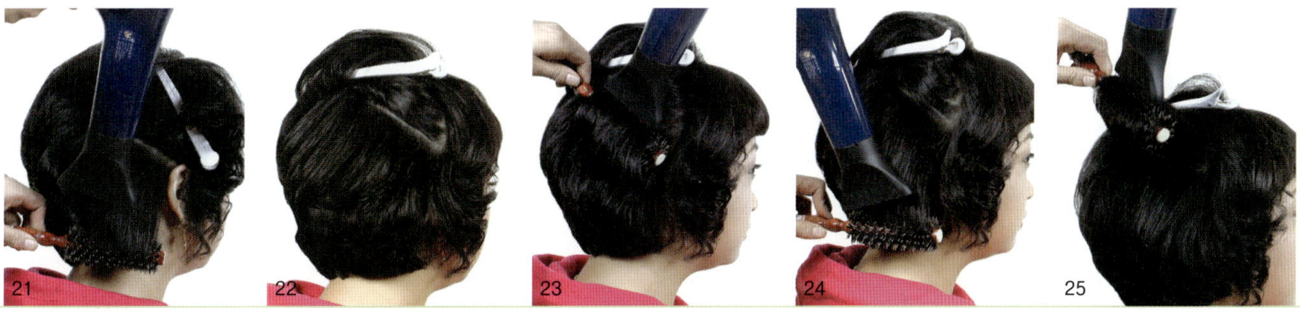

21. 뜸을 들인 후 C컬을 만들면서 모발을 풀어준다.
22. 전대각으로 브록킹을 타 놓은 상태이다.
23. 롤 브러쉬와 브록킹을 나란히 하여 롤 브러쉬에 열을 준 후 뜸을 들인다.
24. 뜸을 들인 후 C컬을 만들면서 모발을 풀어준다.
25. 롤 브러쉬와 브록킹을 나란히 하여 롤 브러쉬에 열을 준 후 C컬을 만들면서 모발을 풀어준다.

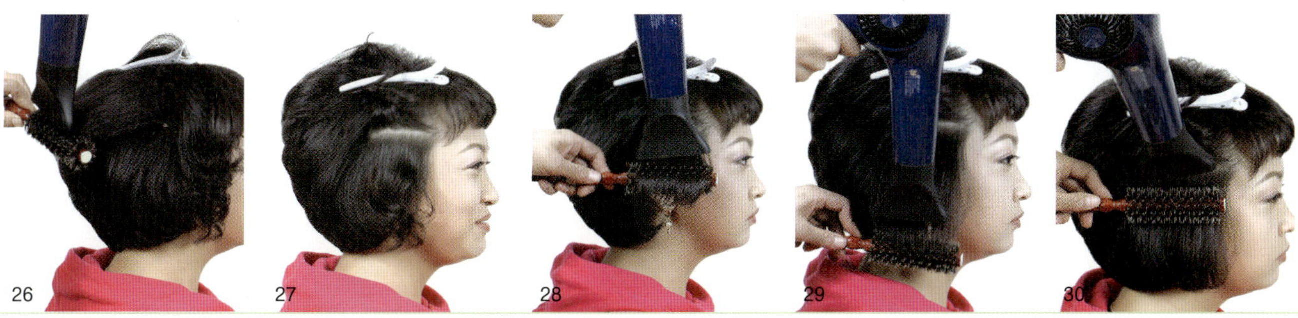

26. 롤 브러쉬에 열을 준 후 C컬을 만들면서 모발을 풀어준다.
27. 측두부의 시술을 위한 파팅이다.
28. 드라이가 롤 브러쉬를 모발 끝까지 따라 가면서 스트레이트한 모발을 만든다.
29. 모발 끝까지 정성들여서 시술한다.
30. 모류보정을 롤 브러쉬로 잡아준다.

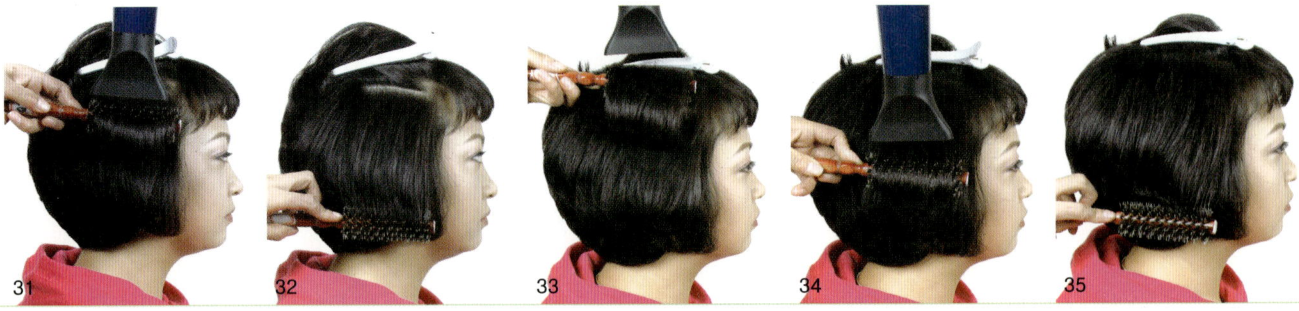

31. 다음 판넬도 위와 동일한 방법으로 시술한다.
32. 모발 끝까지 드라이가 롤 브러쉬를 따라 가면서 스트레이트한 모발을 만든다.
33. 모근부에 롤 브러쉬에 열을 주고 뜸을 들여 볼륨을 준다.
34. 모발 끝까지 드라이가 롤 브러쉬를 따라 가면서 스트레이트한 모발을 만든다.
35. 모발 끝까지 정성들여서 시술한다.

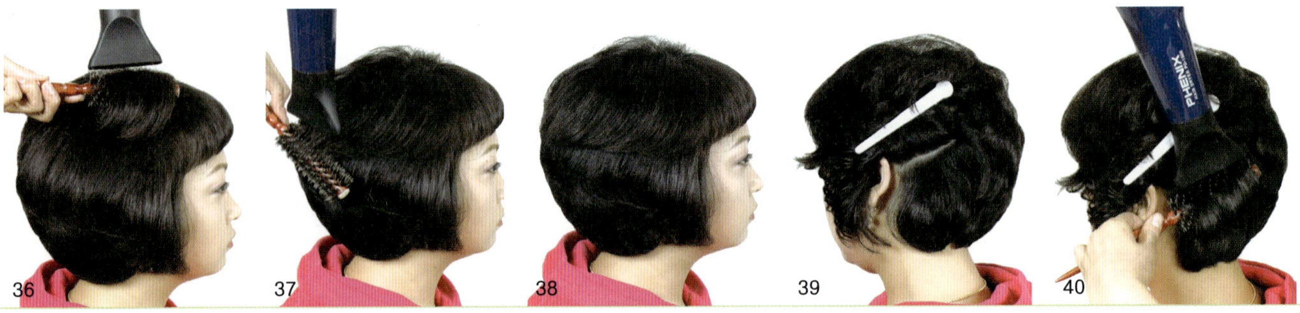

36. 모근부에 롤 브러쉬에 열을 주고 뜸을 들여 볼륨을 준다.
37. 롤 브러쉬를 뒤쪽으로 빼면서 자연스런 C컬을 시술한다.
38. 한 쪽 부분이 시술된 상태이다.
39. 다른 한쪽을 시술하기 위한 전대각으로 브록킹을 타 놓은 상태이다.
40. 롤 브러쉬와 브록킹을 나란히 하여 롤 브러쉬에 열을 준 후 뜸을 들인다.

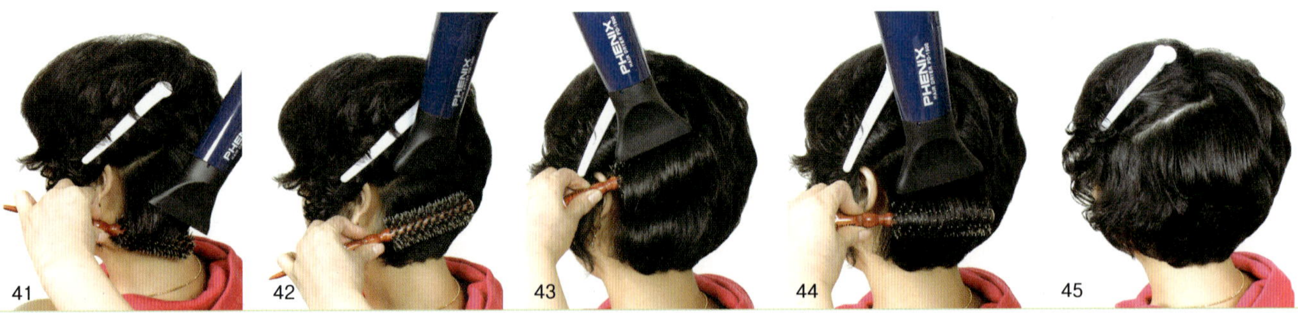

41. 롤 브러쉬에 열을 준 후 C컬을 만들면서 모발을 풀어준다.
42. 모류보정을 롤 브러쉬로 잡아 열을 주어 모발의 흐름을 만든다.
43. 롤 브러쉬와 브록킹을 나란히 하여 롤 브러쉬에 열을 준 후 뜸을 들인다.
44. 롤 브러쉬에 열을 준 후 C컬을 만들면서 모발을 풀어준다.
45. 전대각으로 브록킹을 타 놓은 상태이다.

46

47

48
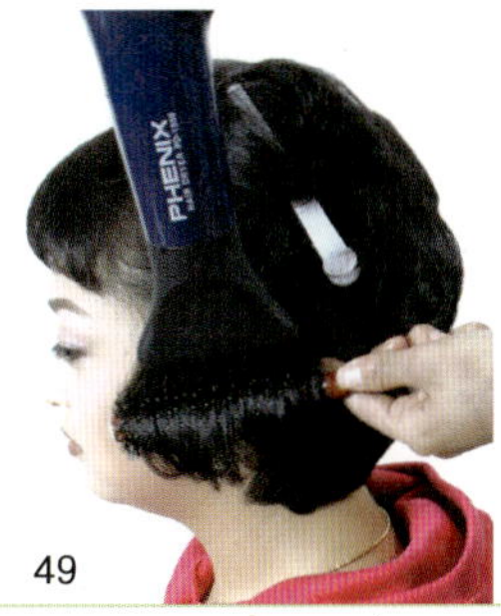
49

50

46. 롤 브러쉬와 브록킹을 나란히 하여 롤 브러쉬에 열을 준 후 뜸을 들인다.
47. 롤 브러쉬에 열을 준 후 C컬을 만들면서 모발을 풀어준다.
48. 측두부의 시술을 위한 파팅 이다.
49. 롤 브러쉬를 드라이가 모발 끝까지 따라 가면서 스트레이트한 모발을 만든다.
50. 모류보정을 롤 브러쉬로 잡아 열을 주어 모발의 흐름을 만든다.

51

52
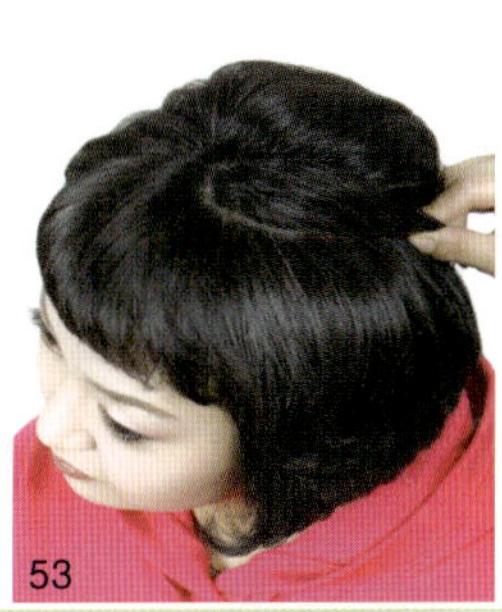
53

54

55

51. 롤 브러쉬와 브록킹을 나란히 하여 롤 브러쉬에 열을 준 후 뜸을 들인다.
52. 롤 브러쉬에 열을 준 후 C컬을 만들면서 모발을 풀어준다.
53. 이곳이 앞머리와 뒷머리 옆선 부분이 잘 연결되는 판넬 이다.
54. 롤 브러쉬와 브록킹을 나란히 하여 롤 브러쉬에 열을 준 후 뜸을 주고, 원하는 방향으로 롤 브러쉬를 빼낸다.
55. 뒤쪽으로 롤 브러쉬를 빼면서 자연스런 C컬을 만든다.

56

57
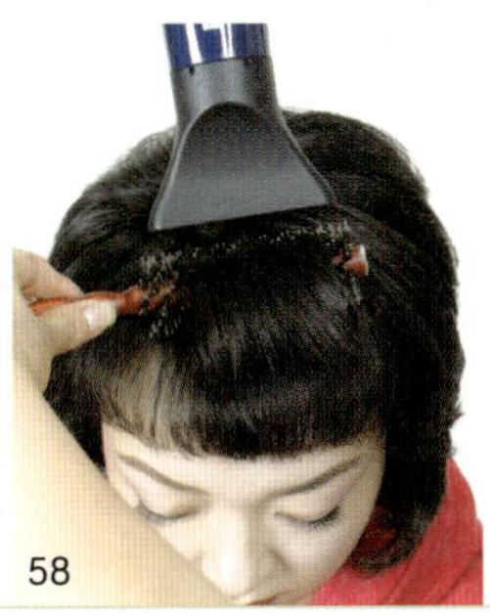
58

59

60

56. 모류를 롤 브러쉬로 보정하고 일직선의 선을 만든다.
57. 롤 브러쉬를 따라 드라이어가 이동하면서 모발 끝까지 시술한다.
58. 약간 사선으로 일자를 만들어서 자연스럽게 다른 모발과 융합하는 스타일을 만든다.
59. 모류를 롤 브러쉬로 보정하고 일직선의 선을 만든다.
60. 약간 사선으로 일자를 만들어서 자연스럽게 다른 모발과 융합하는 스타일을 만든다.

02 사각형 – 보브스타일 4

C컬과 S컬의 융합

C와S컬의 융합 - 롤 브러쉬

1. 웨이브의 흐름과 방향

센터에는 강한 컬의 요염함을, 사이드에는 볼륨을 죽여 샤프하고 멋지게 이미지를 연출하였다. 센터에는 강하게 컬을 만들기 위해 롤 브러쉬를 고정하였고, 옆선은 볼륨선의 연결과 모류의 흐름을 잡아 많은 모량과 두꺼운 모질이 강한 조건을 보정하였다. 항상 헤어스타일은 그날의 기분에 까라 연출할 수 있으므로 고객과의 상담이 제일 중요하다.

2. 커트의 시술방법과 도해도

N.P에서 길이 가이드를 3cm 정도로 시술하여 완만한 U라인을 만들고, B.P~G.P까지는 일반시술각 90°, G.P~T.P까지는 일반시술각 90°로 시술하였다. 옆선은 E.B.P에서 가져와 약간의 A라인 선을 만들고 앞머리는 뒷머리와 완전 별개로 아주 짧은 일직선을 만든 후 손질하기 편하게 질감처리를 한다.

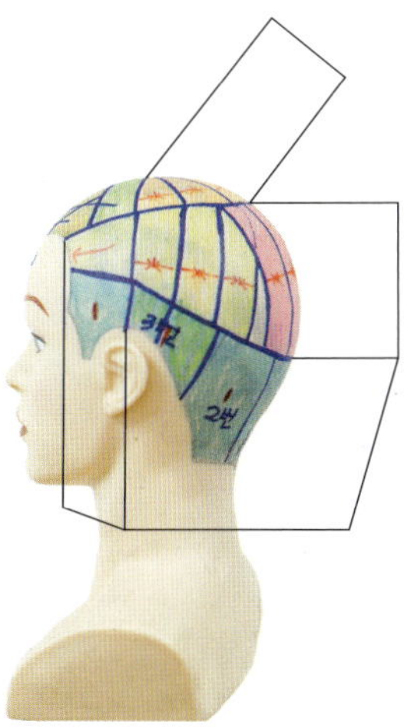

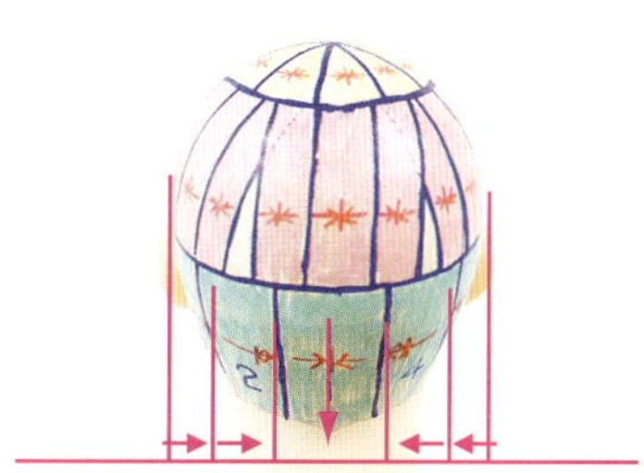

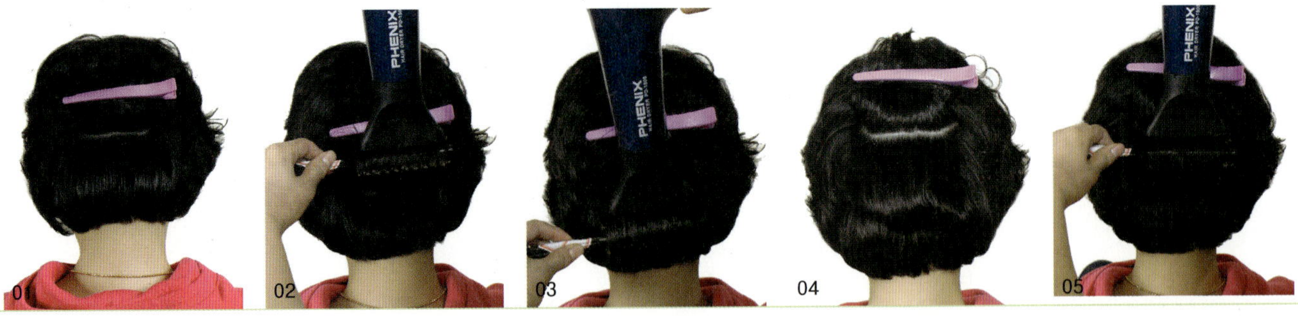

01. 후하부를 시술하기 편리하게 브록킹을 타 놓은 상태이다.
02. 롤 브러쉬와 브록킹을 나란히 하여 롤 브러쉬에 열을 준 후 뜸을 들인다.
03. 롤 브러쉬에 열을 준 후 C컬을 만들면서 모발을 풀어준다.
04. 모발을 시술해 놓은 상태이다.
05. 롤 브러쉬와 브록킹을 나란히 하여 롤 브러쉬에 열을 준 후 뜸을 들인다.

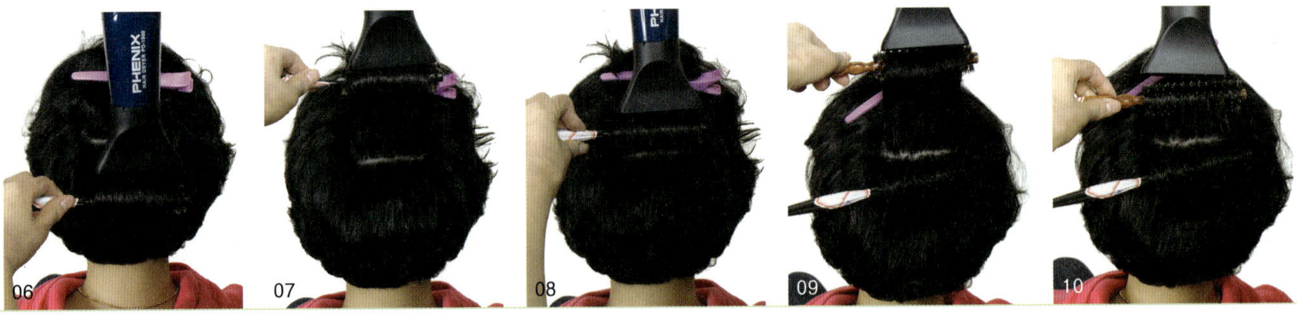

06. 롤 브러쉬에 열을 준 후 C컬을 만들면서 모발을 풀어준다.
07. 모발의 각도를 들어서 롤 브러쉬 안으로 와인딩한다.
08. 롤 브러쉬에 와인딩하고 이쪽저쪽 열을 준 후 뜸을 들인다.
09. 롤 브러쉬를 둔 상태에서 다른 판넬의 모발의 각도를 들어서 롤 브러쉬에 와인딩한다.
10. 롤 브러쉬에 와인딩하고, 이쪽저쪽 열을 준 후 뜸을 들인다.

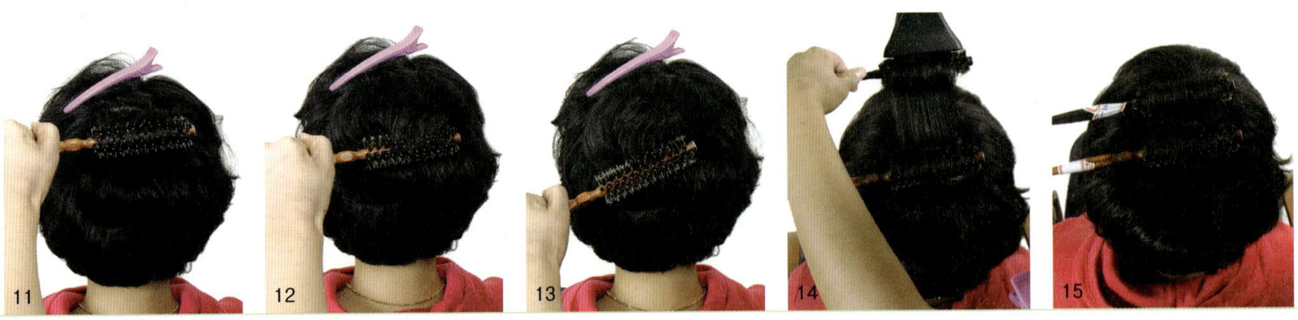

11. 롤 브러쉬에 감은 모발을 볼륨과 웨이브를 주면서 풀어준다.
12. 다음 판넬도 위와 동일한 방법으로 풀어준다.
13. 롤 브러쉬를 웨이브를 원하는 방향으로 풀어준다.
14. 롤 브러쉬에 모발을 감아 강한 웨이브를 만들어 준다. 롤 브러쉬에 감아 놓고 또 다른 롤 브러쉬에 모발의 시술각을 들어 롤 브러쉬에 감는다.
15. 롤 브러쉬 두 개를 감아 놓은 상태(윗면).

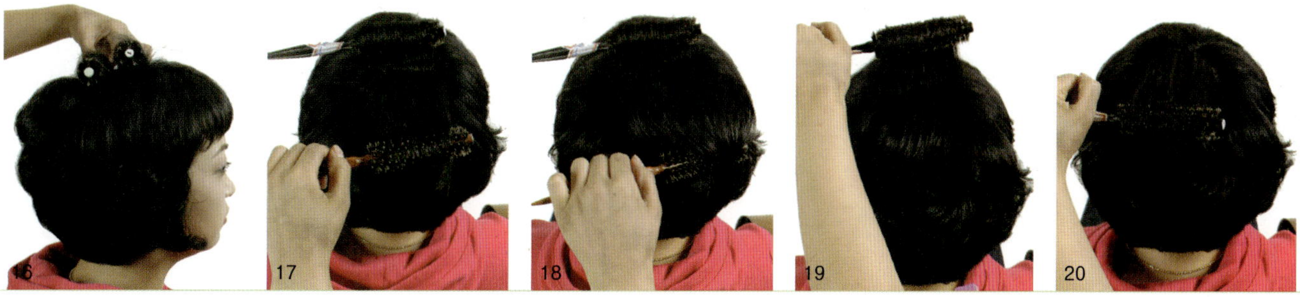

16. 롤 브러쉬 두 개를 감아 놓은 상태(측면).
17. 감아 놓은 롤 브러쉬를 반 바퀴 풀어준다.
18. 모발에 강한 웨이브를 만들면서 모발을 풀어준다.
19. 모발을 들어서 웨이브를 만든 모발을 풀어준다.
20. 모발의 각도를 낮추어서 모발을 풀면서 강한 웨이브 형태를 그대로 유지 시켜준다.

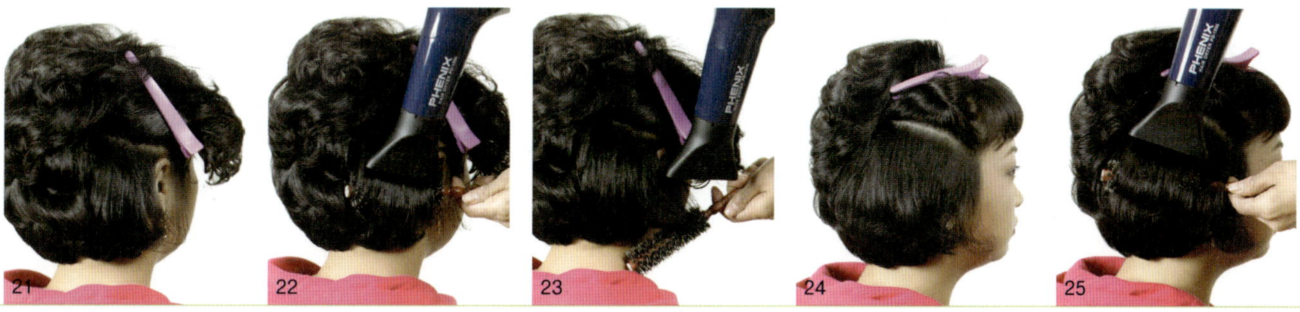

21. 옆 부분의 시술을 위한 브록킹이다.
22. 롤 브러쉬를 따라 드라이어가 이동한다.
23. 드라이어가 이동하면서 자연스런 C컬의 웨이브를 만들어준다.
24. 다음 시술을 위한 브록킹이다.
25. 롤 브러쉬를 따라 모발 끝까지 드라이어가 이동하면서 자연스런 C컬을 만들어 준다.

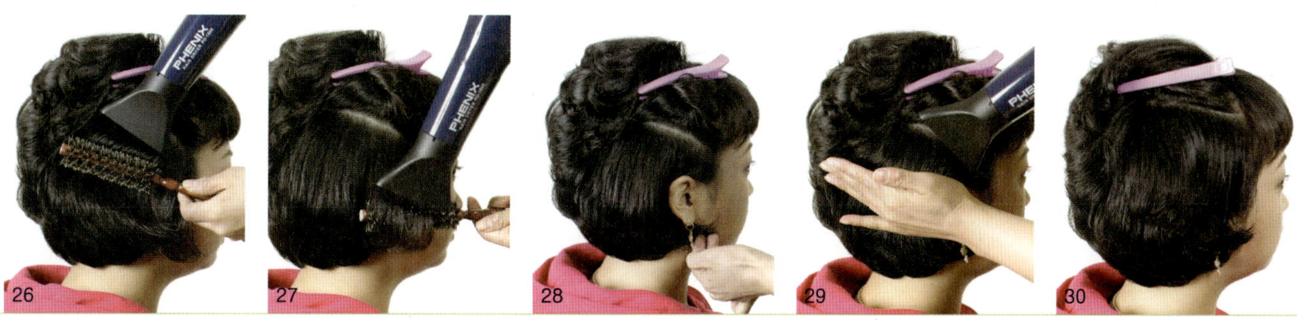

26. 모류의 흐름을 잡아주기 위해 롤 브러쉬를 잡아 드라이어로 열을 주고 뜸을 들인 후 방향대로 잡아준다.
27. 롤 브러쉬를 따라 드라이어가 이동하면서 자연스러운 스트레이트 모발을 만들어 준다.
28. 손으로 귀 바퀴 방향으로 방향을 잡아준다.
29. 손으로 방향을 고정시켜 주고 드라이어로 열을 주어 뜸을 들이고 원하는 방향대로 고정한다.
30. 다음시술을 위한 브록킹이다.

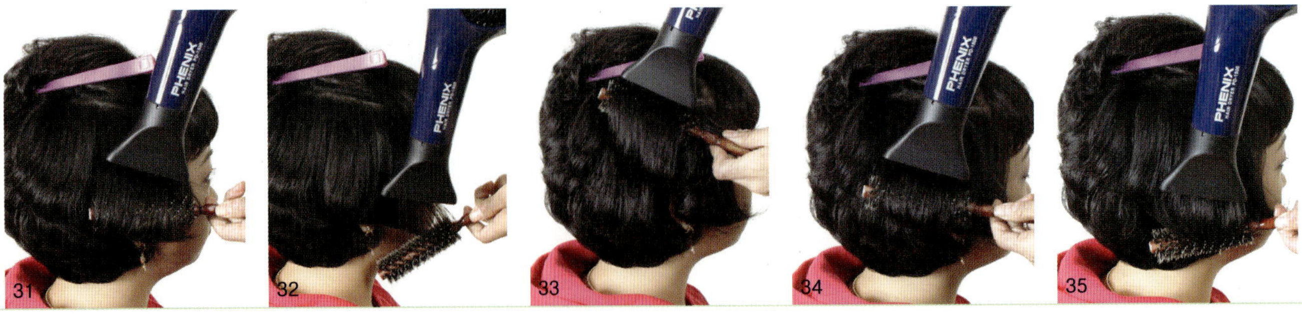

31. 롤 브러쉬를 따라 드라이어가 이동한다.
32. 드라이어가 모발 끝까지 따라가며 자연스런 C컬을 만든다.
33. 모근부에 열을 주어 뜸을 들여 주고 롤 브러쉬를 따라 드라이어가 이동하면서 자연스럽게 스트레이트한 모발을 만든다.
34. 롤 브러쉬를 따라 드라이어가 이동하면서 자연스럽게 스트레이트한 모발을 만든다.
35. 모발 끝까지 정성스럽게 시술한다.

36. 손가락으로 뒤쪽으로 흐르는 웨이브를 만들어 준다.
37. 손가락과 드라이어를 이용하여 모발의 흐름을 만든다.
38. 드라이어를 열을 주어 뜸을 들인 후 흐르는 모발의 방향을 잡는다.
39. 손으로 모발의 방향을 잡아준다.
40. 부족한 부분을 롤 브러쉬로 다시 한 번 잡아준다.

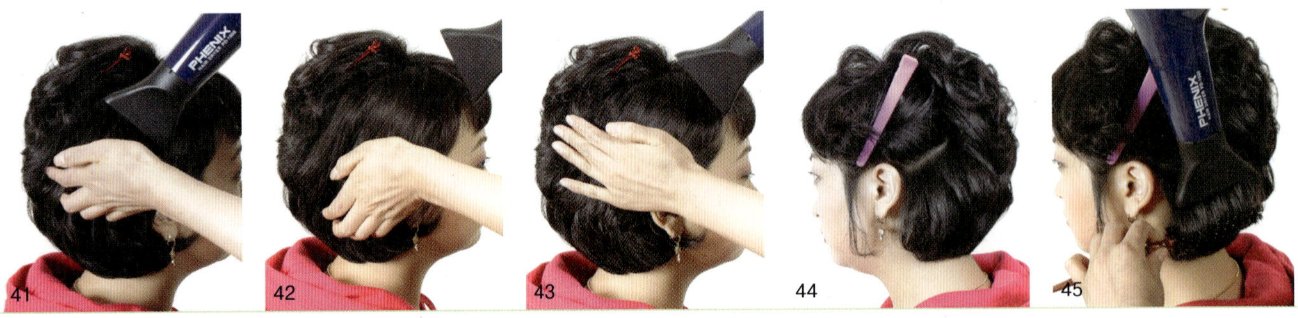

41. 손으로 열을 고정하여 귀 바퀴 방향으로 밀착하여 열을 준다.
42. 귀 바퀴 방향으로 밀착하여 열을 주어 고정한다.
43. 손바닥을 이용하여 다시 한 번 부족한 부분은 고정한다.
44. 시술하기 편리하게 전대각 브록킹을 탄다.
45. 드라이어가 모발 끝까지 따라가며 자연스런 C컬을 만든다.

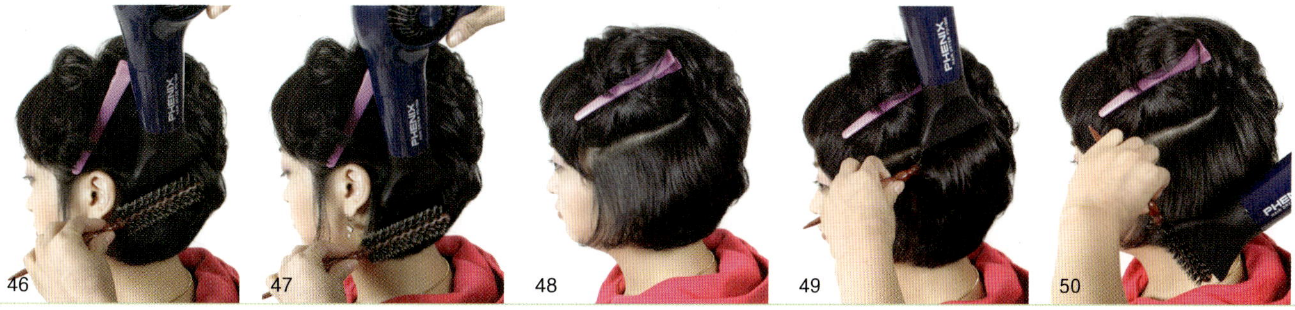

46. 모류보정을 롤 브러쉬로 잡아준다.
47. 모류를 방향을 잡기위해 롤 브러쉬로 흐름을 만들고 드라이어로 열을 주고 뜸을 들인다.
48. 전대각으로 브록킹을 타 놓은 상태이다.
49. 모근부에 열을 주어 뜸을 들인다.
50. 드라이어가 모발 끝까지 따라가며 자연스런 C컬을 만든다.

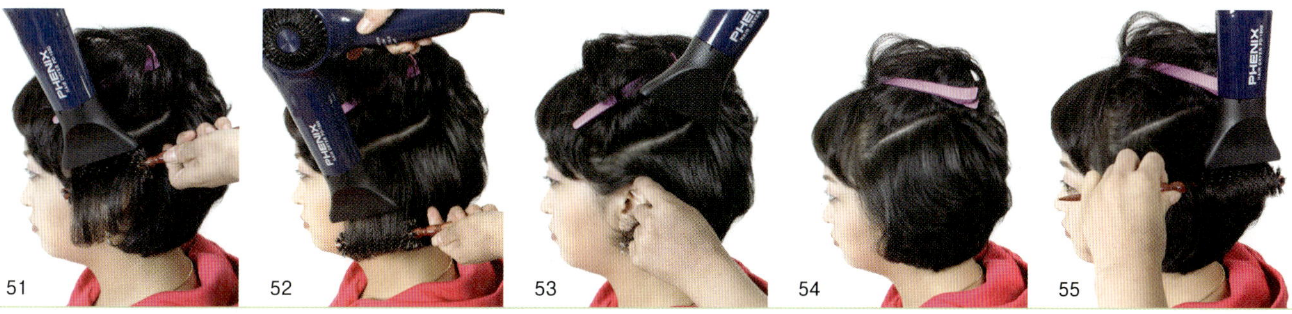

51. 롤 브러쉬를 드라이어가 모발 끝까지 따라가면서 스트레이트한 모발을 만든다.
52. 롤 브러쉬를 따라 드라이어가 이동하면서 자연스럽게 스트레이트한 모발을 만든다.
53. 스트레이트한 모발을 귀 뒤쪽으로 넣으면서 약간의 뒤쪽의 흐름을 만든다.
54. 다음 시술을 위한 브록킹이다.
55. 롤 브러쉬를 사선으로 하고 드라이어가 모발 끝까지 따라 가면서 자연스런 C컬을 만든다.

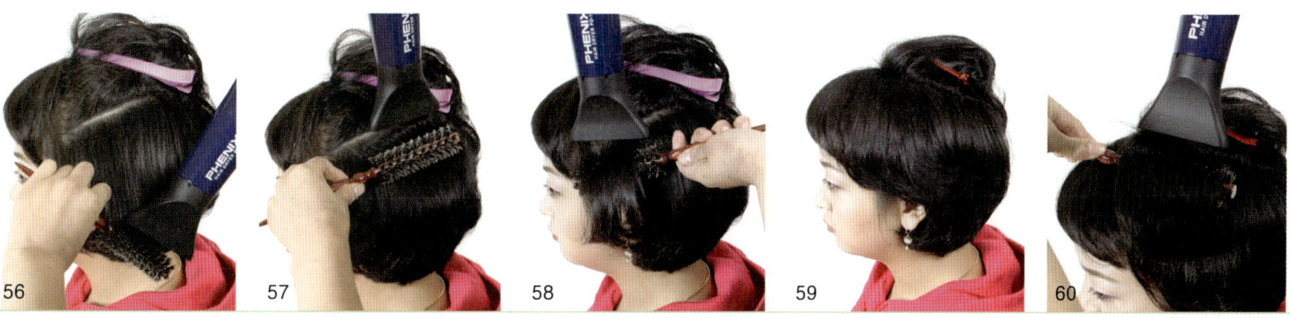

56. 롤 브러쉬가 모발 끝까지 따라 가면서 자연스런 C컬을 만든다.
57. 모류의 방향을 잡기위해 롤 브러쉬로 흐름을 만들고, 드라이어로 열을 준 후 뜸을 들인다.
58. 롤 브러쉬를 따라 드라이어가 이동하면서 자연스럽게 스트레이트한 모발을 만든다.
59. 앞머리 흐름을 잡기 위한 브록킹이다.
60. 브록킹을 따라 롤 브러쉬를 따라 이동하면서 자연스런 C컬을 만들어 준다.

★ 연습 작품 ★

★ 나의 작품 뽐내보기 ★

03 역삼각형 – 혼합형 1

모류보정과 스트레이트

스트레이트 - 롤 브러쉬

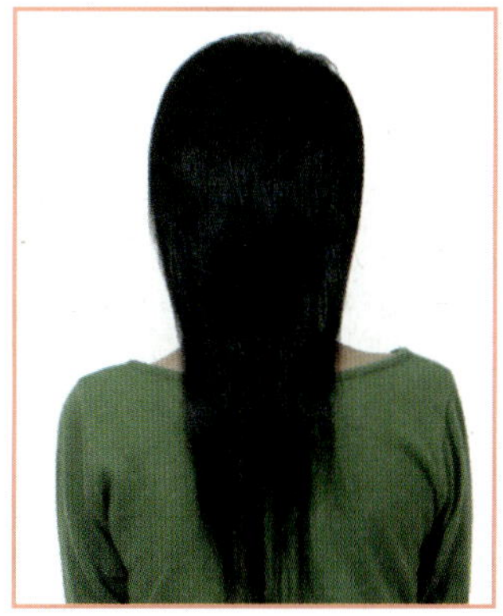

1. 웨이브의 흐름과 방향

개성 있는 헤어스타일이라면 스트레이트로 아름다움을 연출한다. 자유로움을 표현한 샤기스타일이지만 모근부의 볼륨과 모류의 보정을 롤 브러쉬로 잡고 스트레이트 한 모발을 만들어 청순한 이미지를 만들어 보았다.

2. 커트의 시술방법과 도해도

N.P에서 20cm의 U라인의 형태선을 후하부에서 먼저 시술한다.

B.P~G.P 후중부는 G.P에서 가이드를 설정하여 G.P에서 일반시술각 90°로 시술한 후 B.P에서 나온 가이드와 후하부의 N.P 길이와 연결한다. F.S.P 선과 연결하여 옆선을 만든다. 앞머리는 일직선으로 먼저 시술 후 입체감을 표현하고 질감처리를 하면서 형태를 만든다.

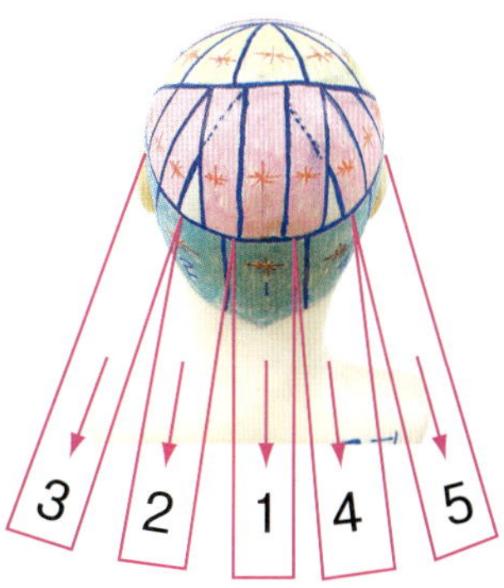

N.P길이 20cm
손가락 기울기 45°

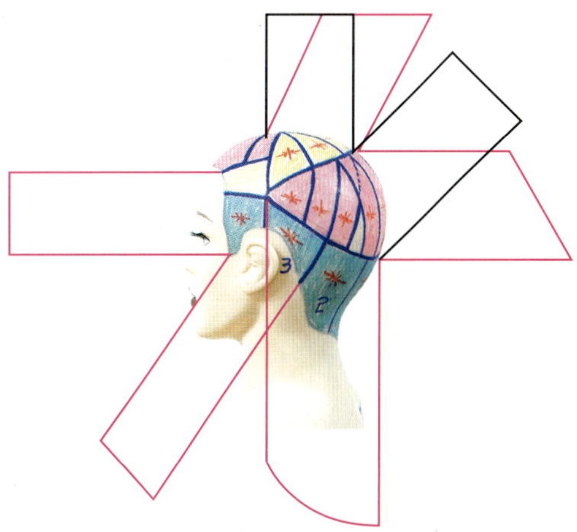

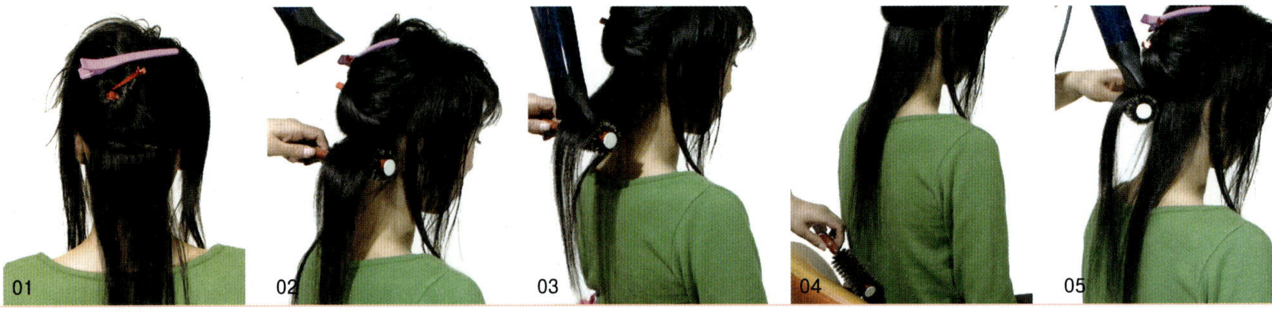

01. 후하부를 시술하기 위해 브록킹을 타놓은 상태이다.
02. 롤 브러쉬를 반 바퀴 돌려서 두피에 밀착하고 드라이어로 열을 주어 뜸을 들인다.
03. 뜸을 들인 후 롤 브러쉬를 드라이어가 따라 가면서 스트레이트한 모발을 만든다.
04. 모발 끝까지 롤 브러쉬를 회전하지 않고 시술한다.
05. 롤 브러쉬를 반 바퀴 돌려서 두피에 밀착하고 드라이어로 열을 주어 뜸을 들인다.

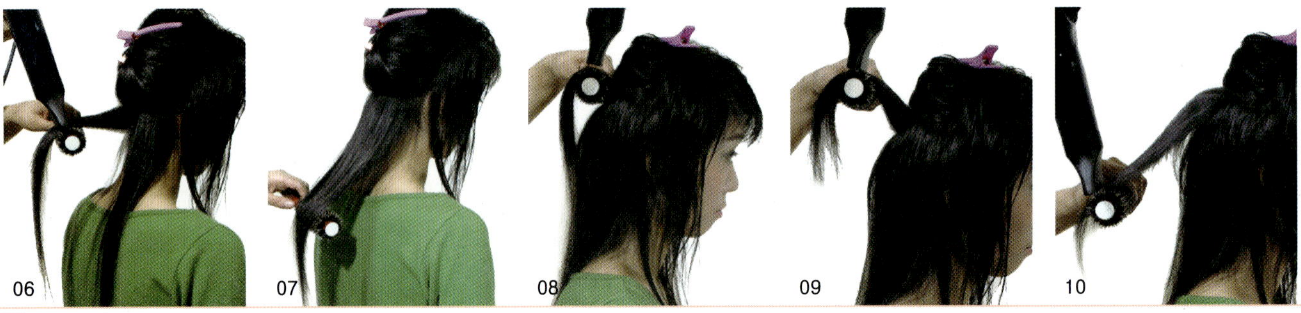

06. 뜸을 들인 후 롤 브러쉬를 드라이어가 따라 가면서 스트레이트한 모발을 만든다.
07. 모발 끝까지 롤 브러쉬를 회전하지 않고 시술한다.
08. 롤 브러쉬를 한 바퀴 돌려서 두피에 밀착하고 드라이어로 열을 주어 뜸을 들인다.
09. 모발의 판넬을 들어서 롤 브러쉬를 따라 드라이어가 이동한다.
10. 모발의 각도를 내리면서 스트레이트한 모발을 만든다.

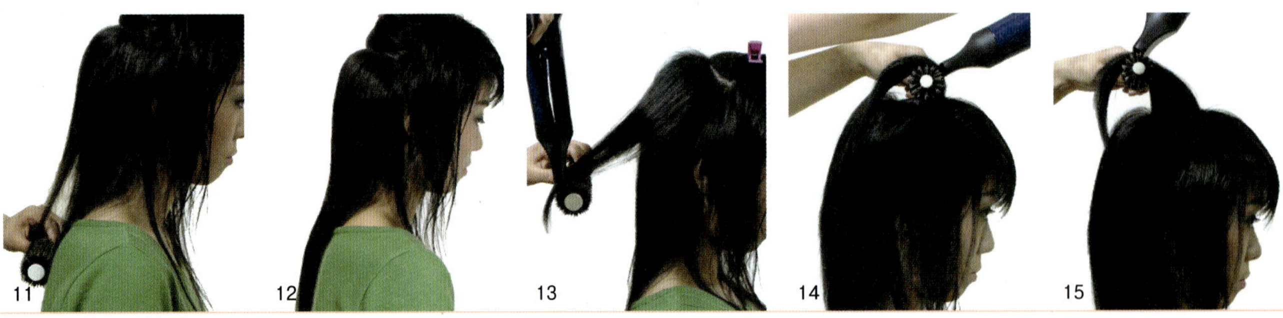

11. 모발 끝까지 정성들여서 시술한다.
12. 모근부에 볼륨과 스트레이트한 모발을 시술을 해 놓은 상태이다.
13. 롤 브러쉬를 이동하면서 스트레이트한 모발을 시술한다.
14. 이곳은 볼륨을 최대로 주는 영역이다. 모근부에서 롤 브러쉬를 회전시키고 앞쪽으로 모발을 밀어 열을 주고 뜸을 들인다.
15. 다시 수직으로 롤 브러쉬를 이동하면서 스트레이트한 모발을 만든다.

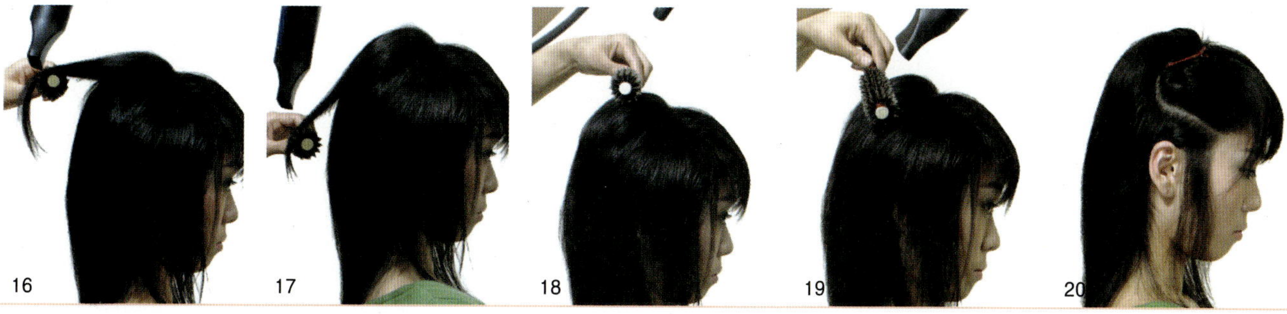

16. 롤 브러쉬를 이동하면서 스트레이트한 모발을 시술한다.
17. 모발 끝까지 정성들여서 시술한다.
18. 들뜬 모발을 롤 브러쉬로 잡아주고 열을 준다.
19. 들뜬 모발을 롤 브러쉬로 눌러 주면서 열을 주어 잡아준다.
20. 옆선을 시술하기 위한 파팅이다.

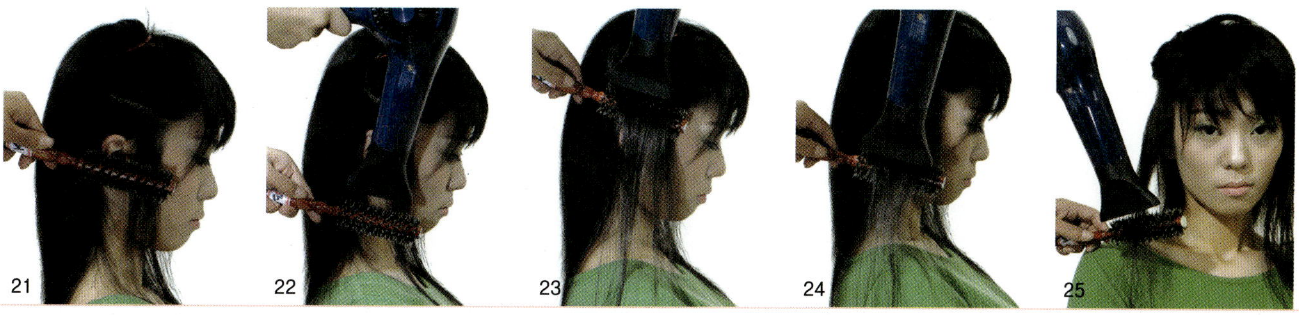

21. S.C.P의 모발만 따로 잡아 모류를 잡아주고 스트레이트한 모발을 만든다.
22. 모류를 잡아주고 스트레이트한 모발을 만든다.
23. 모근부에 롤 브러쉬를 반 바퀴 돌려 드라이어로 열을 주어 뜸을 들인다.
24. 뜸을 들인 후 롤 브러쉬를 드라이어가 따라 이동하면서 스트레이트한 모발을 만든다
25. 반대편도 S.C.P의 모발만 따로 잡아 모류를 잡아주고 스트레이트한 모발을 만든다.

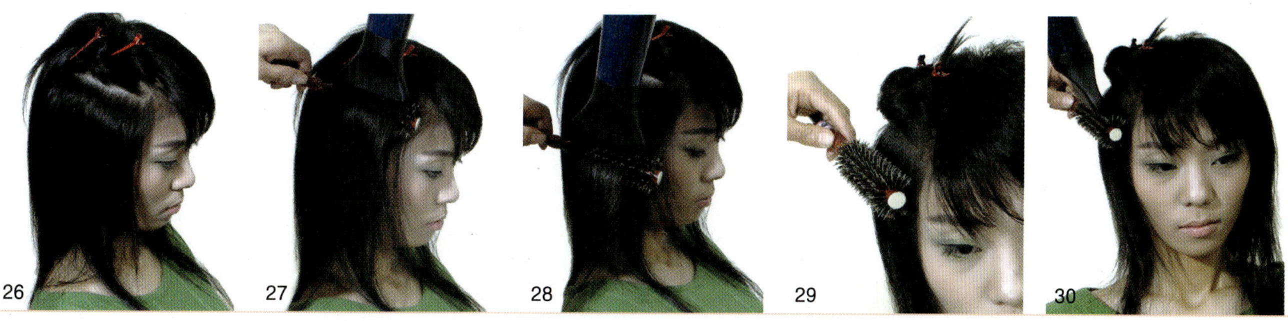

26. 다음 시술을 위한 브록킹이다.
27. 브록킹과 롤 브러쉬를 나란히 하여 한 바퀴 회전시킨 후 두피에 밀착시켜 드라이어로 열을 준다.
28. 드라이어로 열을 주어 뜸을 들인 후 롤 브러쉬를 드라이어가 따라 가면서 스트레이트한 모발을 만든다.
29. 롤 브러쉬를 모발 밖에서 눌러 주면서 모류를 보정하고 흐름을 잡아준다.
30. 모류를 보정하기 위해 롤 브러쉬를 이용한다.

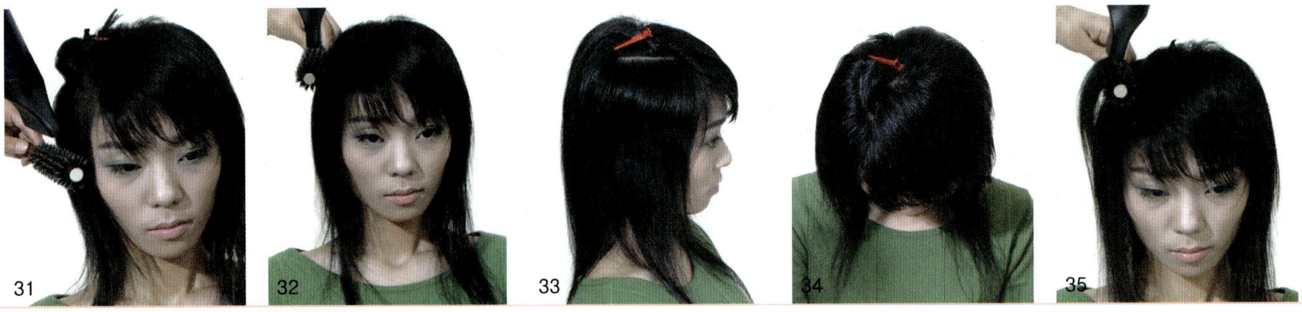

31. 스트레이트한 모발의 흐름을 주기 위해 모류를 보정한다.
32. 층이 난 모발은 무게가 없기 때문에 모류의 흐름을 잡는다.
33. 모근부의 볼륨과 스트레이트한 모발을 시술해 놓은 상태이다.
34. 시술을 위해 파팅을 나누어 놓은 상태이다.
35. 모근부에 롤 브러쉬를 한 바퀴 돌려 드라이어로 열을 주어 뜸을 들인다.

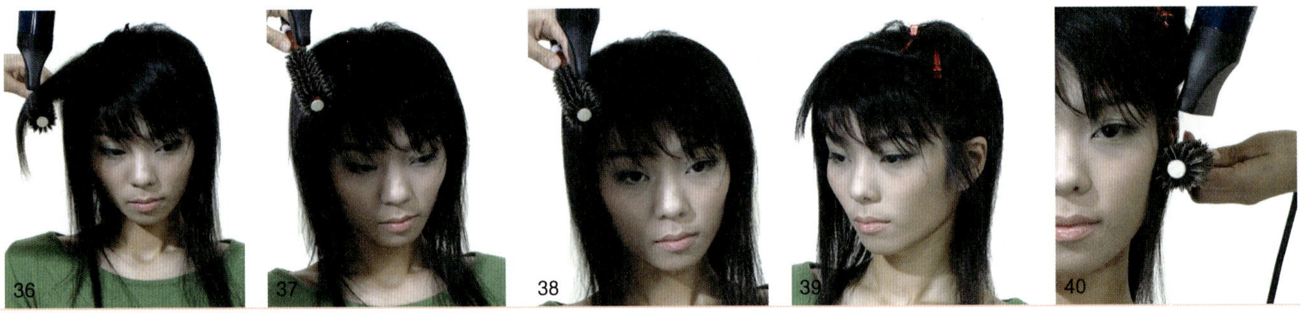

36. 뜸을 들인 후 롤 브러쉬를 따라 이동하면서 스트레이트한 모발을 시술한다.
37. 들뜬 모발을 롤 브러쉬로 눌러 주면서 열을 주어 잡아준다.
38. 들뜬 모발을 보정하기 위해 롤 브러쉬로 눌러 주면서 열을 주어 잡아준다.
39. 들뜬 모발을 보정하기 위해 롤 브러쉬로 눌러 주면서 열을 주어 스트레이트한 모발을 만든다.
40. 모류를 눌러 주고 드라이어로 열을 주어 뜸을 들인 후 스트레이트한 모발을 만든다.

41. 열을 주어 뜸을 들인 후 스트레이트한 모발을 만든다.
42. 스트레이트한 모발을 만들어서 시술해 놓은 상태이다.
43. 이곳의 모류가 앞쪽으로 흐르고 있다. 이것을 보정하지 않으면 스트레이트한 모발을 시술할 수가 없다.
44. 모발을 롤 브러쉬로 모류가 흐르는 반대방향으로 가져가서 모류를 잡는다.
45. 롤 브러쉬로 모류를 잡고 드라이어로 열을 주어 뜸을 들인다.

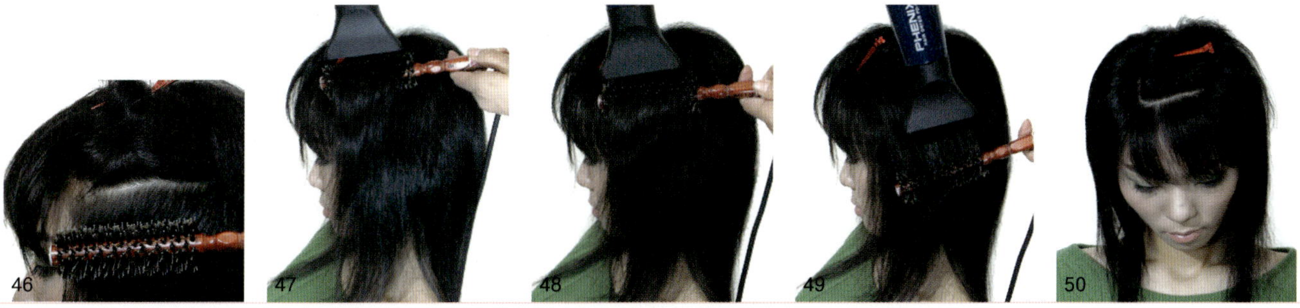

46. 모류를 잡고 드라이어로 열을 주어 뜸을 들인 후 모류보정을 한다.
47. 모근부에 롤 브러쉬를 한 바퀴 돌려 드라이어로 열을 주어 뜸을 들인다.
48. 모근부에 볼륨을 시술하기 위한 시술을 한다.
49. 롤 브러쉬를 드라이어가 따라가면서 스트레이트한 모발을 시술한다.
50. 앞머리를 시술하기 위한 파팅이다.

51. 롤 브러쉬와 브록킹을 나란히 하여 롤 브러쉬를 드라이어가 따라 가면서 스트레이트한 모발을 시술한다.
52. 열을 주어 뜸을 들인 후 스트레이트한 모발을 만든다.
53. 모류를 잡고 드라이어로 열을 주어 뜸을 들인 후 모류보정을 한다..
54. 롤 브러쉬와 브록킹을 나란히 하여 롤 브러쉬를 드라이어가 따라 가면서 스트레이트한 모발을 시술한다.
55. 열을 주어 뜸을 들인 후 스트레이트한 모발을 만든다

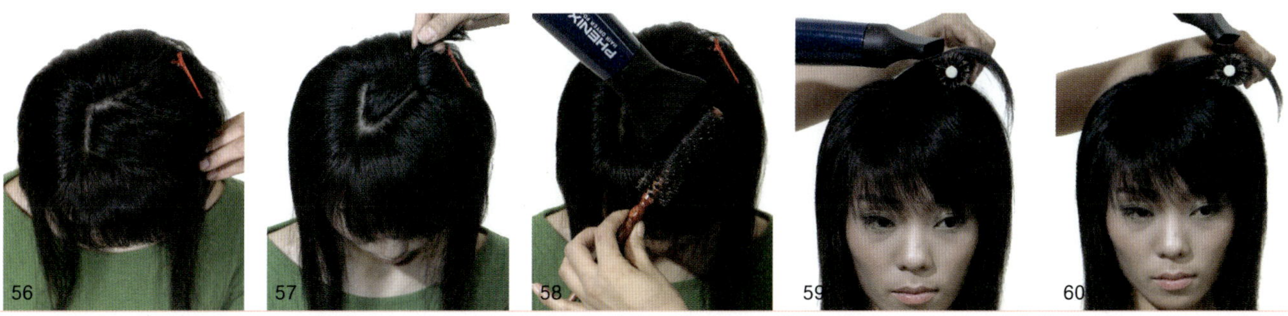

56. 앞머리를 연결시키는 판넬이다.
57. 앞머리를 시술하기 위한 파팅을 나누어 넣은 상태이다.
58. 롤 브러쉬와 브록킹을 나란히 하여 롤 브러쉬를 드라이어가 따라 가면서 스트레이트한 모발을 시술한다.
59. 롤 브러쉬를 드라이어가 따라가면서 스트레이트한 앞머리 표정을 만든다.
60. 모발 끝까지 정성들여서 시술한다.

03 역삼각형 – 혼합형 2

C컬과 S컬의 융합

- 컬링 아이롱

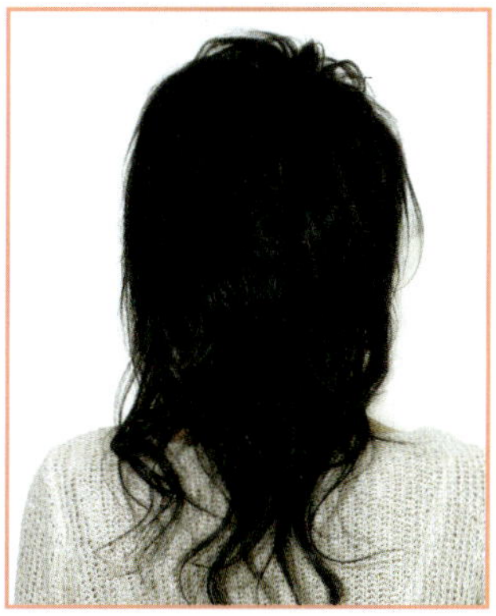

1. 웨이브의 흐름과 방향

섹시함이 돋보이는 자유로운 머리끝의 샤기표현이 멋쟁이로 변신한 헤어스타일을 연출하였다. 컬 아이롱을 이용해서 느슨한 웨이브의 질감을 살려 세련된 분위기가 여성스러움을 더해준다. 웨이브를 주고 싶은 부분에 컬 아이롱을 회전시켜 원하는 컬을 얻으면 된다.

2. 커트의 시술방법과 도해도

N.P에서 20cm의 U라인의 형태선을 후하부에서 먼저 시술한다.

B.P~G.P 후중부는 G.P에서 가이드를 설정하여 G.P에서 일반시술각 90°로 시술한 후 B.P에서 나온 가이드와 후하부의 N.P 길이와 연결한다. F.S.P 선과 연결하여 옆선을 만든다. 앞머리는 일직선으로 먼저 시술 후 입체감을 표현하고 질감처리를 하면서 형태를 만든다.

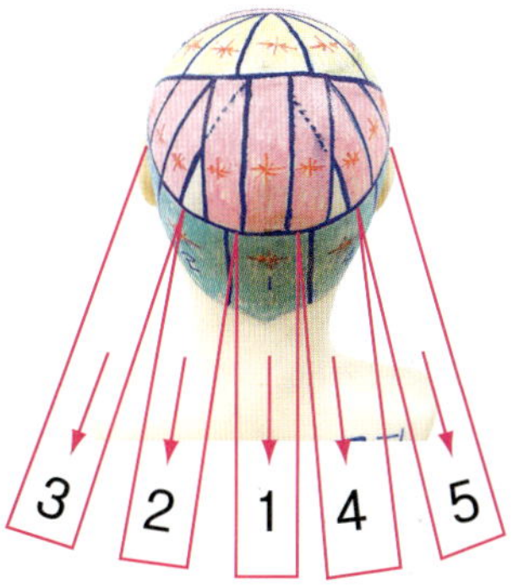

N.P길이 20cm
손가락 기울기 45°

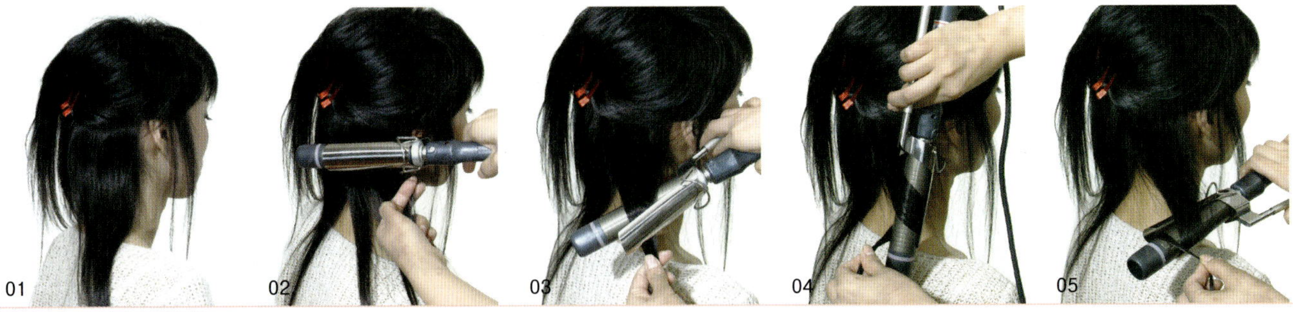

01. 후하부의 시술하기 위한 브록킹이다.
02. 컬링 아이롱과 브록킹을 나란히 하여 모근부에서는 시술한다.
03. 모발을 내려오면서 사선으로 컬링 아이롱에 감는다.
04. 컬링 아이롱을 회전시키고 뜸을 들인 후에 모발을 빼낸다.
05. 모발 끝을 다른 한손으로 잡고 시술한다.

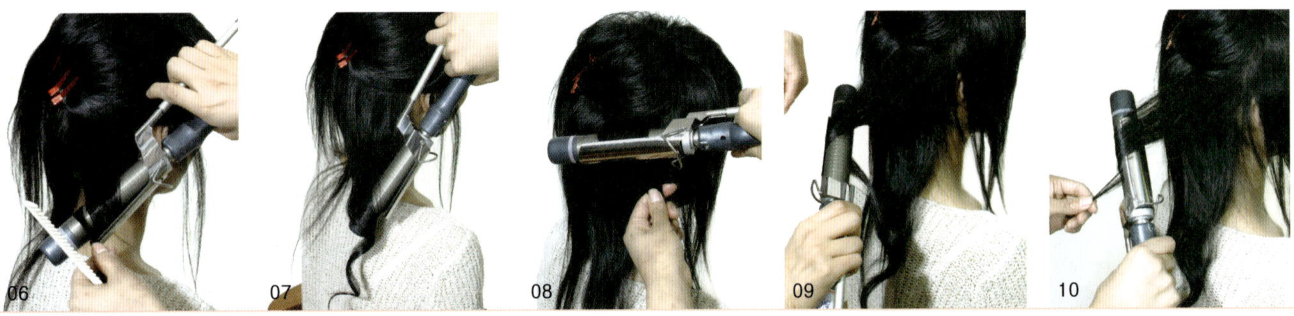

06. 컬링 아이롱을 회전시키고 뜸을 들인 후에 모발을 빼낸다.
07. 사선웨이브의 모발의 흐름을 만든다.
08. 다음 시술을 위해 브록킹과 컬링 아이롱을 나란히 하여 모근부에 열을 주어 뜸을 들인다.
09. 밑에서와 반대의 사선으로 컬링 아이롱을 대고 모발을 감는다.
10. 컬링 아이롱을 시술한 모발을 빼낸다.

11. 컬링 아이롱을 사선으로 대고 모발을 컬링 아이롱에 감는다.
12. 모발을 컬링 아이롱에 감아서 S컬을 만들고 모발을 빼낸다.
13. 컬링 아이롱과 브록킹을 나란히 하여 모근부에서는 시술한다.
14. 모발을 내려오면서 사선으로 컬링 아이롱에 감는다.
15. 모발 끝을 다른 한 손으로 잡고 시술한다.

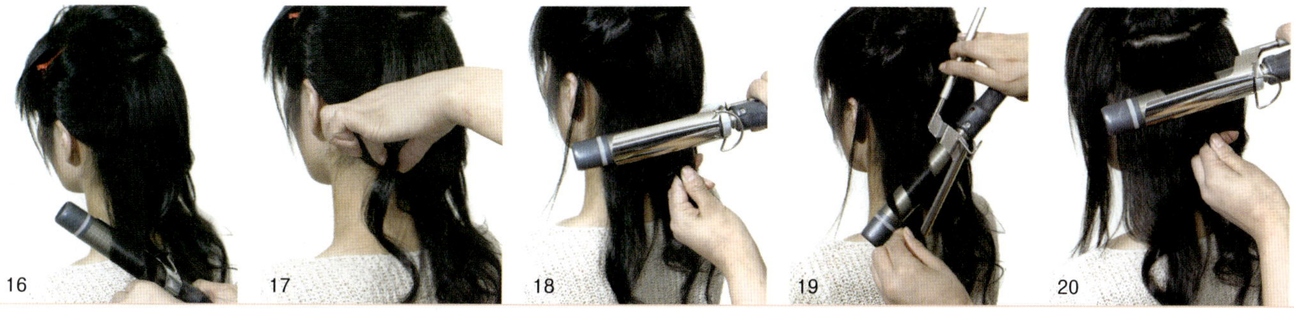

16. 컬링 아이롱을 사선으로 대고 모발을 감는다.
17. 웨이브의 흐름을 고정하면서 확인한다.
18. 컬링 아이롱과 브록킹을 나란히 하여 모근부에서는 시술한다.
19. 컬링 아이롱을 사선으로 대고 모발을 컬링 아이롱에 감는다.
20. 컬링 아이롱과 브록킹을 나란히 하여 모근부에서는 시술한다.

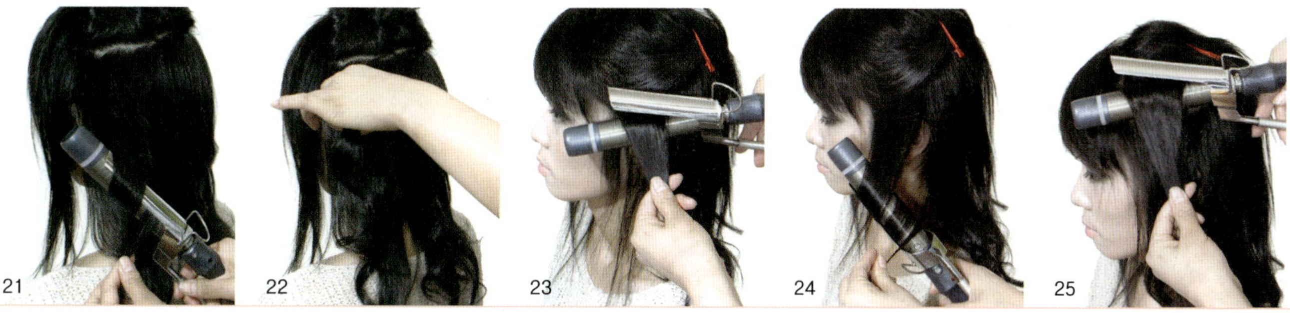

21. 밑에서와 반대의 사선으로 컬링 아이롱을 대고 모발을 감는다.
22. 웨이브의 흐름을 고정하면서 확인한다.
23. 컬링 아이롱과 브록킹을 나란히 하여 모근부에서는 시술한다.
24 .컬링 아이롱을 후대각 사선으로 대고 모발을 컬링 아이롱에 감는다.
25. 컬링 아이롱과 브록킹을 나란히 하여 모근부에서는 시술한다.

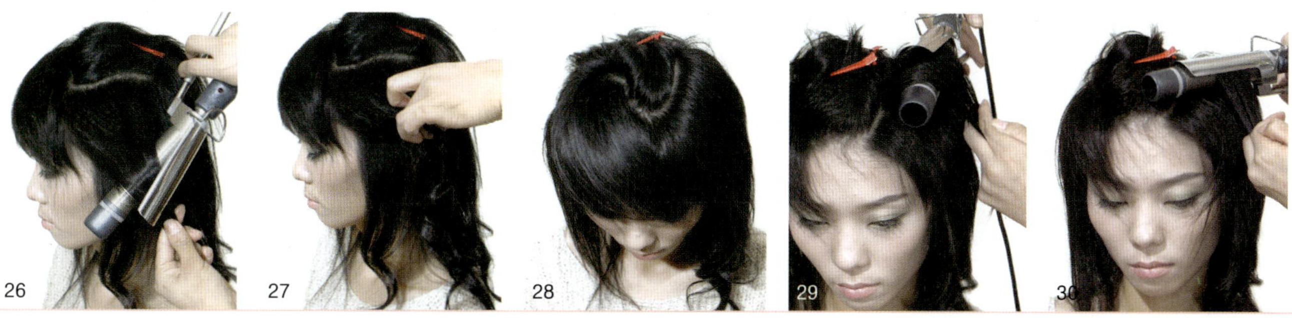

26. 컬링 아이롱을 전대각 사선으로 대고 모발을 컬링 아이롱에 감는다.
27. 웨이브의 흐름을 고정하면서 확인한다.
28. 다음 시술을 위한 파팅이다.
29. 컬링 아이롱과 브록킹을 나란히 하여 모근부에서는 시술한다.
30. 컬링 아이롱과 브록킹을 나란히 하여 모근부에서는 시술한 후 사선으로 틀어서 모발의 방향을 다시 잡는다.

31. 컬링 아이롱을 전대각 사선으로 대고 모발을 컬링 아이롱에 감는다.
32. 컬링 아이롱을 전대각 사선으로 점점 기울면서 모발을 빼낸다.
33. 컬링 아이롱과 브록킹을 나란히 하여 모근부에서는 시술한다.
34. 모발을 앞쪽으로 밀면서 열을 식혀 볼륨을 만든다.
35. 볼륨을 시술해 놓은 상태이다.

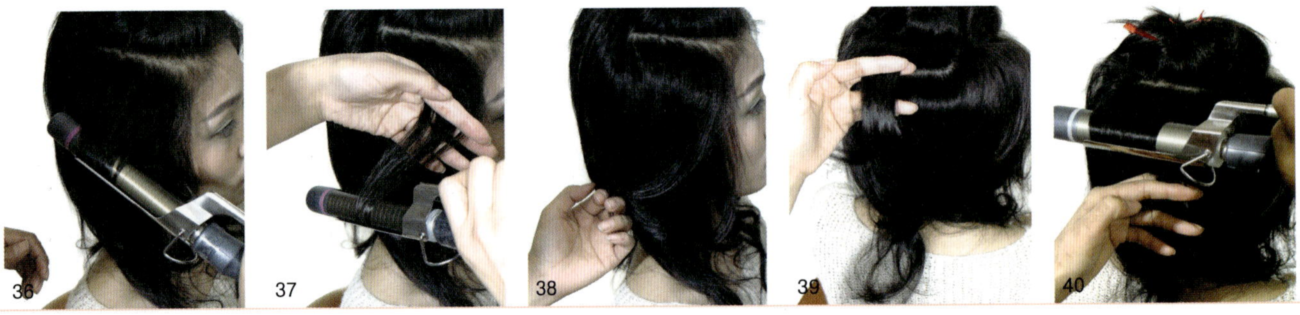

36. 모발이 내려오면서 컬링 아이롱을 사선으로 대고 모발은 컬링 아이롱에 감아서 S컬을 만든다.
37. 웨이브를 시술하면서 한손모발을 앞쪽으로 밀어주고 컬링 아이롱은 뒤쪽으로 빼낸다.
38. 손으로 다시 한 번 웨이브를 고정시키면서 확인한다.
39. 뒷부분에 볼륨을 주기 위한 판넬이다.
40. 컬링 아이롱과 브록킹을 나란히 하여 모근부에서는 시술한다.

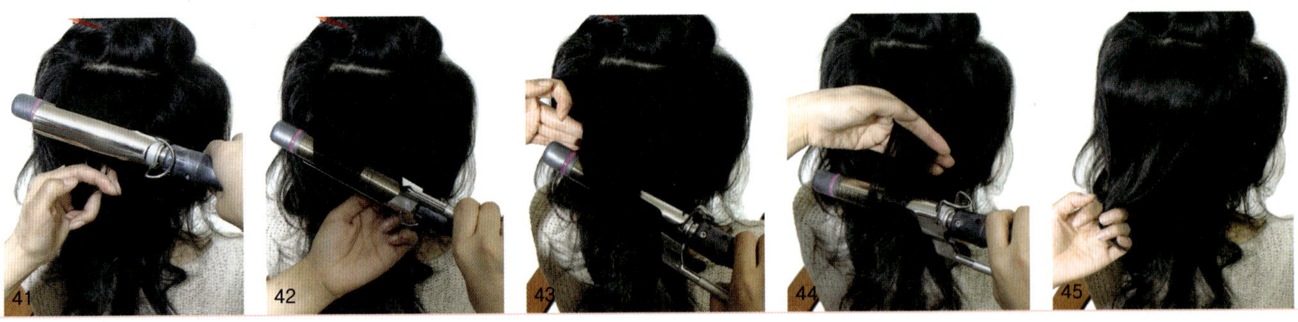

41. 모근부는 스트레이트한 모발을 시술한다.
42. 모발이 내려오면서 컬링 아이롱을 사선으로 만들기 시작한다.
43. 모발은 컬링 아이롱에 감는다.
44. 모발이 내려오면서 컬링 아이롱을 사선으로 대고 모발은 컬링 아이롱에 감아서 S컬을 만든다.
45. 손으로 웨이브를 확인하면서 웨이브의 흐름을 잡아준다.

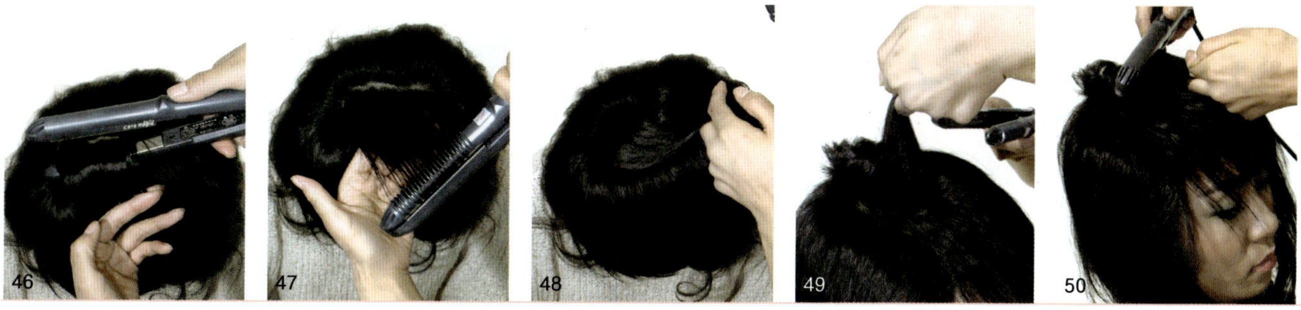

46. 삼각 아이롱으로 뿌리에 볼륨과 앞쪽으로 모발의 방향을 잡는다.
47. 사선으로 자연스런 C컬을 만들면서 삼각 아이롱을 빼낸다.
48. 빠져나온 판넬은 손으로 다시 C컬을 만들어 준다.
49. 다시 삼각 판넬을 뜬다.
50. 뿌리에 볼륨과 앞쪽에 방향감을 주기 위해 삼각 아이롱을 뒤쪽으로 밀어주다가 다시 꺽어서 자연스런 C컬을 만들면서 모발을 빼낸다.

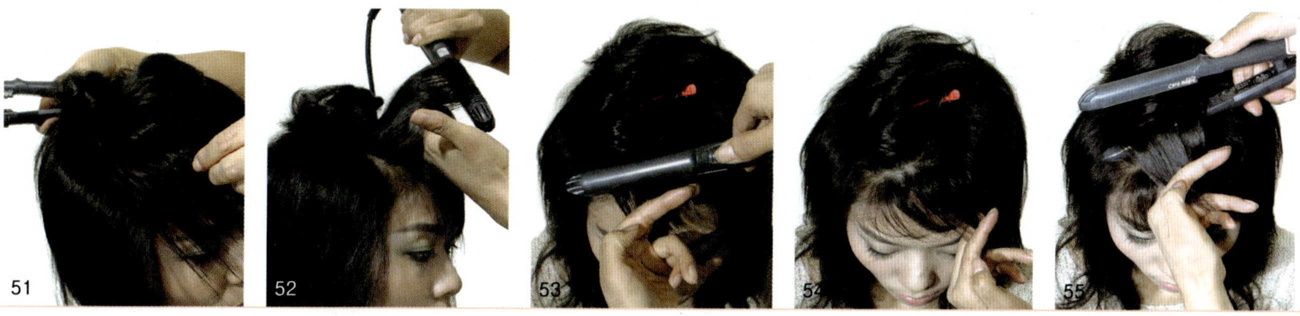

51. 빠져나온 모발을 다시 한 번 손으로 잡아서 열을 식히면서 볼륨을 만든다.
52. 다시 삼각 판넬을 떠서 뿌리에 볼륨과 앞쪽에 방향감을 주기 위해 삼각 아이롱을 뒤쪽으로 밀어주다가 다시 꺽어서 자연스런 C컬을 만들면서 모발을 빼낸다.
53. 삼각 아이롱으로 뿌리에서 볼륨을 주고 앞머리에 자연스런 C컬을 만들어 준다.
54. 손으로 다시 한 번 C컬의 웨이브를 만들어 준다.
55. 앞쪽으로 흐르는 C컬의 웨이브를 만들어 준다.

56. 손으로 다시 한 번 웨이브를 잡아준다.
57. 한 쪽 쏠림의 C컬을 만들어 준다.
58. 모류의 흐름을 확실한 한 쪽 쏠림의 C컬을 만들어 준다.
59. 손으로 웨이브를 잡아주고 빠진 부분은 뿌리에 다시 한 번 볼륨을 준다.
60. 손으로 웨이브를 잡아주고 갈라진 부분은 다시 한 번 시술한다.

03 역삼각형 – 혼합형 3

C컬과 S컬의 융합 2

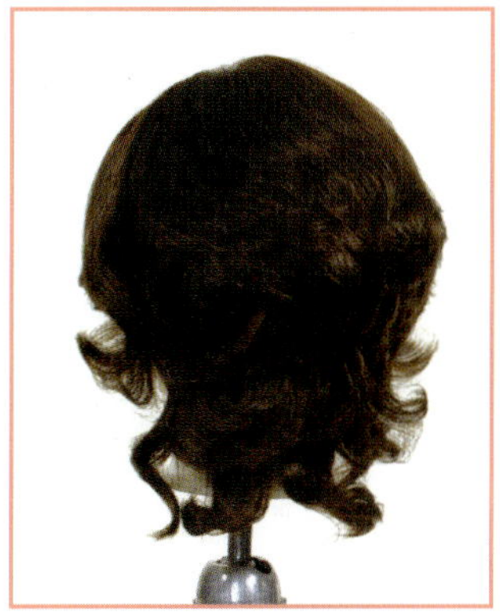

C컬과 아웃컬의 융합
- 롤 브러쉬

1. 웨이브의 흐름과 방향

언더섹션에는 강한 볼륨을, 오버섹션에는 율동감을 주여서 샤프하고 멋지게 이미지를 연출하였다. 센터에는 강하게 컬을 만들기 위해 롤 브러쉬를 고정하였고 옆선은 볼륨선의 연결과 모류의 흐름을 잡아서 많은 모량과 두꺼운 모질이 강한 조건을 보정하였다. 항상 헤어스타일은 그날의 기분에 따라 연출할 수 있으므로 고객과의 상담이 제일 중요하다.

2. 커트의 시술방법과 도해도

N.P에서 15cm의 U라인의 형태선을 후하부에서 먼저 시술한다.

B.P~G.P 후중부는 G.P에서 가이드를 설정하여 G.P에서 일반시술각 90°로 시술한 후 B.P에서 나온 가이드와 후하부의 N.P 길이와 연결한다. F.S.P 선과 연결하여 옆선을 만든다. 앞머리는 가르마를 나누고 서로 교차하여 시술 후 입체감을 표현하고 질감처리를 하면서 형태를 만든다.

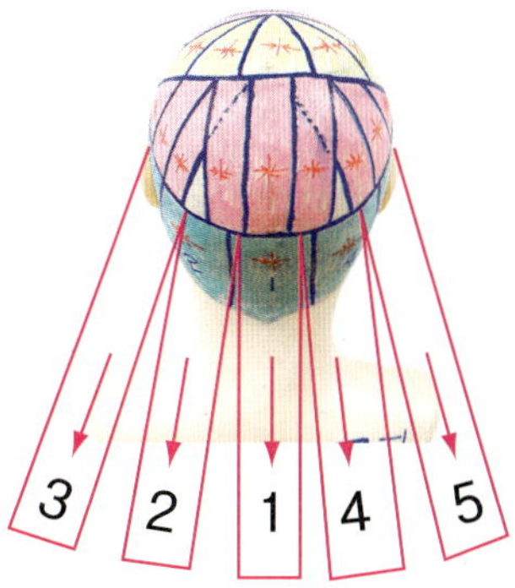

N.P길이 20cm
손가락 기울기 45°

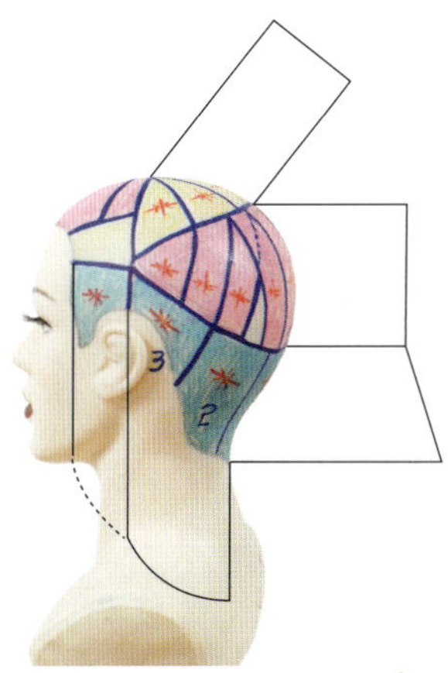

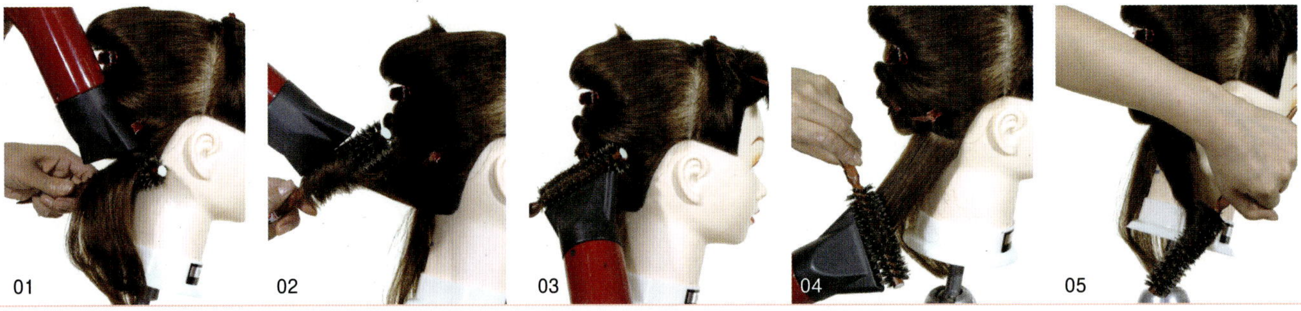

01. 뿌리에 모류방향을 잡아주기 위해 열을 주고 뜸을 들인다.
02. 모발의 각도를 들어서 모발을 가지런히 하여 롤 브러쉬에 감는다.
03. 가로로 시술을 하다가 사선으로 방향을 틀어서 인컬을 만들어 준다.
04. 인컬이 만들어진 모발을 풀어서 다시 사선으로 롤 브러쉬를 놓고 아웃컬로 와인딩한다.
05. 아웃컬을 만들면서 롤 브러쉬를 빼낸다.

06. 모근부에 열을 주고 뜸을 들인다.
07. 모발 끝부분의 모발을 잘 정리하여 인컬을 말아준다.
08. 인컬을 만들고 롤 브러쉬에 열을 주고 뜸을 들인다.
09. 인컬이 만들어진 모발을 풀어서 다시 사선으로 롤 브러쉬를 놓고 아웃컬로 와인딩한다.
10. 아웃컬로 와인딩된 롤 브러쉬에 열을 주어 뜸을 들인다.

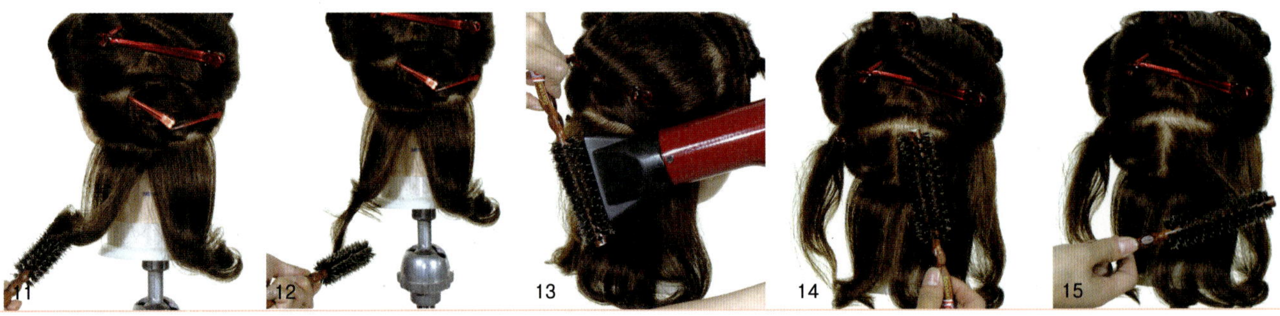

11. 뜸을 들인 모발을 얼굴 쪽으로 롤 브러쉬를 밀면서 빼낸다.
12. 얼굴 쪽으로 부채꼴 모양을 그리면서 얼굴 쪽으로 롤 브러쉬를 빼낸다.
13. 롤 브러쉬를 사선으로 놓고 아웃컬을 만들기 와인딩 하고 열을 준다.
14. 롤 브러쉬에 열을 식힌다.
15. 열을 준 후 아웃컬을 만들면서 롤 브러쉬를 빼낸다.

16. 앞쪽으로 롤 브러쉬를 빼내면서 아웃컬을 만든다.
17. 롤 브러쉬를 사선으로 놓고 아웃컬을 만들기 와인딩 하고 열을 준다.
18. 얼굴 쪽으로 부채꼴 모양을 그리면서 얼굴 쪽으로 롤 브러쉬를 빼낸다.
19. 다음 판넬도 시술을 위해 인컬을 먼저 시술한다.
20. 얼굴 쪽으로 부채꼴 모양을 그리면서 얼굴 쪽으로 롤 브러쉬를 빼낸다.

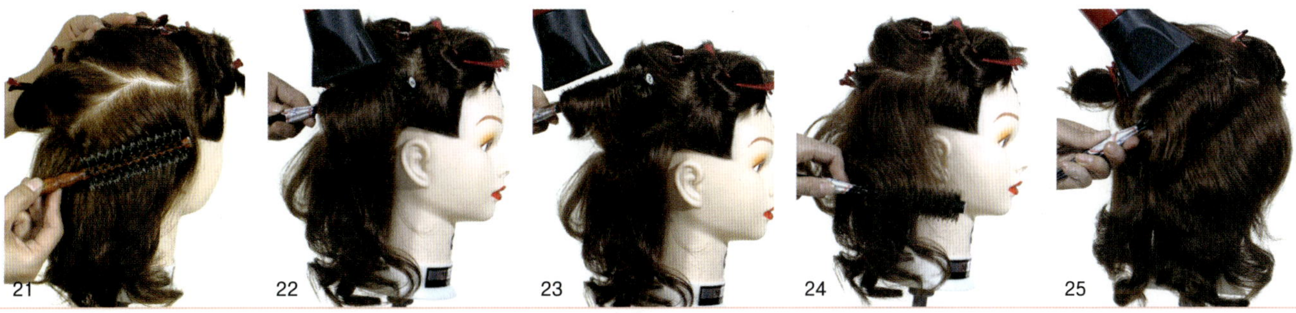

21. 커트선의 흐름을 자연스럽게 잡아주기 위해 브로킹을 시술한다.
22. 브로킹과 롤 브러쉬를 나란히 하고 모근부에 열을 준다.
23. 모발 끝의 모발을 가지런히 하여 롤 브러쉬에 와인딩한다.
24. 말아 놓은 롤 브러쉬를 수직으로 편 다음 앞쪽으로 밀고 다시 뒤쪽으로 당기면서 빼낸다.
25. 후대각으로 롤 브러쉬를 놓고 모근부에 볼륨을 주기 위해 열을 준다.

26. 롤 브러쉬를 한 바퀴 말아 놓는다.
27. 말아 놓은 롤 브러쉬를 수직으로 편 다음 앞쪽으로 밀고 다시 뒤쪽으로 당기면서 빼낸다.
28. 앞쪽으로 밀고 다시 뒤쪽으로 당기면서 빼낸다.
29 다음 시술을 위해 브로킹을 시술해 놓은 상태이다.
30. 브로킹과 나란히 C컬을 만들면서 롤 브러쉬를 빼낸다.

31

32

33

34

35

31. 앞쪽으로 밀고 다시 뒤쪽으로 당기면서 빼낸다.
32. 모근부에 열을 주고 뜸을 들인다.
33. 롤 브러쉬를 사선으로 모발을 감고 컬을 만든다.
34. 롤 브러쉬에 있는 모발을 풀어준다.
35. 중간 부분에 판넬을 뜨기 위한 모발이다.

36

37

38

39

40

36. 롤 브러쉬에 감았던 모발을 풀어 주면서 C컬을 만든다.
37. 롤 브러쉬 안에 있는 모발을 가지런히 하여 사선으로 감고 C컬을 만든다.
38. 모발을 들어서 모발을 가지런히 하여 롤 브러쉬에 와인딩한다.
39. 말아 놓은 롤 브러쉬를 수직으로 편 다음 앞쪽으로 밀고 다시 뒤쪽으로 당기면서 빼낸다.
40. 앞쪽으로 밀고 다시 뒤쪽으로 당기면서 빼낸다.

41

42

43

44

45

41. 볼륨을 주기 위해 모발의 각도를 앞쪽으로 당겨서 모근부에 열을 주고 뜸을 들인다.
42. 앞쪽으로 당겨서 모발끝부분을 가지런히 모발을 정리하여 롤 브러쉬에 와인딩한다.
43. 와인딩한 롤 브러쉬를 이쪽저쪽에 열을 주고 뜸을 들인다.
44. 모발의 각도를 내려 자연스럽게 C컬을 만들면서 풀어준다.
45. 모발 끝까지 정성들여서 시술한다.

46

47

48

49

50

46. 뒷부분에 시술을 해 넣은 상태이다.
47. 후대각으로 롤 브러쉬를 대고 모근부에 열을 주면서 C컬을 만든다.
48. 모발 바깥쪽에 롤 브러쉬를 사선으로 놓은 다음 모발 끝을 가지런히 감고 아웃컬을 만든다.
49. 모근부에 열을 준다.
50. 롤 브러쉬가 수직으로 내려오다가 사선으로 방향을 튼 다음 열을 주고 C컬을 만든다.

51

52

53

54

55

51. 앞머리의 자연스런 융합을 하기 위한 브록킹이다.
52. 브록킹과 롤 브러쉬가 나란히 내려오다가 사선으로 방향을 튼 다음 열을 주고 C컬을 만든다.
53. 다시 한 번 웨이브를 확인하면서 시술한다.
54. 롤 브러쉬를 뒤쪽으로 빼면서 시술한다.
55. 후대각으로 롤 브러쉬를 대고 모근부에 열을 주면서 C컬을 만든다.

56

57

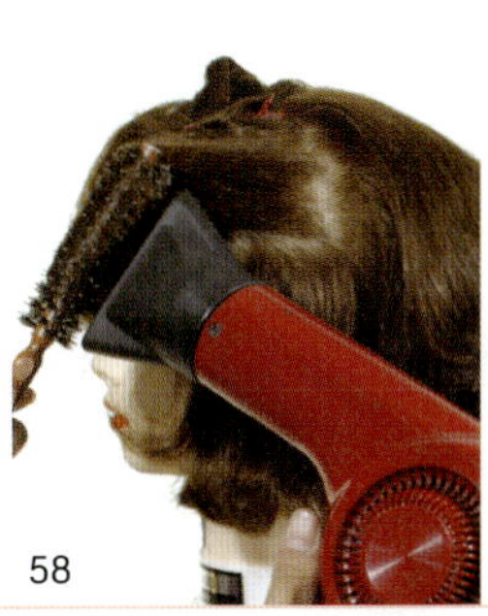
58

59

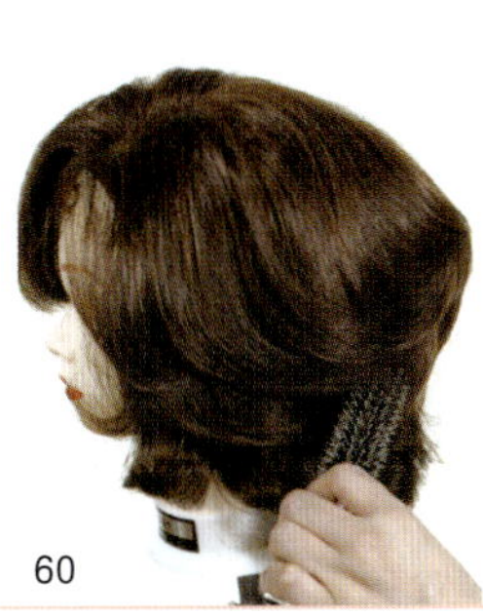
60

56. 모발 바깥쪽에 롤 브러쉬를 사선으로 놓은 다음 모발 끝을 가지런히 감고 아웃컬을 만든다.
57. 모근부에 열을 준다.
58. 브록킹과 롤 브러쉬가 나란히 내려오다가 사선으로 방향을 튼 다음 열을 주고 C컬을 만든다.
59. 모근부에 열을 준다.
60. 롤 브러쉬를 뒤쪽으로 빼면서 시술한다.

03 역삼각형 – 혼합형 4

C컬과 S컬의 융합 3

C컬, S컬과 아웃컬의 융합
– 롤 브러쉬

1. 웨이브의 흐름과 방향

섹시함이 돋보이는 머리끝의 S컬의 표현이 멋쟁이로 변신한 헤어스타일을 연출하였다. 롤브러쉬를 이용해서 볼륨과 S컬의 웨이브의 질감을 살려 세련된 분위기가 여성스러움을 더해준다. 웨이브를 주고 싶은 부분에 롤 브러쉬를 회전시켜 원하는 컬을 얻으면 된다.

2. 커트의 시술방법과 도해도

N.P에서 15cm의 U라인의 형태선을 후하부에서 먼저 시술한다.

B.P~G.P 후중부는 G.P에서 가이드를 설정하여 G.P에서 일반시술각 90°로 시술한 후 B.P에서 나온 가이드와 후하부의 N.P 길이와 연결한다. F.S.P 선과 연결하여 옆선을 만든다. 앞머리는 가르마를 나누고 서로 교차하여 시술 후 입체감을 표현하고 질감처리를 하면서 형태를 만든다.

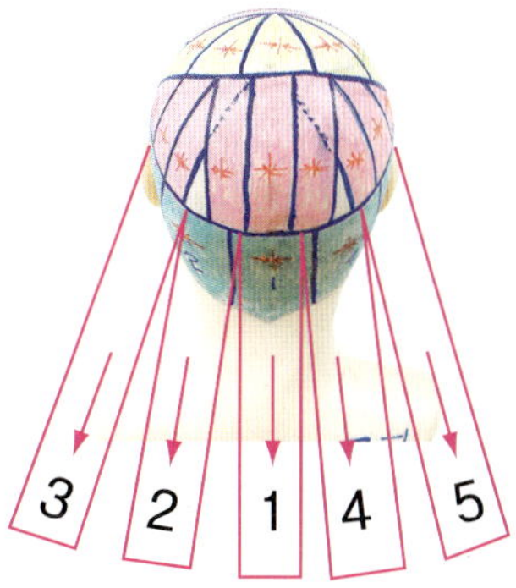

N.P길이 20cm
손가락 기울기 45°

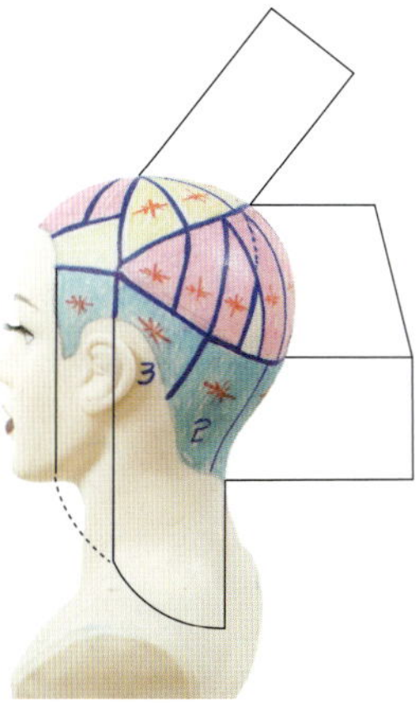

01. U라인을 제외한 부분을 3영역으로 나눈다.
02. 네이프는 다시 2등분으로 나눈 후 모발의 시술각을 들어서 한 바퀴 와인딩한다.
03. 모발을 풀어서 롤 브러쉬를 사선으로 놓고 모발을 가지런히 하여 롤 브러쉬에 감는다.
04. 겉마름으로 텐션을 주어 모발 끝이 꺽이지 않도록 와인딩한다.
05. 롤 브러쉬를 뒤쪽으로 빼면서 C컬을 만든다.

06. 모근부에 볼륨을 준다.
07. 두 바퀴 반을 롤 브러쉬로 와인딩하여 열을 주어 식히고 모발을 풀어준다.
08. 롤 브러쉬를 사선으로 시술하기 위해 놓는다.
09. 모발위에 올려놓은 롤 브러쉬를 겉마름으로 와인딩한 후 드라이어로 열을 주어 식힌다.
10. 반 바퀴 모발을 그대로 풀고 롤 브러쉬가 백(back)쪽을 향하게 하여 나머지 모발을 풀어준다.

11. 두 바퀴 반을 롤 브러쉬로 와인딩하고 열을 주어 식힌 후 모발을 푼다.
12. 겉마름을 하기 위해 롤 브러쉬를 사선으로 놓는다.
13. 모발을 가지런히 하여 와인딩한 후 열을 주어 모발을 푼다.
14. 롤 브러쉬를 뒤쪽으로 빼면서 C컬을 만든다.
15. 롤 브러쉬를 두 바퀴 와인딩한 후 드라이어로 열을 주고 식힌다.

16

17

18

19

20

16. 두 바퀴를 와인딩하여 드라이어로 열을 주고 식힌 후 모발을 풀어준다.
17. 롤 브러쉬를 세로로 대고 겉마름으로 와인딩해 준 후 드라이어 열을 주고 식힌 후 모발을 풀어준다.
18. 롤 브러쉬를 두 바퀴 와인딩하고 열을 주어 식힌 후 모발을 풀어 준다.
19. 롤 브러쉬를 사선으로 모발위에다 놓고 겉마름으로 와인딩한다.
20. 와인딩하여 열을 준 후 식히고 모발을 풀어준다.

21

22

23

24

25

21. 모발의 각도를 들어서 두 바퀴 와인딩한다.
22. 이쪽저쪽 열을 주어 식힌다.
23. 열을 주어 식힌 후 모발을 풀어준다.
24. 모발위에다 롤 브러쉬를 사선으로 대고 한 바퀴반 와인딩한다.
25. 이쪽저쪽 열을 준다.

26

27

28

29

30

26. 열을 주어 식힌 후 롤 브러쉬를 뒤쪽으로 풀어준다.
27. 두 바퀴 반을 롤 브러쉬와 일직선이 되게 와인딩하고 골고루 열을 주어 식힌 후 반 바퀴 먼저 풀고 나머지를 풀어준다.
28. 롤 브러쉬를 사선으로 모발위에다 놓고 겉마름으로 와인딩한다.
29. 와이딩 한 모발을 열을 주어 식힌 후 뒤쪽으로 풀어준다.
30. 모발의 각도를 들어 모발을 가지런히 정리하여 두 바퀴 와인딩한다.

31. 열을 주어 식힌 후 롤 브러쉬를 뒤쪽으로 풀어준다.
32. 옆선을 시술하기 위한 브록킹이다.
33. 모발의 각도를 들어서 롤 브러쉬를 두 바퀴 와인딩 하여 열을 주고 식힌다.
34. 열을 주어 식힌 후 모발을 내려서 풀어준다.
35. 롤 브러쉬를 사선으로 놓고 모발을 가지런히 하여 롤 브러쉬에 감는다.

36. 두 바퀴 와인딩 하여 열을 준 후 모발을 뒤쪽으로 풀어준다.
37. 남는 모발은 위와 동일한 방법으로 한 번 더 시술한다.
38. 모발의 각도를 들어서 롤 브러쉬를 두 바퀴 와인딩하여 열을 주고 식힌 후 풀어준다.
39. 롤 브러쉬를 사선으로 놓고 모발을 가지런히 하여 롤 브러쉬에 감는다.
40. 두 바퀴 와인딩 하여 열을 준 후 모발을 뒤쪽으로 풀어준다.

41. 옆선을 시술하기 위하여 2등분으로 나누어 놓은 상태이다.
42. 모발의 각도를 들어서 롤 브러쉬를 두 바퀴 와인딩한다.
43. 열을 주어 식힌 후 풀어준다.
44. 모발의 각도를 들어서 롤 브러쉬를 두 바퀴 와인딩한다.
45. 이쪽저쪽 열을 주어 식힌 후 풀어준다.

46

47

48
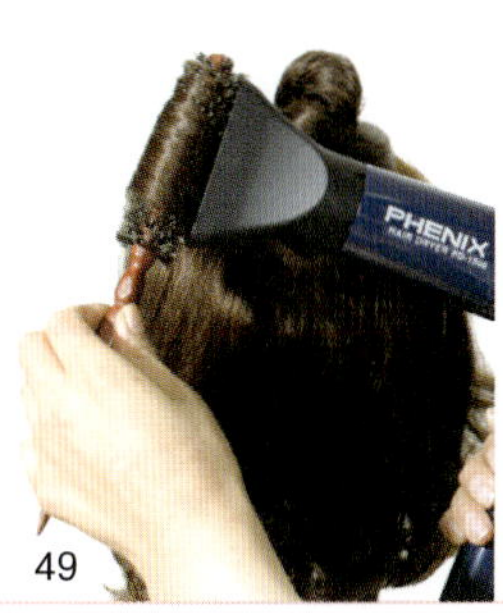
49

50

46. 롤 브러쉬를 사선으로 놓고 모발을 가지런히 하여 롤 브러쉬에 감는다.
47. 두 바퀴 와인딩 하여 열을 준 후 모발을 뒤쪽으로 풀어준다.
48. 모근부에 볼륨을 준다.
49. 롤 브러쉬를 사선으로 와인딩 하여 열을 주어 식힌다.
50. 열을 주어 식힌 후 모발을 내려서 풀면서 릿지를 형성하면서 고정한다.

51

52

53

54

55

51. 롤 브러쉬의 모발을 풀면서 릿지를 형성하면서 열을 시켜가며 고정한다.
52. 남은 모발도 위와 같은 방법으로 시술한다.
53. 사선으로 브록킹 한 상태이다.
54. 모발을 각도를 들어서 롤 브러쉬에 두 바퀴 와인딩 하여 이쪽저쪽 열을 주고 식힌다.
55. 열을 주고 식힌 후 모발을 풀어주면서 옆선의 웨이브를 만든다.

56

57

58

59

60

56. 세워졌던 롤 브러쉬를 다시 수평으로 하면서 릿지를 고정하면서 마무리한다.
57. 모발을 각도를 들어서 롤 브러쉬에 두 바퀴 와인딩하여 이쪽저쪽 열을 주고 식힌다.
58. 세워졌던 롤 브러쉬를 다시 수평으로 하면서 릿지를 고정하면서 마무리한다.
59. 모발을 각도를 들어서 롤 브러쉬에 두 바퀴 와인딩 하여 이쪽저쪽 열을 주고 식힌다.
60. 롤 브러쉬를 백(back)쪽으로 밀면서 모발을 풀어 웨이브를 만든다.

★ 연습 작품 ★

★ 나의 작품 뽐내보기 ★

04 삼각형 – 그래쥬에이션 1

스트레이트와 C컬의 융합 1

스트레이트와C컬의 융합
- 롤 브러쉬

1. 웨이브의 흐름과 방향

백부분에는 강한 볼륨을 주고 옆선은 자연스럽게 백과 웨이브를 연결한다. 앞머리는 자연스럽게 옆모발과 연결하여 지적인 어른스러움을 표현할 수 있는 헤어스타일을 연출하였다.

2. 커트의 시술방법과 도해도

밑길이 가이드를 2~5cm 정도로 설정하고 A라인의 형태선을 시술한다. 후중부는 베이스를 중심부로 당겨서 자연시술각 45°로 시술하고 후상부는 G.P에서 일반시술각 90°로 시술한다. 커트한 후 밑머리와 연결하여 볼륨을 만들어 주고 앞머리 표현은 가르마를 중심으로 교차하여 층을 만들어 주고, 다시 한 번 질감처리하여 얼굴형을 수정한다.

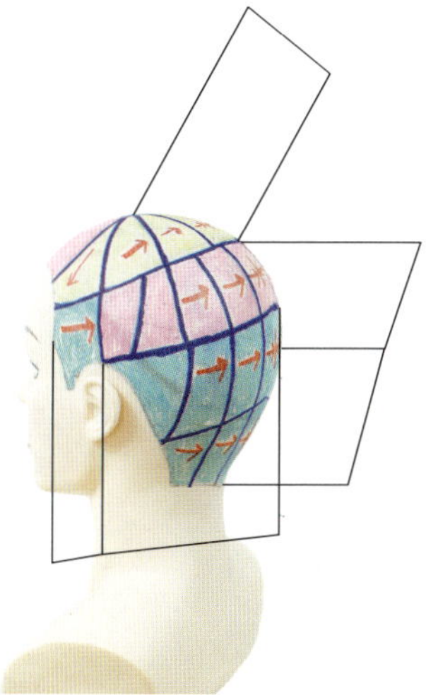

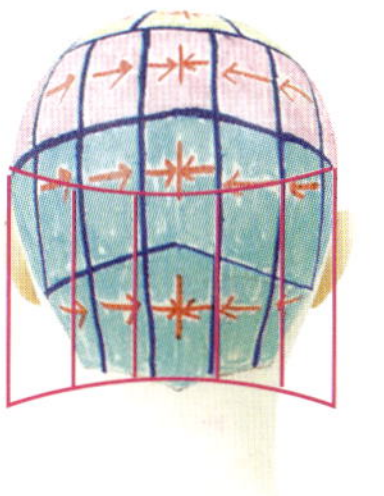

01. 후하부에 브록킹과 나란히 롤 브러쉬를 대고 볼륨 없이 시술한다.
02. C컬을 그리면서 롤을 그린다.
03. C컬의 끝부분에서 열을 시키기 위해 고정하고 있다.
04. 두피에 볼륨 없이 0° 로 시술한다.
05. A라인 커트임으로 흐름을 C방향으로 잡아준다.

06. 모류를 잡아서 흐름을 다시 한 번 잡아준다.
07. 90° 로 모발 뿌리에 볼륨을 시술한다.
08. 모발 끝에서 롤 브러쉬에 모발을 감아 C컬을 완성한다.
09. C컬의 흐트러짐을 방지하기 위하여 모발 끝까지 열을 준다.
10. 롤 브러쉬를 두피에 밀착하여 회전시켜 모근부에 볼륨을 준다.

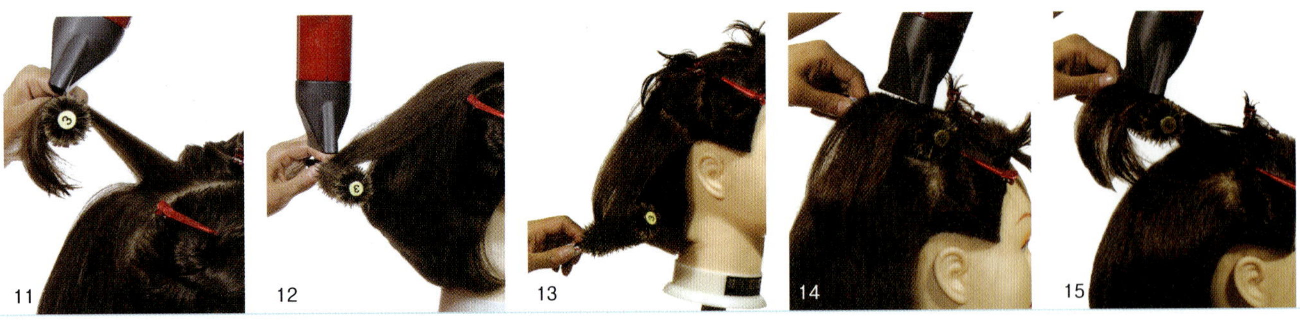

11. 포물선을 그리듯이 C컬을 만든다.
12. 모발 끝까지 열을 준다.
13. 롤 브러쉬에 남아있는 열을 이용해 얼굴방향으로 C컬을 만들면서 빼낸다.
14. 롤 브러쉬에 드라이어 입구를 살짝 띄워서 열을 준 후 뜸을 들인다.
15. C컬을 유지한다.

16
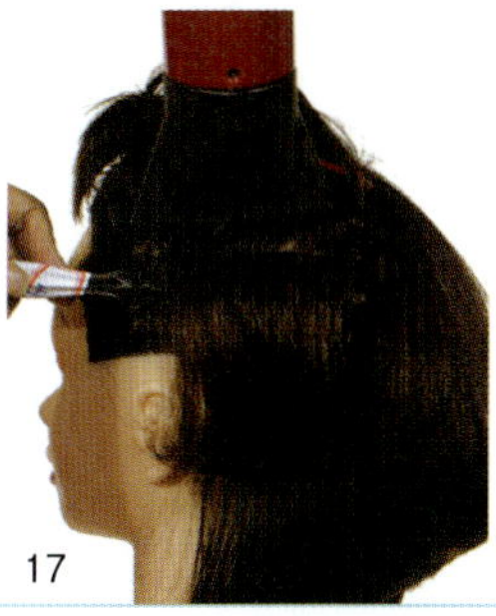
17
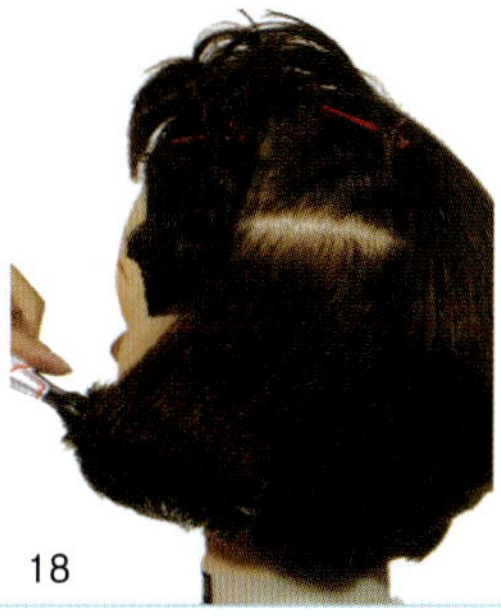
18

19

20

16. 백(back)쪽으로 흐름을 잡는다. 이때도 머리카락 끝까지 잡아준다.
17. 롤 브러쉬를 두피에 밀착하여 회전시켜 모근부에 볼륨을 준다.
18. 얼굴 쪽을 향하도록 방향을 잡는다.
19. 백(back)쪽을 향하면서 C컬을 만든다.
20. 모발 끝까지 롤 브러쉬를 굴리지 않고 잡아준다. 굴리면 끝에서만 C컬이 너무 강하게 형성되므로 주의해야한다.

21

22

23

24

25

21. 모발 끝까지 롤 브러쉬를 굴리지 않고 잡아준다.
22. 모류 흐름이 뒤쪽으로 향해 있다면 롤 브러쉬를 살짝 앞쪽으로 이동해 열을 준다.
23. C컬을 유지하도록 한다.
24. 드라이어 입구는 막지 않고 롤 브러쉬를 따라 가면서 시술한다.
25. 뿌리만 살면 C 컬은 자연스럽게 형성한다. 롤 브러쉬를 굴리지 않고 끝까지 잡아준다.

26

27

28

29

30

26. 드라이어가 롤 브러쉬를 따라간다.
27. 힘을 균일하게 주면서 끝까지 한 올 한 올에 열을 준다.
28. 뿌리에 볼륨 고정하고 힘을 균일하게 주면서 C커브를 그려준다.
29. 슬라이스는 전대각으로, 롤 브러쉬는 평행하게 시술한다.
30. C자를 그리면서 백(back)쪽을 향하게 한다.

04 삼각형 – 그래쥬에이션 2

스트레이트와 C컬의 융합 2

스트레이트와C컬의 융합
- 롤 브러쉬

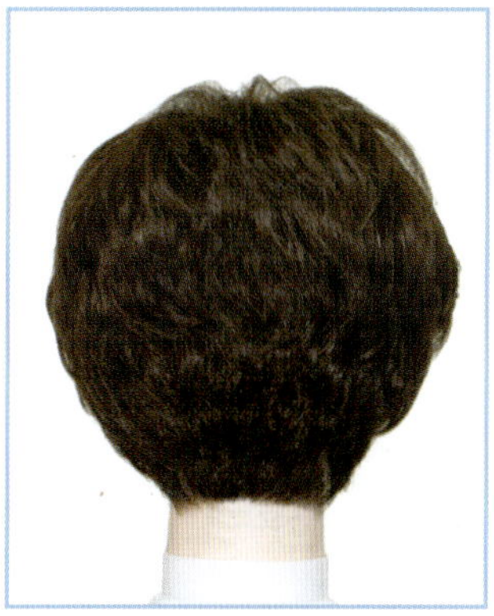

1. 웨이브의 흐름과 방향

조금만 손질을 더하여 포인트를 잡아주면 그날의 기분에 따라 헤어스타일을 연출할 수 있는 자유스러운 스타일이다. 포인트를 롤 브러쉬로 잡아주고 롤 브러쉬로 모류보정도 잡아주면서 독특한 표현까지 연출할 수 있는 헤어스타일이다.

2. 커트의 시술방법과 도해도

네이프의 길이는 2~5cm 정도로 완만한 U라인 형태선을 시술하고 길이를 짧게 설정하여 유니폼 레이어로 커트 한 후 앞머리 표정을 일직선의 느낌으로 하여 C.P와 연결하여 앞머리의 표정을 만든 후 옆선은 귀에서 일직선으로 시술하여 신선한 이미지와 산뜻한 쇼트 헤어스타일 이미지를 표현하였다.

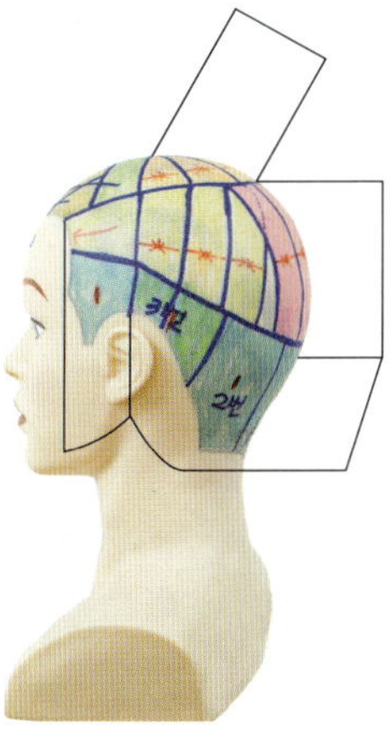

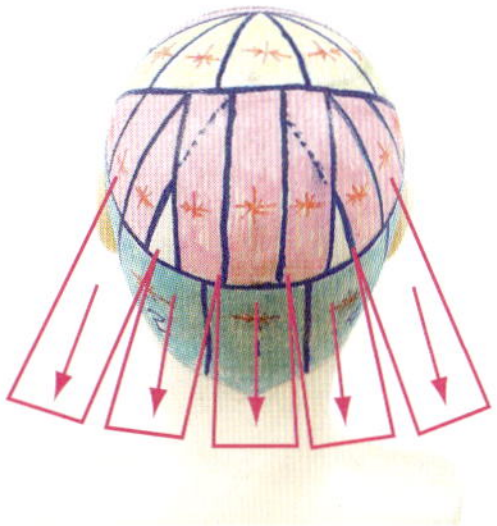

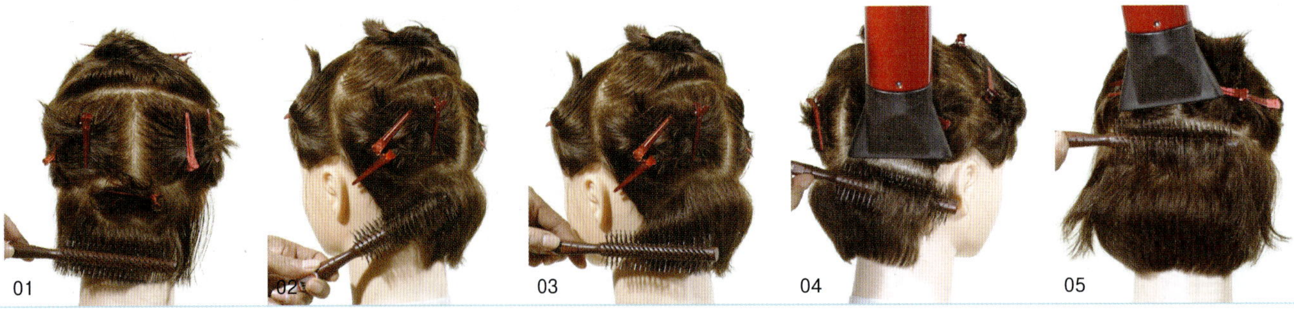

01 02 03 04 05

01. 후하부에 모류가 들뜨려는 성질을 잡아주고 열을 주어 형태선을 만들어 준다.
02. 사선 베이스로 롤 브러쉬를 밀착하여 귀 뒷 선을 자연스럽게 연결한다.
03. 들뜨는 모발을 고정하면서 모발의 흐름을 잡아주기 위해 롤 브러쉬로 모발을 고정하고 열을 준다.
04. 들뜨는 모발을 고정하면서 모류 흐름을 잡아준다.
05. 모근부에 열을 주어 모류와 볼륨을 준다.

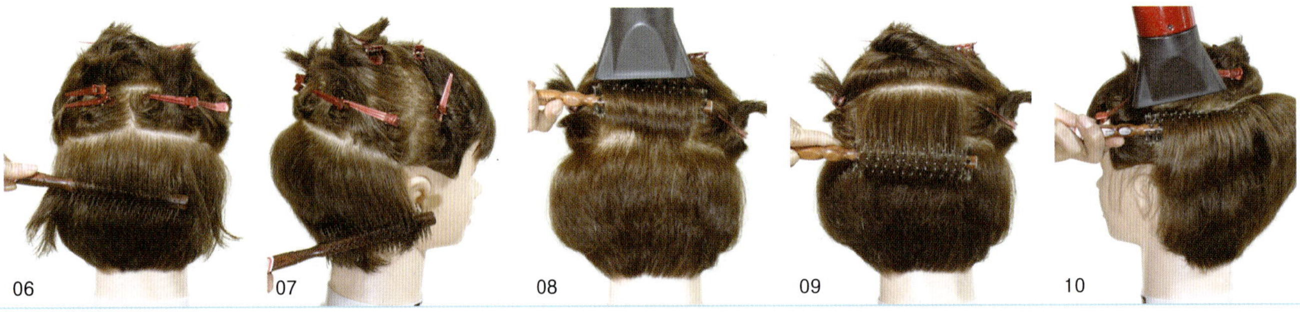

06 07 08 09 10

06. 롤 브러쉬에 감긴 모발의 열을 시킨 후 C 커브를 그리면서 모발 끝까지 원하는 흐름을 보면서 풀어준다.
07. 반대쪽도 같은 방법으로 롤 브러쉬를 전대각 방향으로 와인딩을 한 후 귀 바퀴 방향으로 C컬을 그리면서 롤 브러쉬를 빼낸다.
08. 후중부는 최대한 볼륨을 주기 위해 롤 브러쉬의 각도를 들어서 열을 주고 뜸을 들인다.
09. 롤 브러쉬를 빼낼때 모발 끝까지 흐름을 생각하면서 풀어준다.
10. 파팅과 나란히 롤 브러쉬를 댄 후 귀 바퀴 방향으로 C컬을 그리면서 빼낸다.

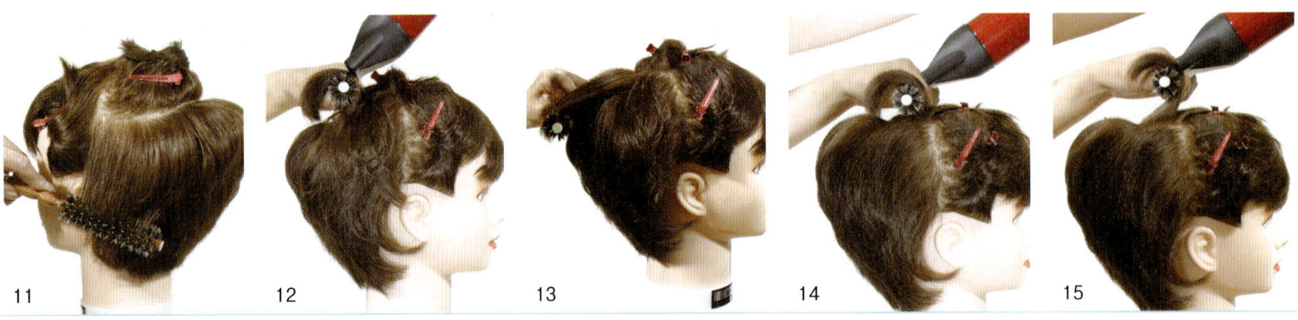

11 12 13 14 15

11. 귀 바퀴 방향으로 C 컬을 그리면서 빼낸다.
12. 뿌리에 볼륨을 주기 위해 모발의 각도를 들어서 열을 주고 뜸을 들인다.
13. 손목에 힘을 빼고 롤 브러쉬를 모발 끝까지 자연스럽게 풀어준다.
14. 뿌리에 볼륨을 주기 위해 모발의 각도를 들어서 열을 주고 뜸을 들인다.
15. 볼륨을 주기 위해 롤 브러쉬를 앞쪽으로 당겨서 열을 주고 뜸을 들인다.

16

17

18

19

20

16. 드라이어가 롤 브러쉬를 따라 이동하면서 롤 브러쉬의 모발을 풀어준다.
17. 측두부의 모발은 드라이어가 브러쉬를 따라 이동하면서 C컬을 그리면서 시술한다.
18. 모류를 보정하고 모발의 흐름을 주기 위해 롤 브러쉬를 모발 바깥쪽에 대고 열을 주고 뜸을 들인다.
19. 모발 끝까지 롤 브러쉬를 드라이어가 따라가고 C컬을 그리면서 시술한다.
20. 이곳은 모류가 뒤쪽으로 쏠리는 현상이 많은 곳이기 때문에 사선으로 브록킹을 타놓은 상태에서 모류를 보정한다.

21

22

23

24

25

21. 롤 브러쉬를 모발 뿌리 쪽에 댄 후 열풍을 주고 모발 끝까지 드라이어가 따라간다
22. 모발 밖에서 롤 브러쉬를 대고 모발의 방향을 다시 한 번 잡는다.
23. 사선으로 롤 브러쉬를 대고 모발의 각도를 들며 C커브를 자연스럽게 만든다.
24. 갈라진 부분 양쪽에서 판넬을 다시 잡은 후 볼륨과 C컬을 만든다.
25. 앞머리의 방향을 롤 브러쉬로 다시 한 번 잡는다.

26

27

28
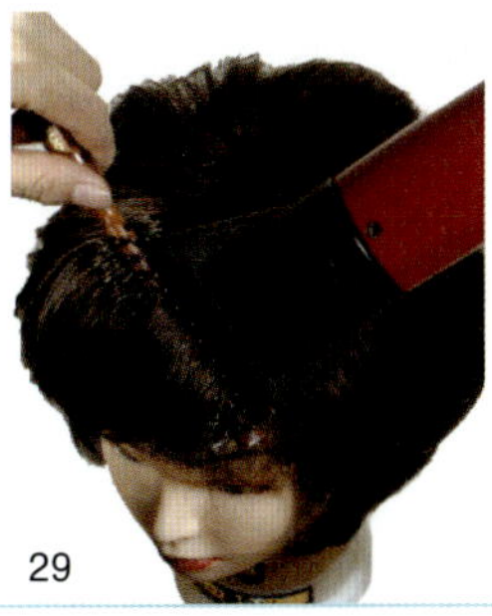
29
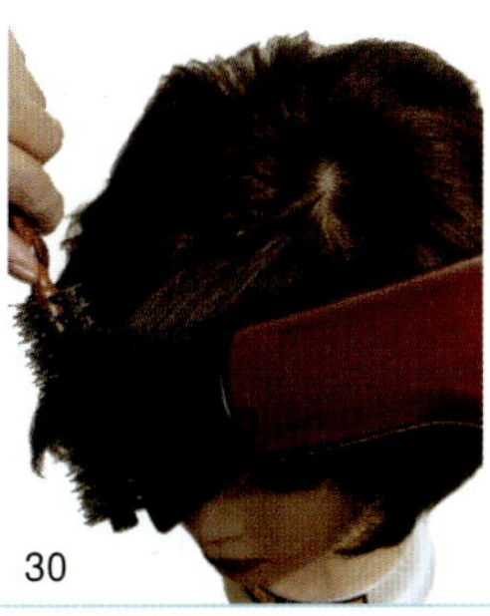
30

26. 뿌리에 열풍을 준 후 원하는 쪽으로 롤 브러쉬를 빼내면서 모발의 흐름을 만들어 준다.
27. 롤 브러쉬를 뒤쪽으로 빼면서 자연스런 C컬의 흐름을 만들어 준다.
28. 이 부분은 앞머리와 옆머리의 연결을 자연스럽게 하기 위해 타 놓은 상태이다.
29. 뿌리에 열풍을 준 후 사선으로 롤 브러쉬를 빼면서 모발의 흐름을 만들어 준다.
30. 갈라진 부분 양쪽에서 판넬을 다시 잡은 후 볼륨과 C컬을 만든다.

04 삼각형 – 그래쥬에이션 3

C컬과 아웃컬의 융합

C컬과 아웃컬의 융합
- 롤 브러쉬

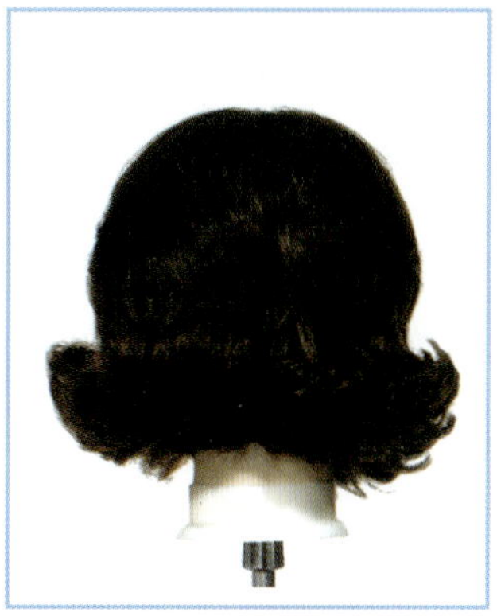

1. 웨이브의 흐름과 방향

백부분에는 강한 볼륨을 주고 후중부는 율동감이 있는 아웃컬의 이미지를 표현하였고.옆선은 자연스럽게 백과 전대각으로 아웃컬의 웨이브를 연결한다. 앞머리는 자연스럽게 옆모발과 연결하여 지적인 어른스러움을 표현할 수 있는 헤어스타일을 연출하였다.

2. 커트의 시술방법과 도해도

밑길이 가이드를 5cm A라인의 형태선을 시술한다. 후중부는 베이스를 중심부로 당겨 시술각을 내려서 시술한 후상부를 G.P에서 일반시술각 90°로 시술한다. 커트한 후 밑머리와 연결하여 아웃컬을 만들어 주고 앞머리 표현은 가르마를 중심으로 교차하여 층을 만들어 준 후, 다시 한 번 질감 처리하여 얼굴형을 수정한다.

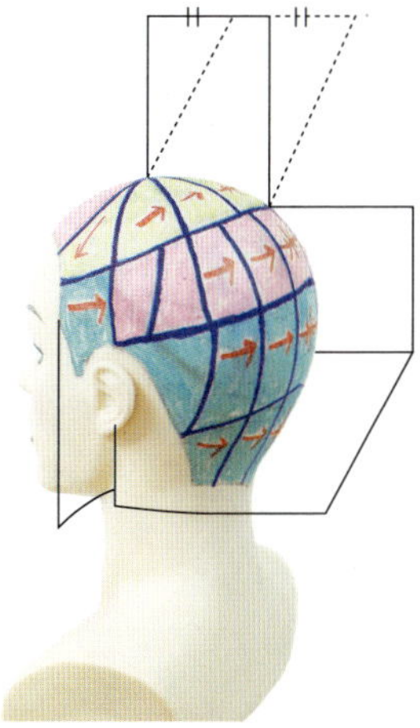

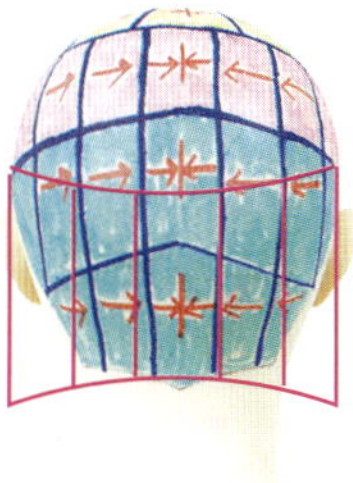

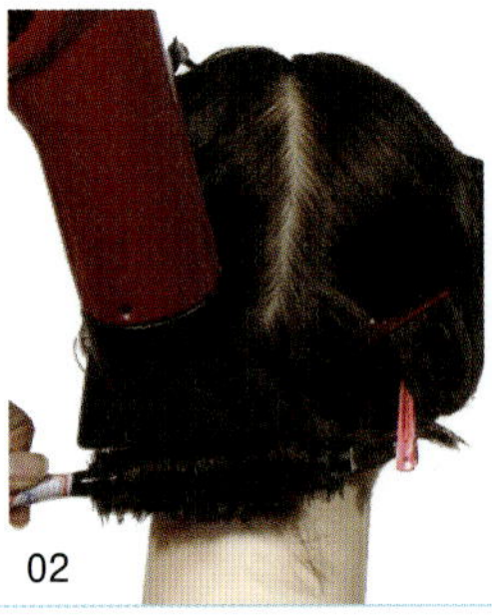

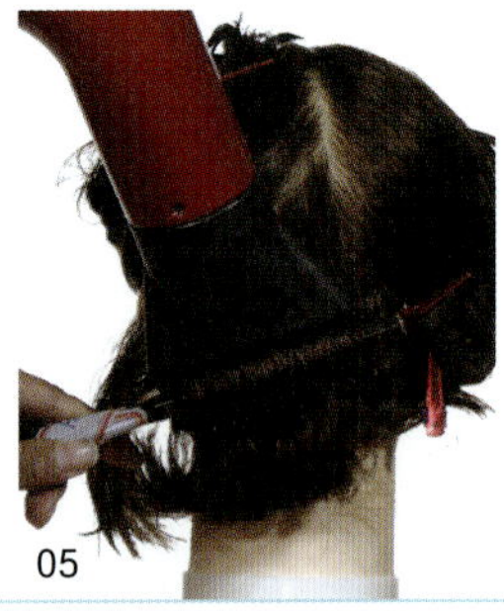

01. A라인 커트임으로, 전대각으로 뿌리는 살리지 않고 롤 브러쉬를 안으로 말아준다.
02. 모발의 각도를 낮추고 롤 브러쉬를 사선으로 대어 와인딩을 한 후 열을 주어 뜸을 들인다.
03. 뿌리가 눌리지 않을 정도로 안으로 말아준다.
04. 겉마름을 마는데 밑으로 잡아당기면서 말면 더 잘 말린다.
05. 열을 위 아래로 주고 뜸을 들이는 작업이 필수이다.

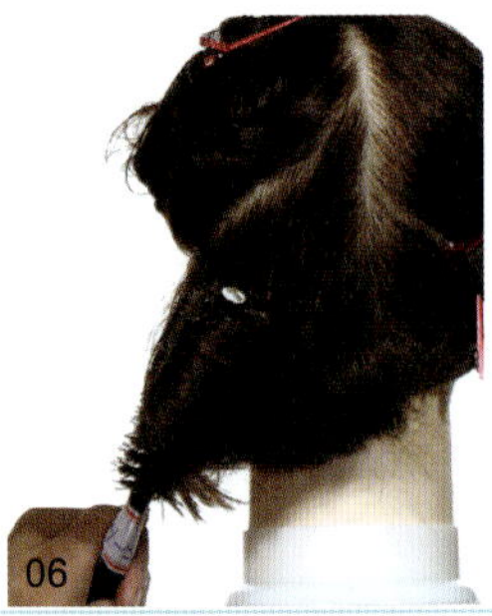

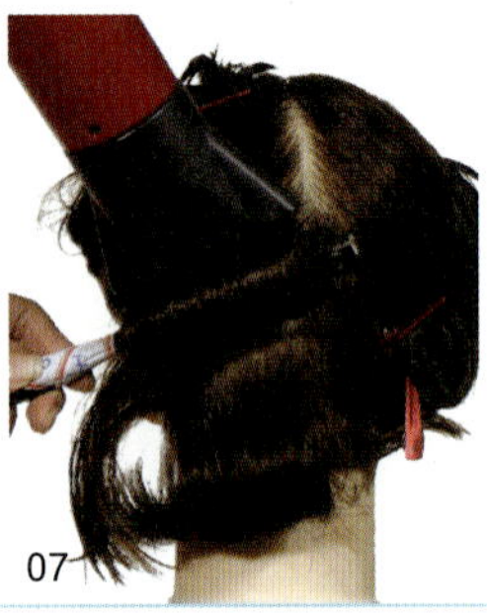

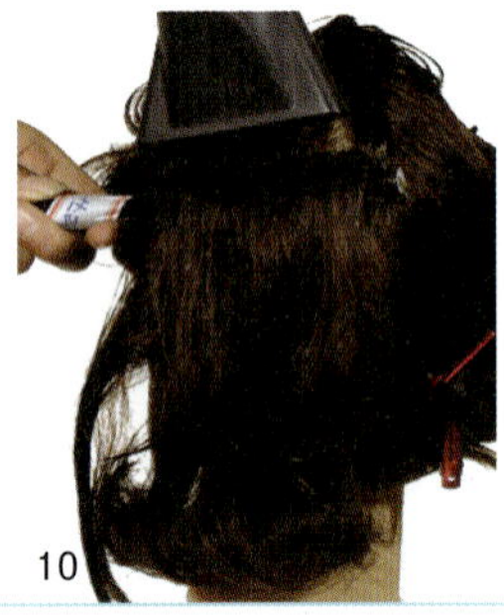

06. 고정 후 롤을 급하게 풀지 않고 천천히 롤을 세워 가면서 앞쪽으로 빼낸다.
07. 뿌리는 가볍게 살리고, 전대각임으로 롤 브러쉬도 평행하게 잡고 안으로 만다.
08. 롤 브러쉬의 모발을 푼 후 겉마름으로 와인딩한다.
09. 롤 브러쉬는 앞쪽으로 천천히 빼내면서 조금씩 돌린다.
10. 모근부에서 모류를 잡고 열을 주어 뜸을 들인다.

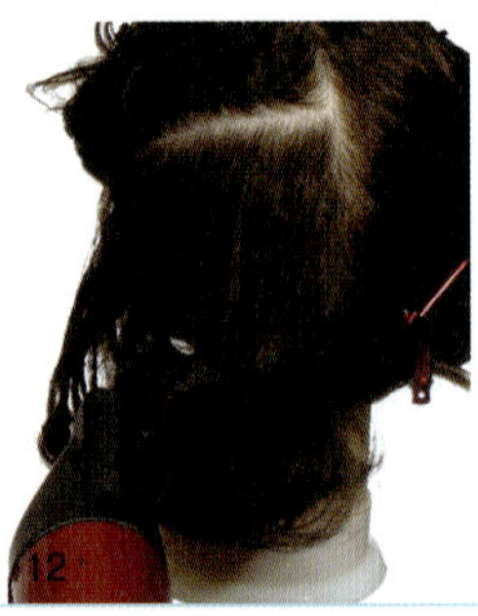

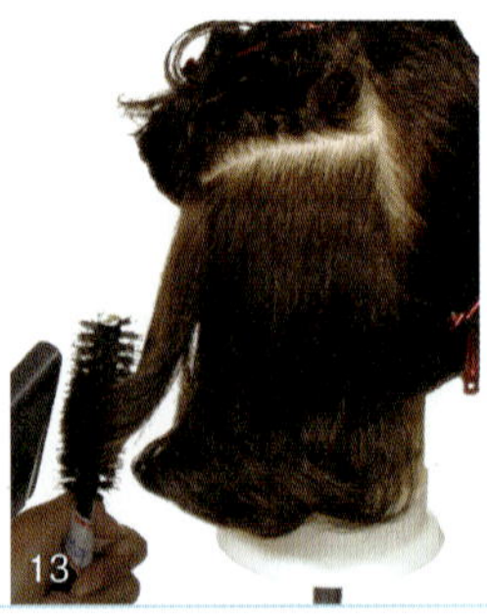

11. 텐션을 주면서 겉마름으로 한 바퀴 와인딩을 시술한다.
12. 바람을 주면서 롤 브러쉬를 앞쪽으로 잡아준다.
13. 포물선을 그리면서 얼굴쪽으로 롤 브러쉬를 빼낸다.
14. 모발끝부분에서는 롤 브러쉬를 돌려주면서 컬을 잡아준다.
15. 모발의 각도를 들어서 와인딩한다. 고정을 충분히 해야 늘어지지 않는다.

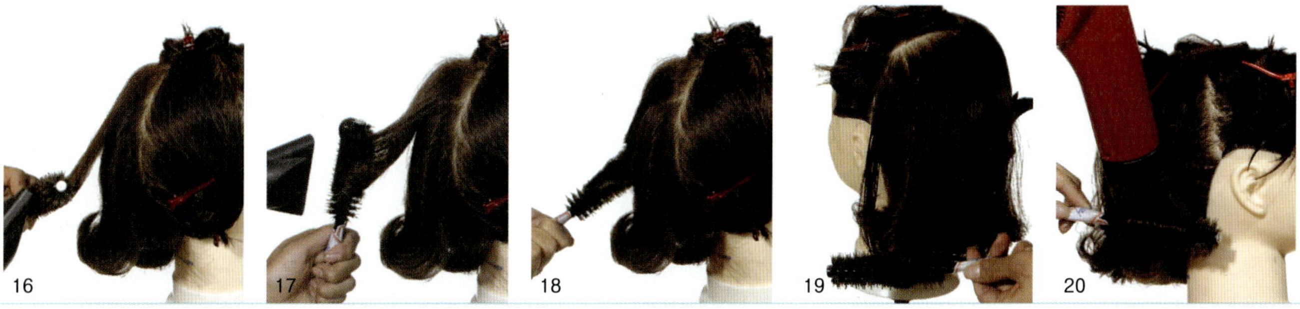

16. 겉마름으로 와인딩하여 열을 주고 뜸을 들여 고정한다.
17. 롤을 사선으로 세운 후 한 번 더 고정한다.
18. 앞쪽으로 천천히 포물선을 그리면서 컬을 잡는다.
19. 끝 쪽으로 올수록 롤 브러쉬를 반쯤 굴리면서 천천히 고정하며 끝까지 마무리 한다.
20. A라인 커트임으로, 전대각으로 뿌리는 살리지 않고 롤 브러쉬를 안으로 말아준다.

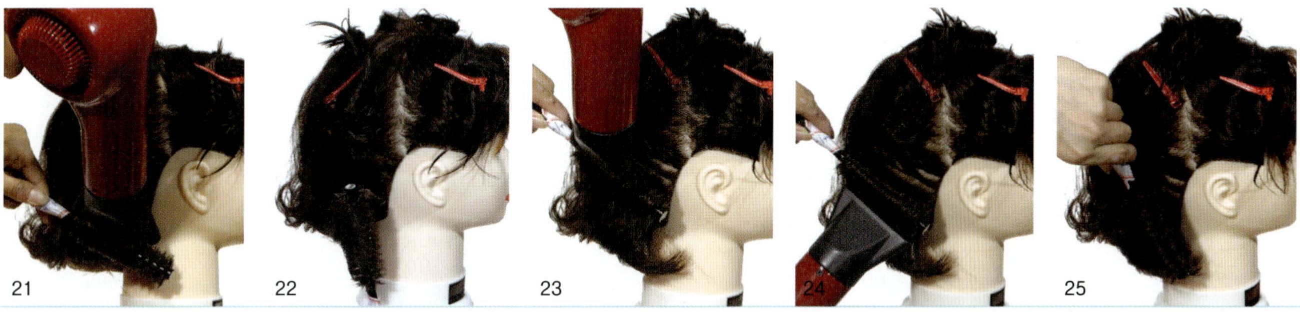

21. 겉마름을 마는데 밑으로 잡아당기면서 말면 더 잘 말린다. 열을 주어 뜸을 들인다.
22. 롤 브러쉬를 부채살 모양으로 앞쪽을 향하게 한다.
23. 롤 브러쉬를 안쪽으로 만 후 고정한다.
24. 모발을 풀어 다시 겉마름으로 와인딩 한 후 고정하고 열을 주어 뜸을 들인다.
25. 부채살 모양으로 앞쪽으로 천천히 빼낸다. 아래쪽은 고정, 위쪽은 앞쪽으로 롤 브러쉬 사이즈만큼만 판넬을 잡는다.

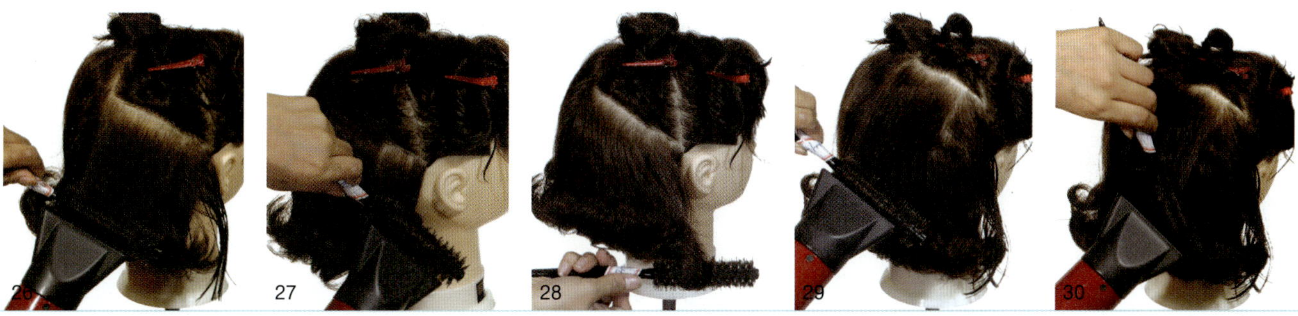

26. 겉마름 한 바퀴반을 말고 열을 준 후 텐션을 주면서 반 바퀴만 풀고 열을 가한다.
27. 나머지 판넬은 좀 더 강하게 만다.
28. 롤 브러쉬를 앞쪽으로 향하면서 천천히 모발을 풀어준다.
29. 겉마름으로 와인딩하고 열을 주고 뜸을 들인다.
30. 아래쪽으로 겉마름 할 때는 아래쪽은 고정, 위쪽은 옆으로 이동하면서 열을 약하게 준다.

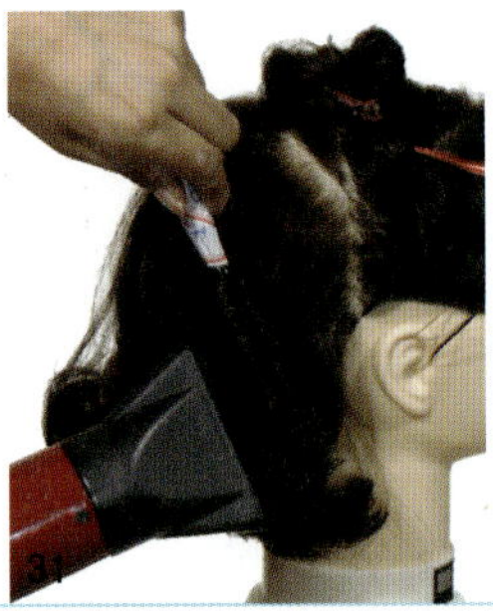
31
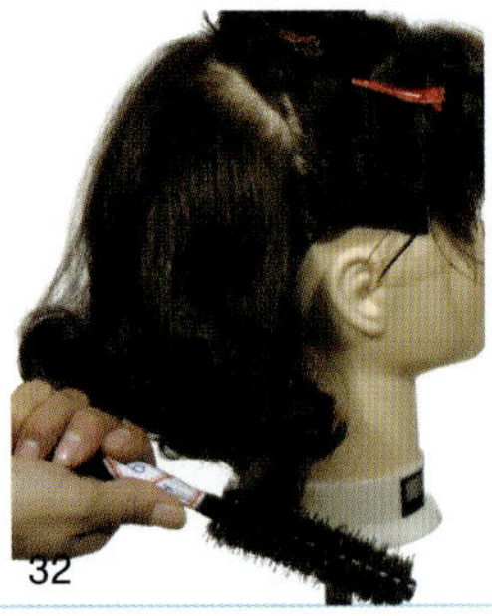
32
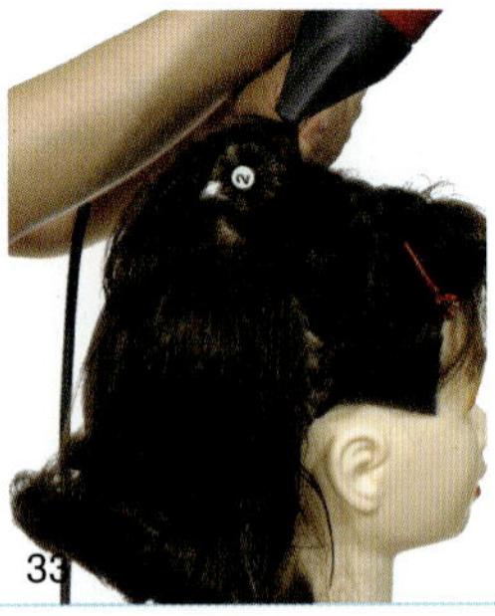
33
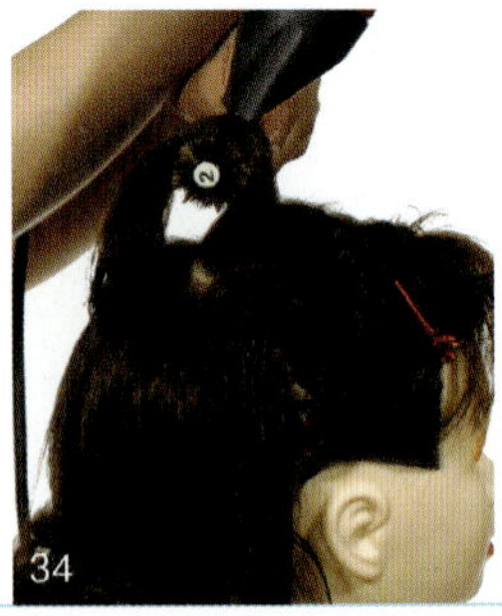
34

35

31. 너무 강하게 열을 주면 풀릴 수 있으므로 주의해야 한다.
32. 롤 브러쉬를 반 바퀴 돌리면서 얼굴 쪽으로 풀어준다.
33. 롤 브러쉬를 두피에 밀착하여 회전시켜 모근부에 최대한의 볼륨을 준다.
34. 최대한 볼륨을 주기 위해 모발을 앞으로 밀면서 롤 브러쉬에 열을 주어 뜸을 들인다.
35. 모발의 각도를 들어서 C컬을 만들어 준다.

36

37

38
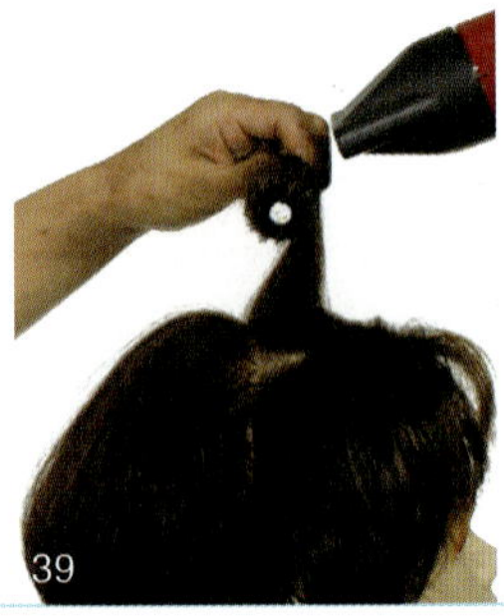
39
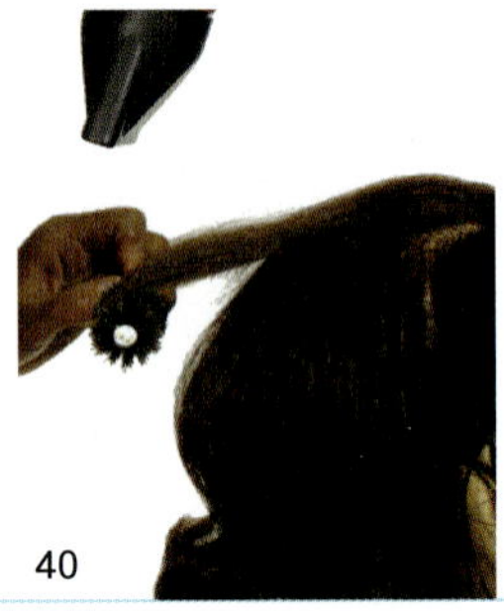
40

36. 겉마름과 연결하는 판넬이므로 끝이 너무 말리면 안 되고 끝을 말아 넣어서도 안된다.
37. 많은 볼륨을 주기 위해 앞쪽으로 롤을 밀면서 열을 충분히 준다.
38. 열을 충분히 주어 뜸을 들인다.
39. 롤 브러쉬를 제자리로 고정한다.
40. 모발의 각도를 내리고 텐션을 준채로 롤을 풀면서 자리를 잡는다.

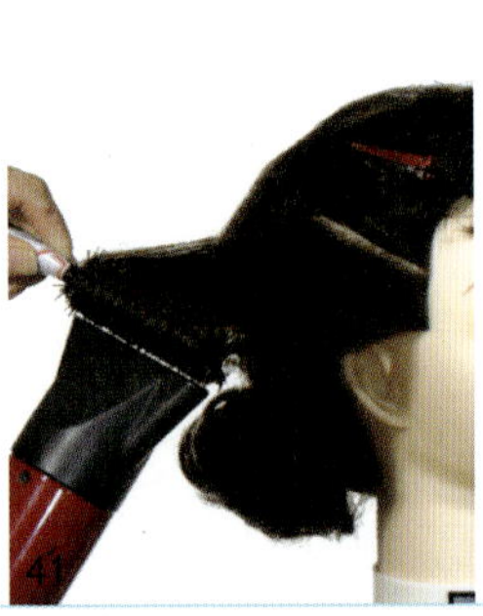
41

42

43

44

45

41. 브록킹과 나란히 하여 롤 브러쉬로 한 바퀴반을 인컬로 와인딩한다.
42. 겉마름으로 한 바퀴 와인딩 한 후 열을 충분히 주고 뜸을 들여 고정한다.
43. 롤 브러쉬의 모발을 천천히 얼굴 쪽으로 향해 풀어 준다.
44. 측두부의 윗부분은 볼륨을 살리기 위해 열을 주고 뜸을 들인다.
45. 아웃컬로 한 바퀴반을 와인딩하고 고정한다.

46. 열을 주어 뜸을 들인 후 얼굴쪽으로 향해 C컬을 만들면서 모발을 풀어준다.
47. 앞머리를 시술하기 위해 뿌리볼륨을 고정한다.
48. 뒤쪽으로 웨이브의 흐름을 잡는다.
49. 뿌리에 볼륨을 주기 위해 롤 브러쉬에 열을 주어 고정한다.
50. 컬을 고정하기 위해 롤 브러쉬에 열을 주고 뜸을 들인다.

51. 끝이 밀리지 않게 끝까지 열을 주면서 백으로 이동한다.
52. 롤 브러쉬에 남아 있는 열을 이용해 끝까지 잡아준다.
53. 인컬을 만들기 위해 머릿결을 다듬는다(초벌구이).
54. 아웃컬로 한 바퀴반을 전대각으로 와인딩한다.
55. 반 바퀴를 회전한 상태에서 시술한다.

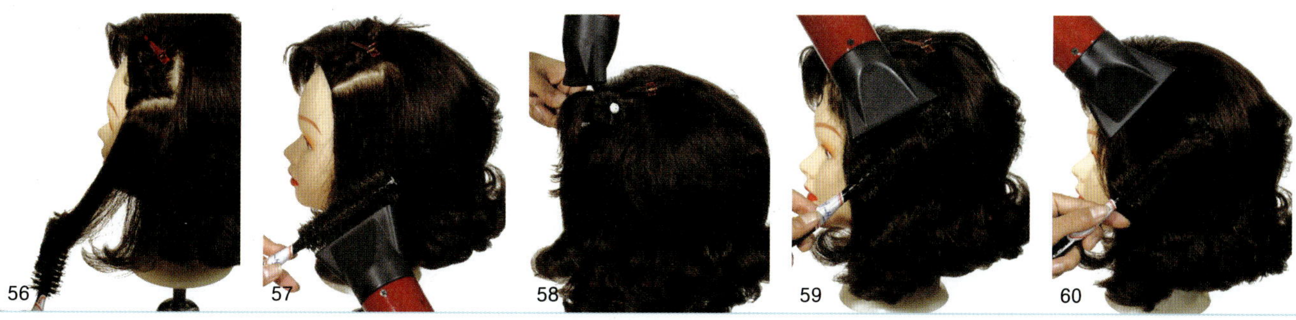

56. 얼굴쪽으로 C컬을 만들면서 푼다. 이때 롤 브러쉬를 돌리면서 푼다.
57. 전대각 아웃컬로 와인딩한다.
58. 반대쪽을 확인하고 볼륨을 결정한다.
59. 뒤쪽을 향해 웨이브의 흐름을 잡는다.
60. 모발 끝까지 열을 주고 잡아간다. 먼저 시술한 부분과 연결한다.

04 삼각형 – 그래쥬에이션 4

C컬의 흐름과 두상의 이해 I

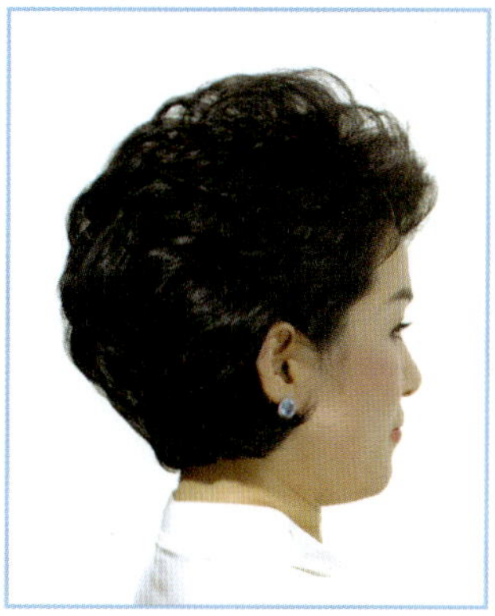

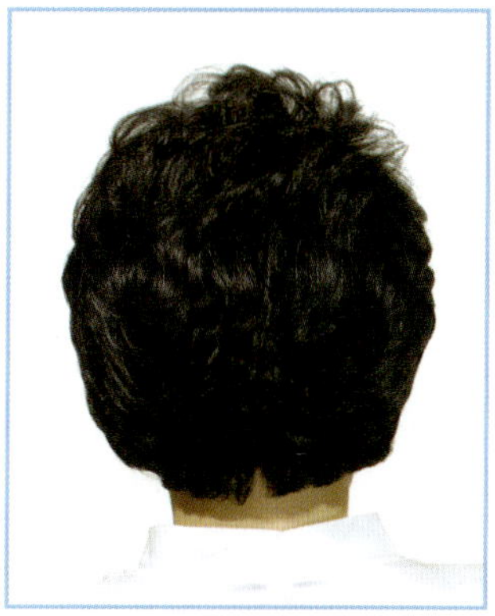

C컬의 융합 - 롤 브러쉬

1. 웨이브의 흐름과 방향

백부분에는 강한 볼륨을 주고 옆선은 자연스럽게 백과 웨이브를 연결한다. 앞머리는 세워서 지적인 어른스러움을 표현할 수 있는 시원함을 연출하였다.

2. 커트의 시술방법과 도해도

밑길이 가이드를 2~3cm 완만한 U라인 형태선을 시술하고 U라인 부분은 유니폼레이어로 커트한 후 밑 머리와 연결하여 볼륨을 만들어 준다. 앞머리 표현은 가르마를 중심으로 교차하여 층을 만들어 주고, 옆선은 콘케이브선을 다시 한 번 만들어서 얼굴형을 수정한다.

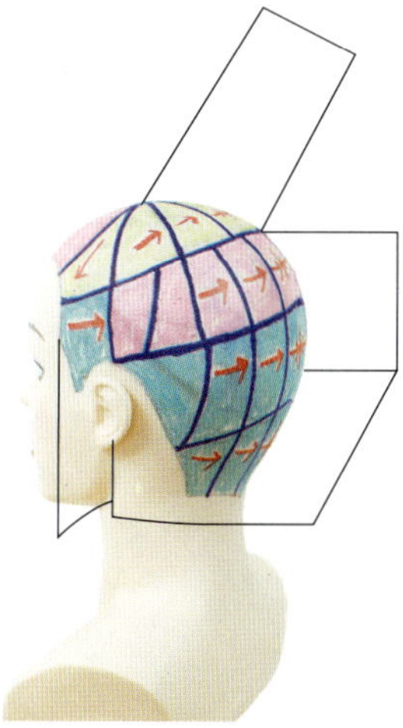

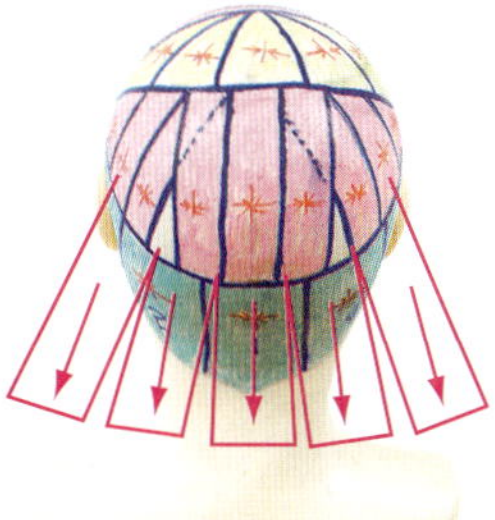

01

02

03
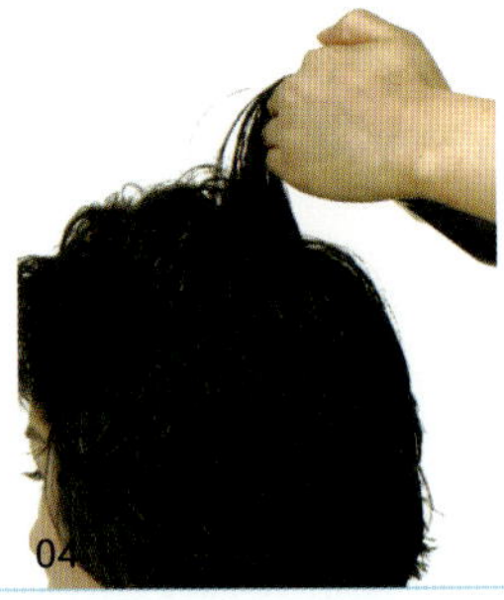
04
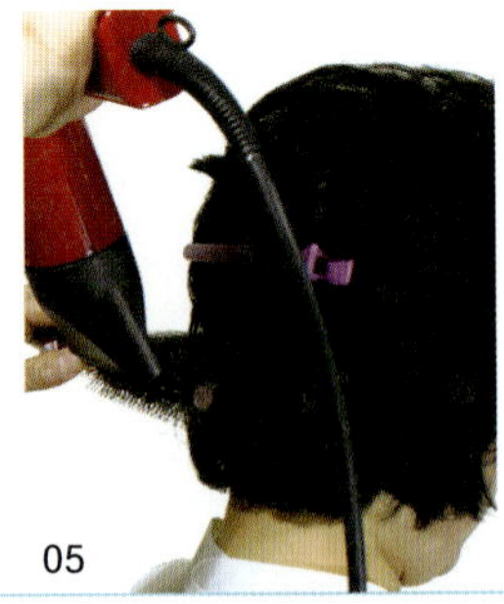
05

01. 뿌리를 세워서 손으로 모류가 흐르는 반대쪽으로 잡고 열을 주어 뜸을 들이면서 고정한다.
02. 이곳의 모류는 앞쪽으로 흐르는 성질이 있다. 두피를 비벼주고 뿌리를 세워 드라이어 열이 밑에서 위를 향하게 하여 모류 작업을 한다.
03. 손으로 모발을 잡고 뿌리에 열을 주어 웨이브의 형태를 잡는다.
04. 모류를 세우면서 핸드드라이어의 형태를 잘 잡아야 원하는 헤어스타일을 잡을 수 있다.
05. 롤 브러쉬와 드라이어가 나란히 C커브를 그리면서 모발에 윤기를 낸다.

06
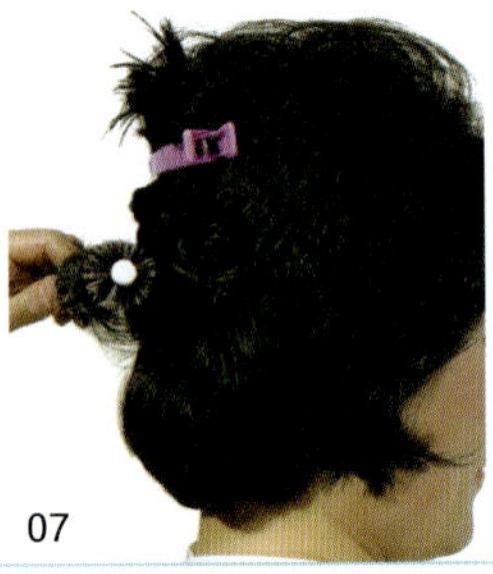
07
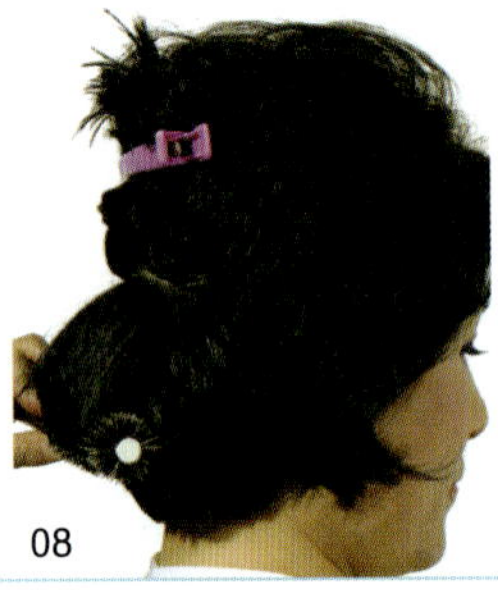
08

09
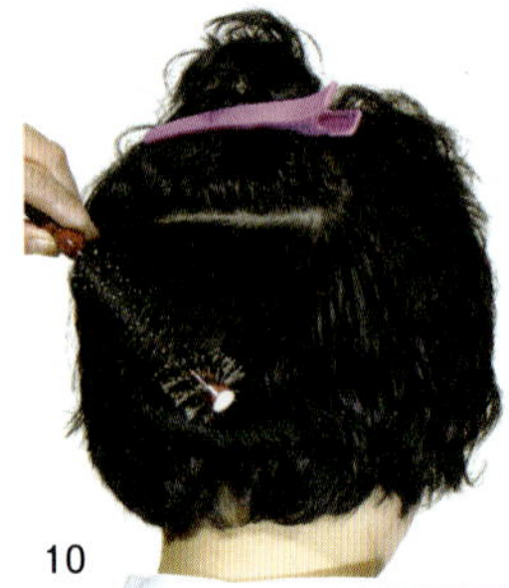
10

06. 롤 브러쉬를 끝까지 빼면서 밑머리와 연결하여 자연스런 C컬을 만든다.
07. 선의 흐름을 잡기 위해 롤 브러쉬와 드라이어를 밀착하여 C커브를 그리면서 시술한다
08. 선의 흐름을 잡기 위해 롤 브러쉬 열을 준 후 C커브를 그리면서 살며시 빼낸다.
09. 후중부는 컬을 강하게 하기 위해 모발의 각도를 들어서 와인딩한다.
10. 롤 브러쉬를 사선 왼쪽 방향으로 틀어 빼면서 웨이브를 만들어 준다.

11
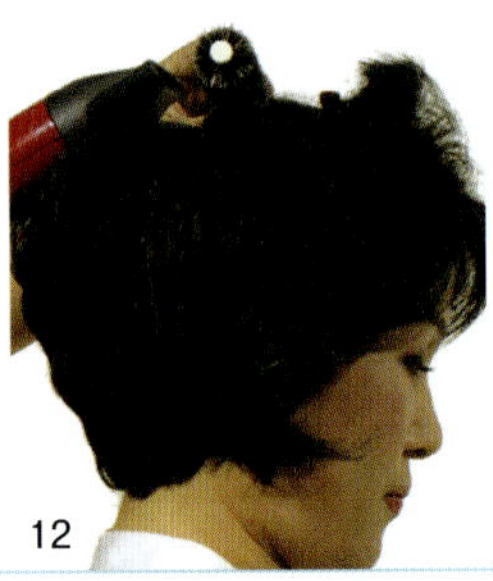
12
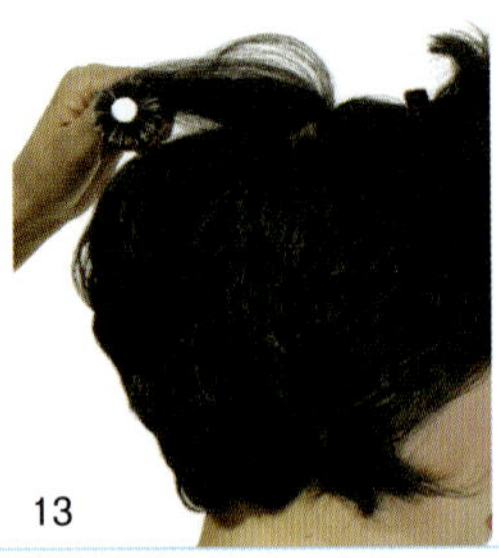
13
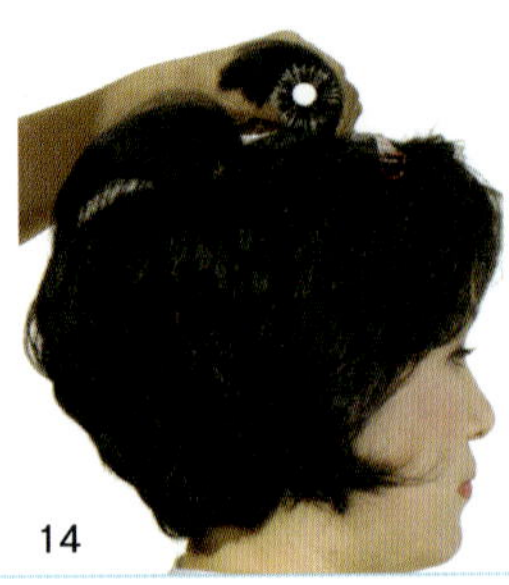
14
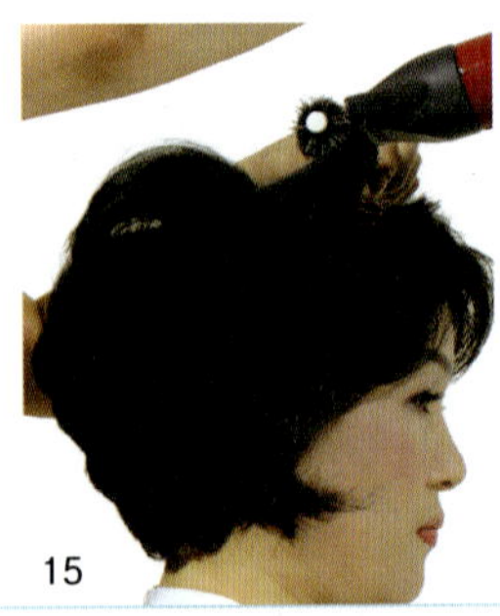
15

11. 롤 브러쉬 위쪽 아래쪽에 열을 주고 뜸을 들인다.
12. 머리 다발을 잡고 롤 브러쉬를 앞으로 밀면서 한 바퀴를 말아 뿌리에 열을 주고 뜸을 들인다.
13. 모발 끝까지 롤 브러쉬를 풀면서 C 컬을 연결한다.
14. 모발을 밀어준 상태에서 모근부에 열을 준 후 롤 브러쉬에 모발을 감는다.
15. 또 한 번 모근부에 열을 주고 모발 끝까지 롤 브러쉬로 C컬을 만들면서 볼륨 웨이브를 만든다.

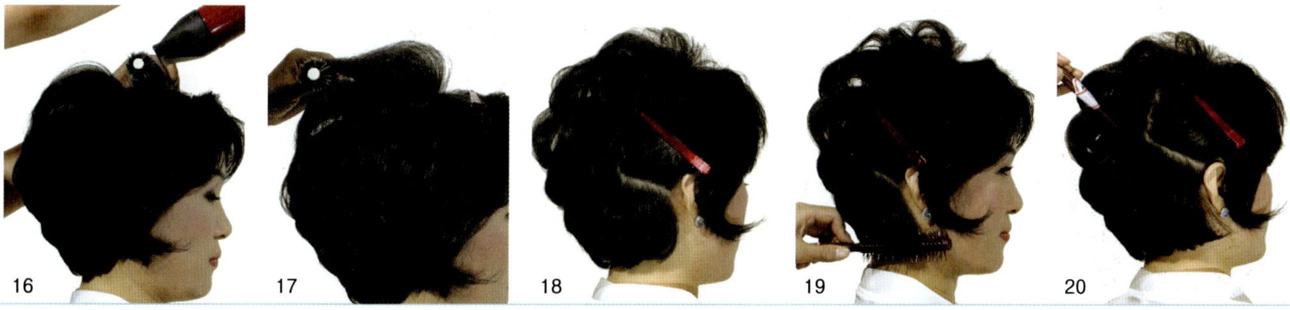

16. 모근부에 열을 주고 뜸을 들인다.
17. 모발 끝까지 롤 브러쉬를 풀면서 C컬을 연결한다.
18. 전대각 파팅을 시술할 수 있게 타 놓은 상태이다.
19. 열을 준 모발을 C커브를 그리면서 네이프선을 만들어 준다.
20. 갈라진 부분 양쪽에서 판넬을 잡는다.

21. 와인딩 한 후 뿌리에 열을 주어 C커브를 그리면서 네이프선을 만들어 준다.
22. 브록킹과 롤 브러쉬를 나란히 하여 모발을 와인딩하고 뿌리에 열을 준 후 뜸을 들인다.
23. 전대각 파팅에 후대각사선 파팅을 떠서 브록킹하고 롤 브러쉬를 나란히 하여 모발의 각도를 들어서 와인딩한다.
24. 롤 브러쉬를 파팅과 나란히 풀어주고, 롤 브러쉬를 뒤쪽 사선으로 밀면서 뒤쪽으로 C컬의 흐름을 만들어 준다.
25. 전대각 브록킹과 롤 브러쉬를 나란히하고 드라이어로 열을 준 후 뜸을 들인다.

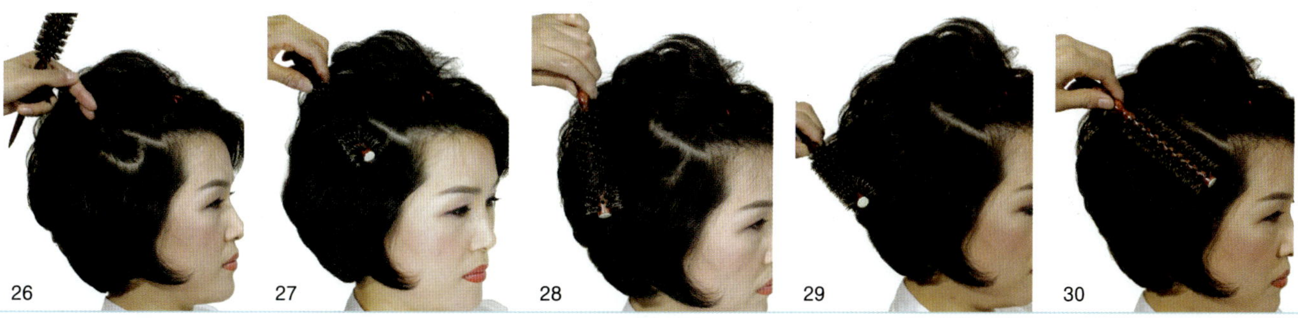

26. 뜸을 들인 후 앞쪽으로 C컬을 만들어 주면서 롤 브러쉬를 빼낸다.
27. 앞부분을 빼고 남은 모발과 뒷 판넬의 모발을 잡는다.
28. 롤 브러쉬를 뒤쪽으로 빼면서 C컬을 만들어 준다.
29. 롤 브러쉬에 모발을 넣고 뿌리에 열을 준 후 롤 브러쉬를 뒤 쪽으로 빼내다가 다시 앞쪽으로 빼낸다.
30. 들뜨는 모발은 다시 모발 위에다 롤 브러쉬를 놓고 흐르는 방향으로 잡아 주기 위해 열을 준다.

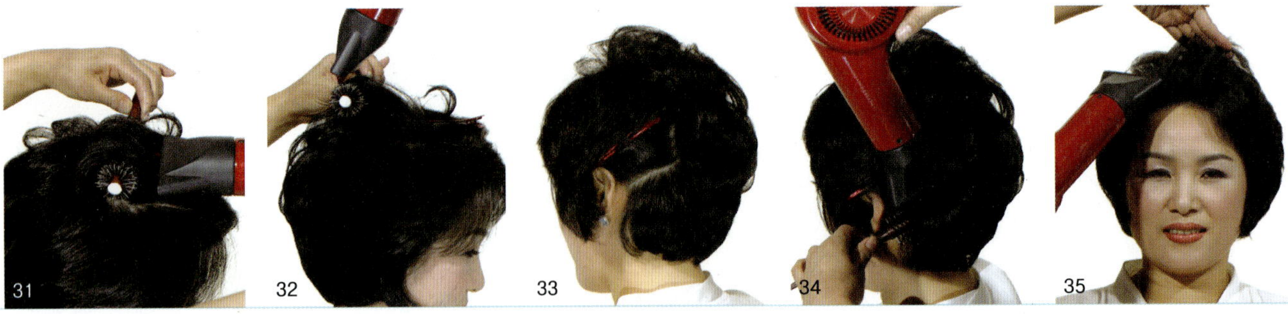

31. 브록킹과 롤 브러쉬를 나란히 하여 앞쪽으로 밀어서 뿌리에 열을 준 후 뜸을 들인다.
32. 롤 브러쉬를 드라이어가 끝까지 따라 가면서 볼륨과 C컬을 만들어 준다.
33. 전대각 파팅을 시술할 수 있게 타 놓은 상태이다.
34. 브록킹과 롤 브러쉬를 나란히 하여 모근부에 열을 준 후, 롤 브러쉬를 얼굴 쪽 사선으로 컬을 만들어 빼내주면서 C컬을 만들어 준다.
35. 앞머리 표정을 세워 주고 손으로 뿌리를 살리기 위해 드라이어로 열을 준다.

36. 짧은 모발은 무게가 없기 때문에 모류가 흐른 대로 모발이 결정된다. 35번처럼 시술한다.
37. 롤 브러쉬에 모발을 감는다.
38. 볼륨을 주기 위해 베이스를 벗어나 앞쪽으로 당겨서 와인딩한다.
39. 모근부에 열을 주고 뜸을 들인다.
40. 뜸을 들인 롤 브러쉬를 사선으로 하여 뒤쪽을 향해 C커브를 그리면서 빼준다.

41. 롤 브러쉬를 모발위에 얹고 볼륨과 모류를 잡기위해 드라이어로 열을 주고 뜸을 들인다.
42. 모류를 앞쪽으로 밀어 준 상태에서 롤 브러쉬를 모발위에 얹고 열을 준 후 뜸을 들인다.
43. 뒤쪽으로 모류 흐름이 강하기 때문에 사선으로 모류의 흐름을 잡기 위해 브록킹을 타 놓은 상태이다.
44. 브록킹과 롤 브러쉬를 나란히 한 후 롤 브러쉬를 뒤쪽 사선으로 틀어 빼면서 C커브를 만든다.
45. 갈라짐 방지와 볼륨을 주기 위해 브록킹을 타놓은 상태이다.

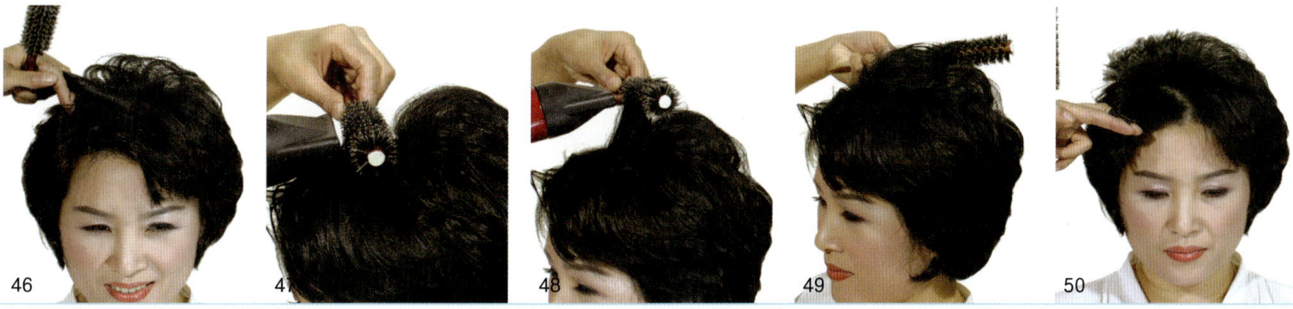

46. 롤 브러쉬 안에 넣기 위한 모발의 한 판넬이다.
47. 모발을 롤 브러쉬에 와인딩을 하고 볼륨을 주기 위해 베이스보다 앞쪽으로 밀어서 모근부에 열을 주어 뜸을 들인다.
48. 롤 브러쉬의 모발을 드라이어가 따라 가면서 풀어준다.
49. 모발 끝까지 롤 브러쉬가 따라 가면서 자연스런 C컬을 연결시켜준다.
50. 앞머리 표정에 모발을 세우기 위한 브록킹이다.

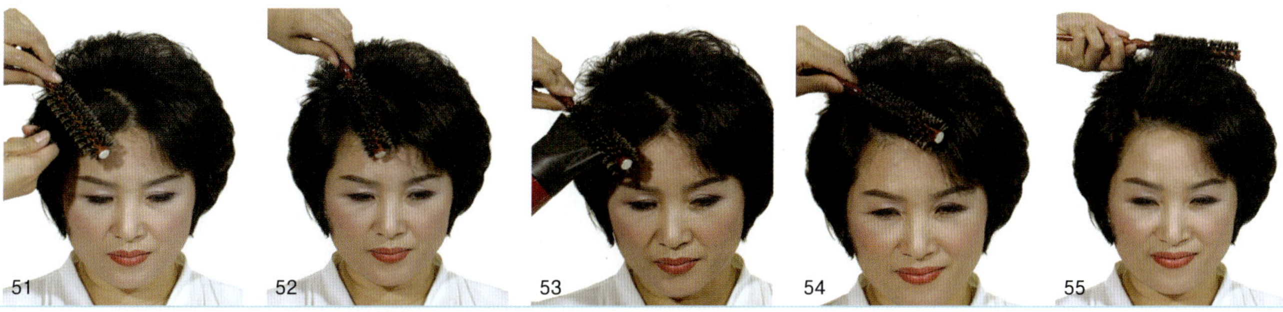

51. 모발을 베이스 앞쪽으로 밀어서 가지런히 하여 롤 브러쉬에 감는다.
52. 베이스 앞쪽으로 밀어서 와인딩한다.
53. 모근부에 열을 주고 롤 브러쉬로 컬을 강하게 뜸을 들인다.
54. 롤 브러쉬의 열을 식히는 시간이 길수록 컬은 강하다.
55. 롤 브러쉬로 모류를 세워주고 뒤쪽으로 빼면서 웨이브를 만들어 준다.

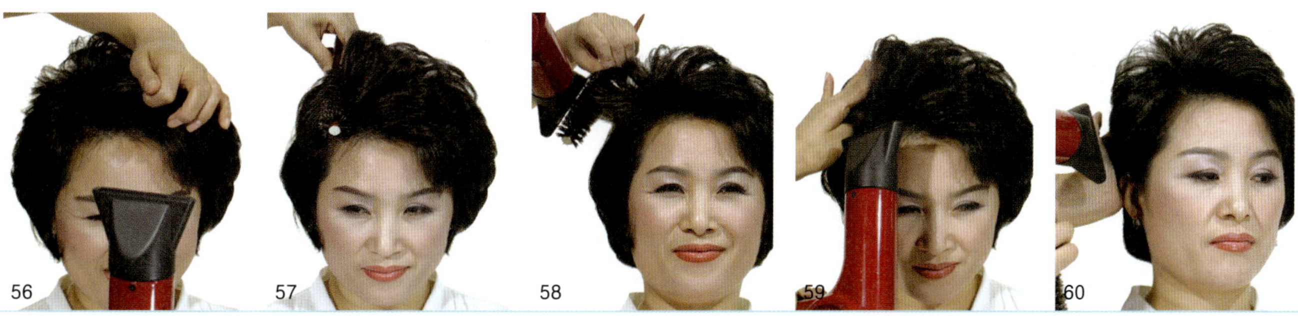

56. 손을 이용해서 다시 한 번 웨이브를 만들어 준다.
57. 웨이브가 풀어진 부분을 다시 한 번 잡아 볼륨을 주면서 웨이브를 감아준다.
58. 롤 브러쉬는 웨이브를 원하는 방향으로 풀어준다.
59. 얼굴표정과 헤어스타일의 조화를 보면서 손으로 다시 한 번 웨이브를 만든다.
60. 전체적인 이미지를 손으로 다시 한 번 확인한다.

04 삼각형 - 그래쥬에이션 5

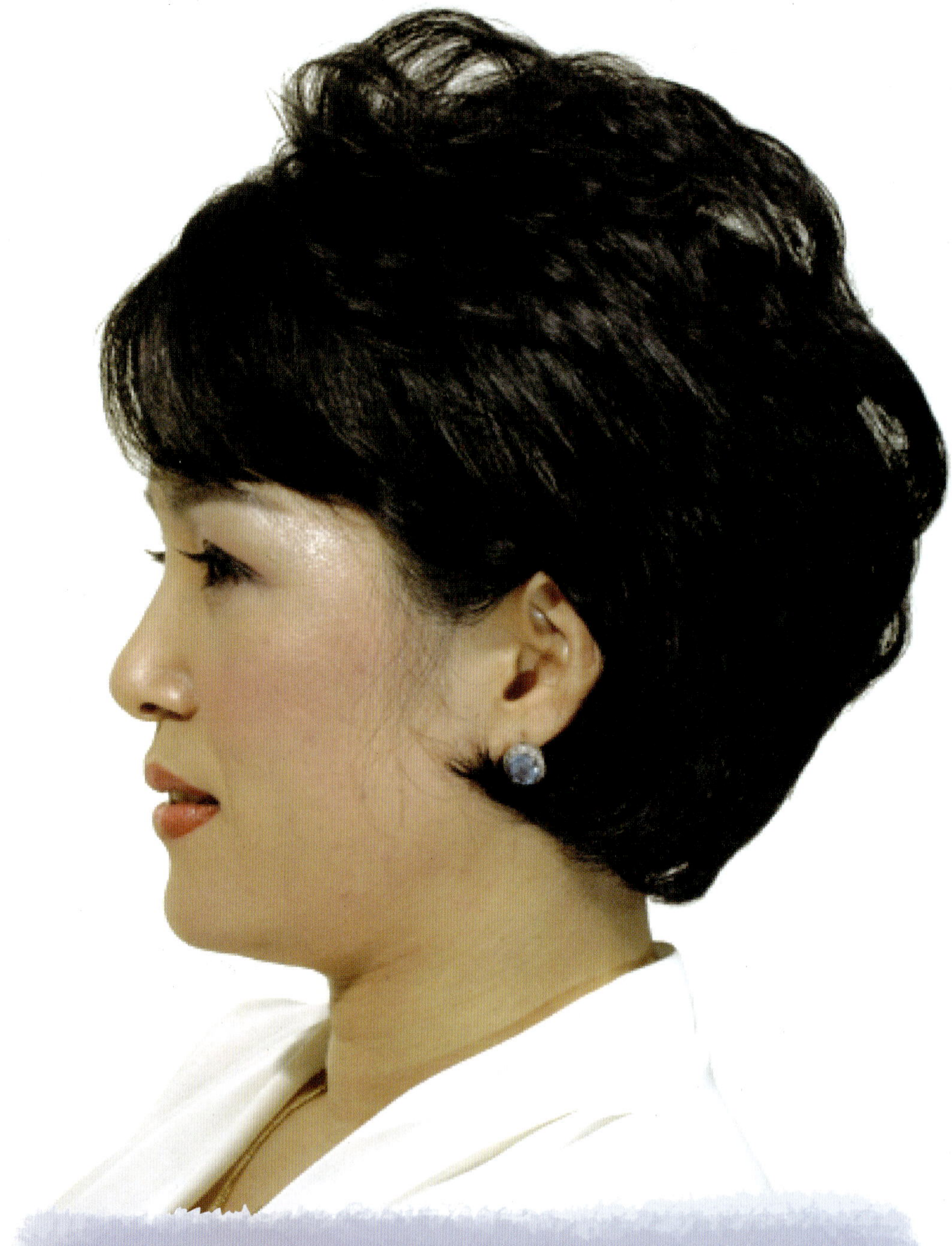

C컬의 흐름과 두상의 이해 2

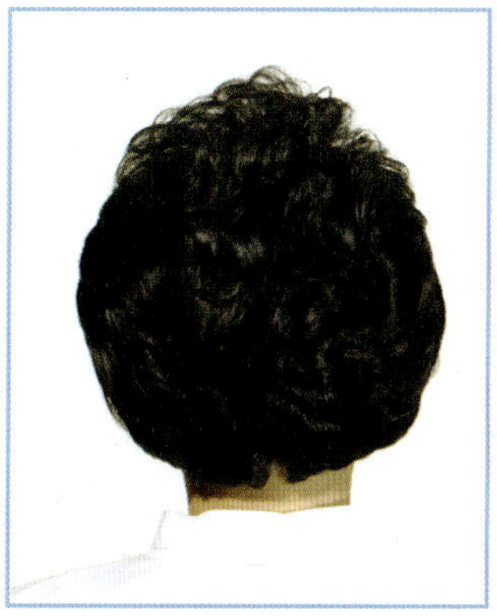

C컬의 융합 - 롤 브러쉬

1. 웨이브의 흐름과 방향

백 부분에 강한 볼륨을 만들어 주고, 양쪽에는 백과의 연결을 자연스럽게 연결해 주면서 머리와 머리의 융합을 자연스럽게 해야 한다. 고객의 드라이는 앞머리 표정을 내리느냐 볼륨을 주느냐에 따라 여성스럽기도 하고, 스포티한 스타일로 연출되기도 한다. 항상 시술 전 고객과 대화하여 고객의 마음을 읽는 것이 제일 중요하다.

2. 커트의 시술방법과 도해도

밑길이 가이드를 2~3cm 완만한 U라인 형태선을 시술하고 U라인 부분은 유니폼레이어로 커트한 후 밑 머리와 연결하여 볼륨을 만들어 준다. 앞머리 표현은 가르마를 중심으로 교차하여 층을 만들어 주고, 옆선은 콘케이브선을 다시 한 번 만들어서 얼굴형을 수정한다.

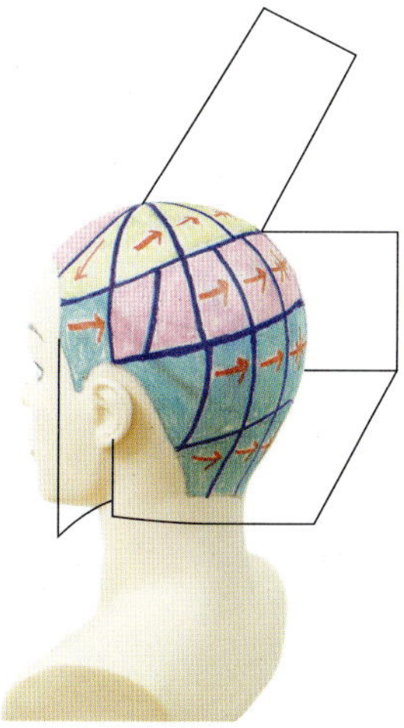

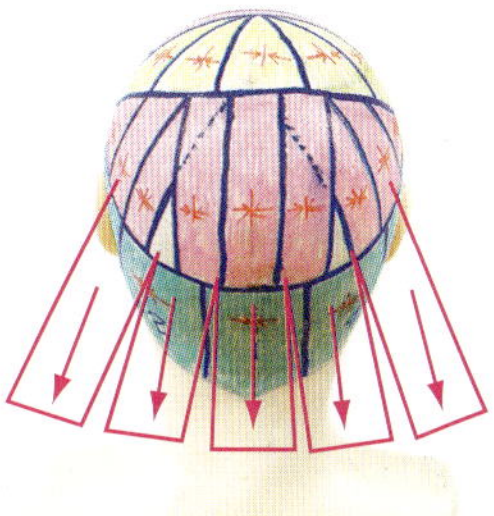

01

02

03
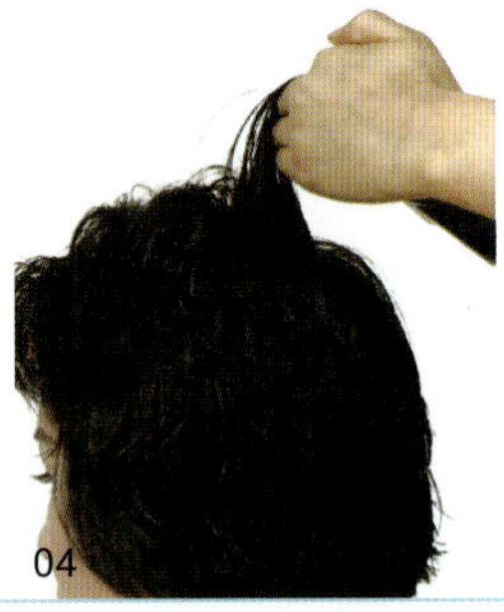
04
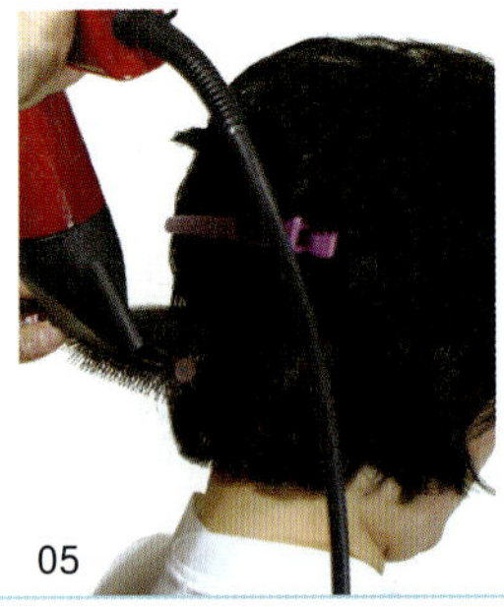
05

1. 뿌리를 세워서 손으로 모류가 흐르는 반대쪽으로 잡고 열을 주어 뜸을 들이면서 고정한다.
2. 이곳의 모류는 앞쪽으로 흐르는 성질이 있다. 두피를 비벼주고 뿌리를 세워 드라이어 열이 밑에서 위를 향하게 하여 모류 작업을 한다.
3. 손으로 모발을 잡고 뿌리에 열을 주어 웨이브의 형태를 잡는다.
4. 모류를 세우면서 핸드드라이어의 형태를 잘 잡아야 원하는 헤어스타일을 잡을 수 있다.
5. 롤 브러쉬와 드라이어가 나란히 C커브를 그리면서 모발에 윤기를 낸다.

06

07
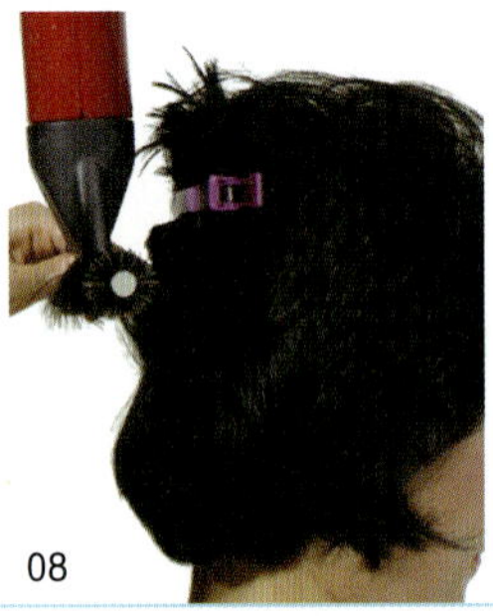
08

09

10

6. 롤 브러쉬를 끝까지 빼면서 밑머리와 연결하여 자연스런 C컬을 만든다.
7. 후중부를 시술하기 위한 모발을 새끼손가락으로 잡는다.
8. 선의 흐름을 잡기 위해 롤 브러쉬와 드라이어를 밀착하여 C커브를 그리면서 시술한다.
9. 선의 흐름을 잡기 위해 롤 브러쉬 열을 준 후 C커브를 그리면서 살며시 빼낸다.
10. 후중부는 컬을 강하게 하기 위해 모발의 각도를 들어서 와인딩한다.

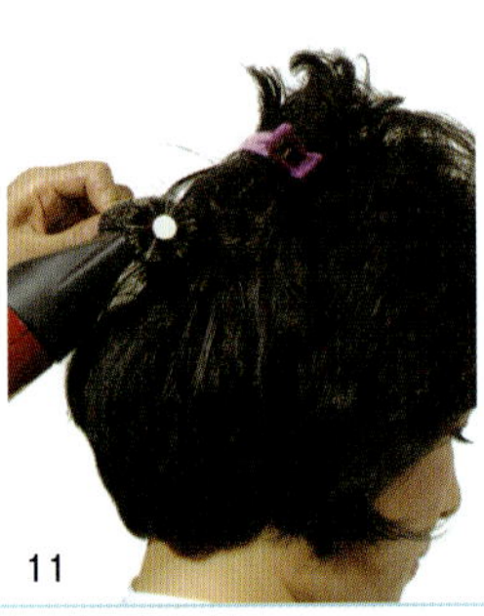
11

12
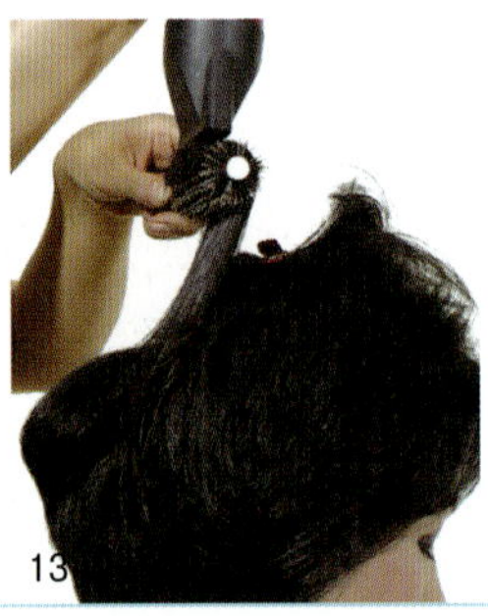
13

14
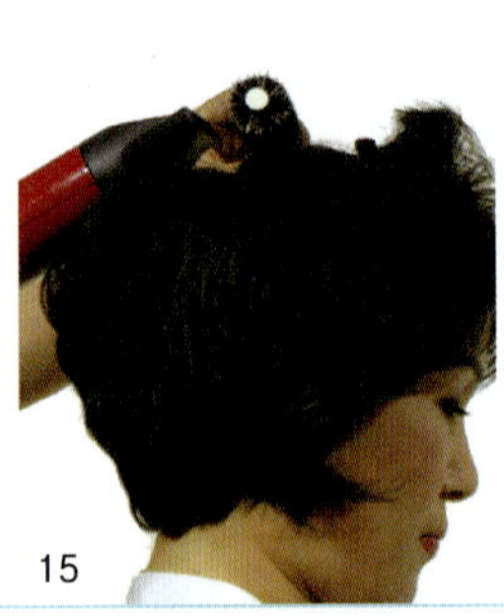
15

11. 롤 브러쉬 위쪽 아래쪽에 열을 주고 뜸을 들인다.
12. 롤 브러쉬를 사선 왼쪽 방향으로 틀어 빼내면서 웨이브를 만들어 준다.
13. 모발의 각도를 앞쪽으로 더 당겨서 롤 브러쉬 안에 모발을 가지런히 하여 감는다.
14. 롤 브러쉬 위쪽 아래쪽에 열을 주고 뜸을 들인다.
15. 머리다발을 잡아서 롤 브러쉬를 앞으로 밀면서 한 바퀴를 말아 뿌리에 열을 주고 뜸을 들인다.

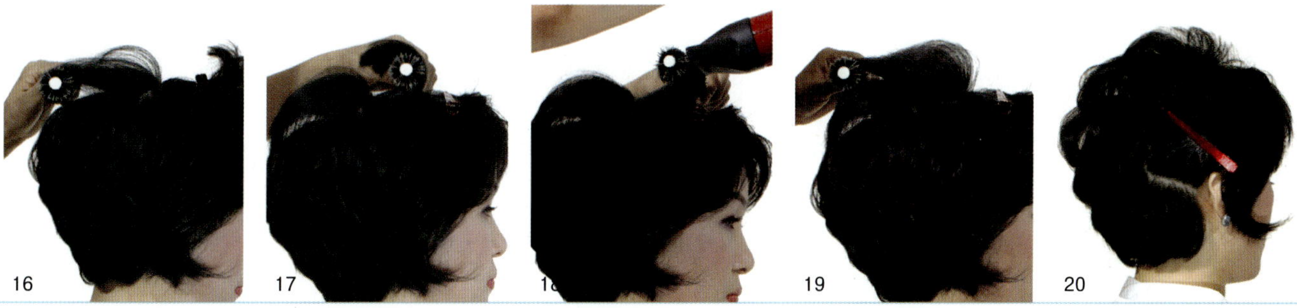

16. 모발 끝까지 롤 브러쉬를 풀면서 C컬을 연결한다.
17. 모발을 밀어준 상태에서 모근부에 열을 준 후 롤 브러쉬에 모발을 감는다.
18. 또 한 번 모근부에 열을 주고 모발 끝까지 롤 브러쉬로 C컬을 만들면서 볼륨 웨이브를 만든다.
19. 모발 끝까지 롤 브러쉬를 풀면서 C컬을 연결한다.
20. 전대각 파팅을 시술할 수 있게 브록킹을 타 놓은 상태이다.

21. 브록킹과 롤 브러쉬를 나란히 하여 뿌리에 열을 준 후 뜸을 들인다.
22. 열을 준 모발을 C커브를 그리면서 네이프선을 만들어 준다.
23. 다음 시술을 위한 전대각 파팅이다.
24. 갈라진 부분 양쪽에서 판넬을 잡는다.
25. 와인딩 한 후 뿌리에 열을 주어 C커브를 그리면서 네이프선을 만들어 준다.

26. 브록킹과 롤 브러쉬를 나란히 모발을 와인딩하여 뿌리에 열을 준 후 뜸을 들인다.
27. 롤 브러쉬를 사선으로 하여 그대로 푼 후 뒤쪽으로 빼낸다.
28. 전대각 파팅에 후대각사선 파팅을 떠서 브록킹하고 롤 브러쉬를 나란히 하여 모발의 각도를 들어서 와인딩한다.
29. 와인딩한 롤 브러쉬의 모발을 뿌리에 열을 주고 뜸을 들인다.
30. 롤 브러쉬를 파팅과 나란히 풀어주고 롤 브러쉬를 뒤쪽 사선으로 밀면서 뒤쪽으로 C컬의 흐름을 만들어 준다.

31. 전대각브록킹과 롤 브러쉬를 나란히 하고 드라이어로 열을 준 후 뜸을 들인다.
32. 뜸을 들인 후 앞쪽으로 C컬을 만들어 주면서 롤 브러쉬를 빼낸다.
33. 앞부분을 빼고 남은 모발과 뒷 판넬의 모발을 잡는다.
34. 롤 브러쉬에 모발을 넣고 뿌리에 열을 준 후 롤 브러쉬를 뒤쪽으로 빼내다가 다시 앞쪽으로 빼낸다.
35. 뜬 모발은 다시 모발 위에 롤 브러쉬를 놓고 흐르는 방향으로 잡아 주기 위해 열을 준다.

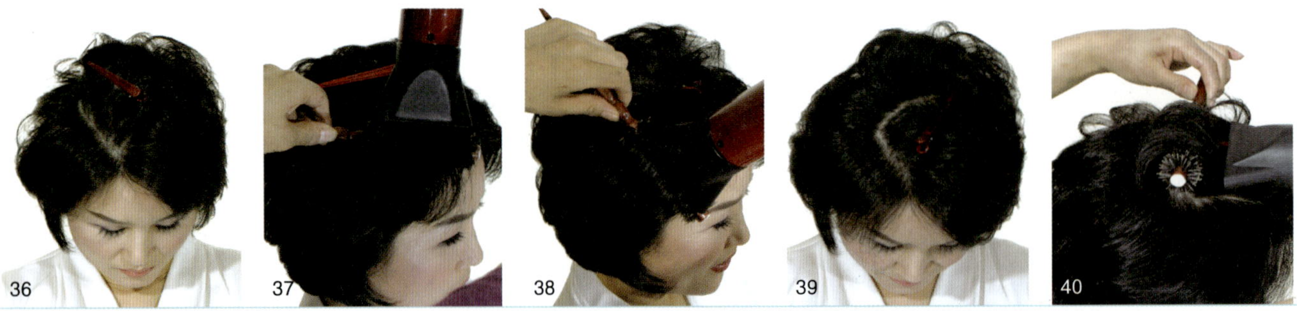

36. 이 곳의 모류는 뒤쪽으로 쏠리는 현상이 있다. 그것을 방지하기 위해 사선 브록킹을 탄다.
37. 브록킹과 롤 브러쉬를 나란히 하여 뿌리에 열을 준 후 뜸을 들인다.
38. 모근부에 열을 준 후 뒤쪽으로 롤 브러쉬를 사선으로 틀면서 C컬의 흐름을 만든다.
39. 가르마 부분에 볼륨을 주기 위한 브록킹을 시술 해 놓은 상태이다.
40. 브록킹과 롤 브러쉬를 나란히 하여 롤 브러쉬를 앞쪽으로 밀어서 뿌리에 열을 준 후 뜸을 들인다.

41. 롤 브러쉬를 드라이어가 끝까지 따라 가면서 볼륨과 C컬을 만들어 준다.
42. 다음 시술을 위한 브록킹이다.
43. 브록킹과 롤 브러쉬를 나란히 하여 모근부에 열을 준 후 롤 브러쉬를 얼굴쪽 사선으로 컬을 만들어 빼주면서 C컬을 만들어 준다.
44. 반대쪽 시술을 위한 전대각 브록킹이다.
45. 브록킹과 롤 브러쉬를 나란히 하여 모근부에 열을 준 후 롤 브러쉬를 얼굴쪽 사선으로 컬을 만들어 빼주면서 C컬을 만들어 준다.

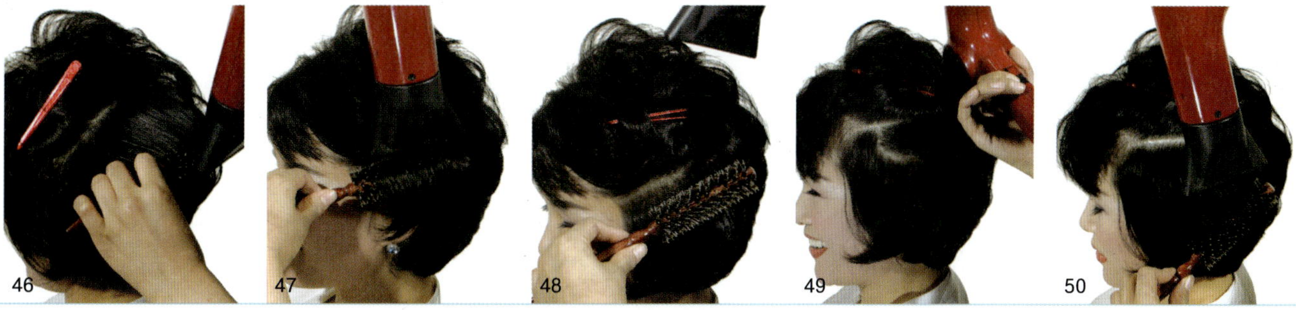

46. 브록킹과 롤 브러쉬를 나란히 하여 모근부에 열을 준 후 C커브를 그리면서 모발을 빼내고 롤 브러쉬를 살짝 밀어준다.
47. 옆선 모근부에 열을 준다.
48. 모근부에서 롤 브러쉬로 다시 한 번 모류의 흐름을 잡아준다.
49. 앞쪽에 선을 빼고 볼륨을 주기 위해 뒷 판넬을 다시 잡는다.
50. 롤 브러쉬를 뒤쪽 사선으로 틀어 주고 웨이브를 만들면서 푼다.

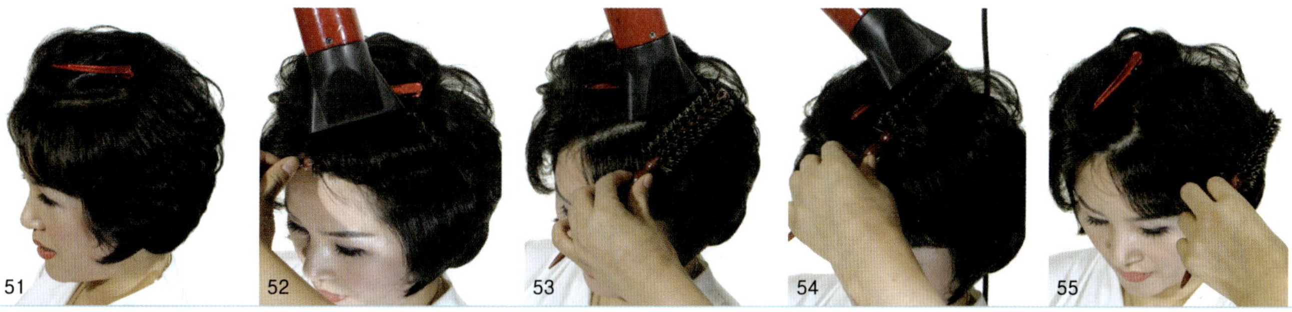

51. 이곳은 모류가 뒤쪽으로 가는 것을 방지하기 위해 브록킹을 잡아 놓은 상태이다.
52. 브록킹과 롤 브러쉬를 나란히 하여 모근부에 열을 준다.
53. 모류를 다시 잡아준다.
54. 브록킹과 롤 브러쉬를 나란히 하여 앞쪽으로 밀어서 모근부에 열을 준 후 뜸을 들인다.
55. 열을 준 후 뒤쪽으로 롤 브러쉬를 사선으로 틀어서 흐름을 만들면서 모발을 푼다.

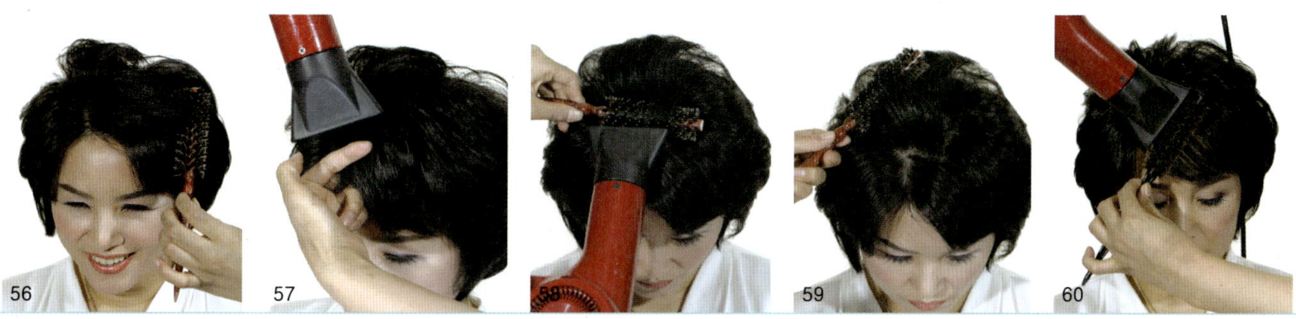

56. 브록킹과 롤 브러쉬를 나란히 하여 뿌리에 볼륨을 주고 롤 브로쉬를 빼낸다.
57. 손으로 다시 한 번 자연스런 웨이브를 만들어 준다.
58. 가르마 부분, 갈라진 부분을 다시 한 번 롤 브러쉬에 감고 열을 준 후 뜸을 들인다.
59. 뜸을 들인 롤 브러쉬의 모발을 모류를 세우면서 모발을 빼낸다.
60. 롤 브러쉬로 모발의 방향을 다시 한 번 잡아주고 열을 주어 마무리 한다.

★ 연습 작품 ★

★ 나의 작품 뽐내보기 ★

05 별모양 – 유니폼레이어 변형 1

C컬의 흐름과 두상의 이해 1

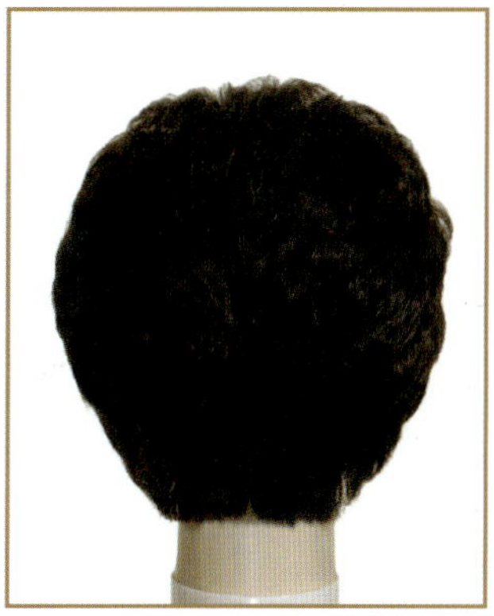

C컬의 흐름과 두상의 이해

- 롤 브러쉬

1. 웨이브의 흐름과 방향

앞머리를 세워서 우아함과 어른스러운 매력을 연출하였다. 백(back)부분에는 최대한 볼륨을 주기 위해 롤 브러쉬를 말아 놓아 강한 느낌을 연출하고 옆선은 두상대로 자연스럽게 연결하여 머리의 융합이 잘 될 수 있게 웨이브를 주면 된다.

2. 커트의 시술방법과 도해도

밑길이를 1~3cm 정도로 U라인 형태선을 만들고 G.P부터 시작하여 유니폼레이어로 시술한다. 앞머리 시술 시 중년 부인들은 앞머리 길이가 긴 것을 싫어하므로 손을 앞쪽으로 이동시켜 앞머리가 짧아지도록 시술하면 된다. 옆선은 S.C.P가 빠진 것만큼 자연스럽게 연결하면 예쁘게 커트 될 수 있다.

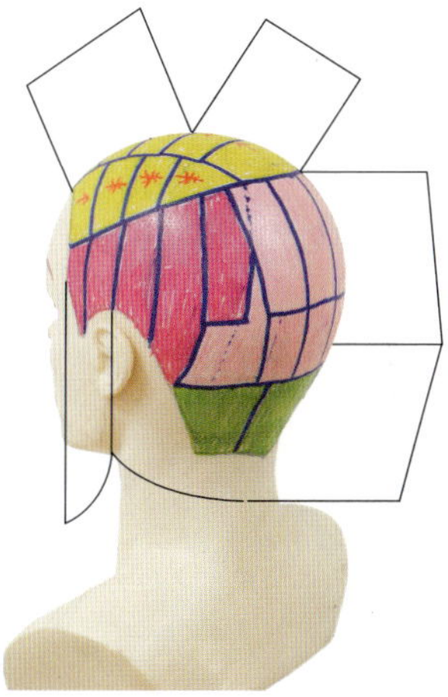

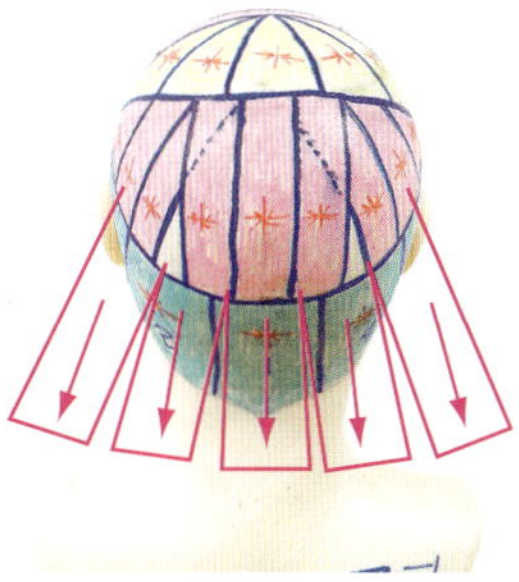

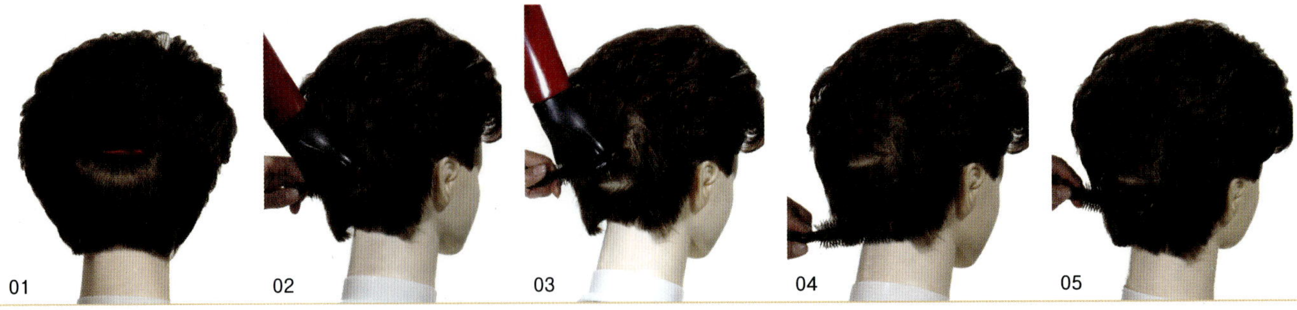

01. 후하부를 시술하기 위한 준비를 한다.
02. 후하부는 롤 브러쉬의 각도를 낮추어 커트의 흐름의 선을 만든다.
03. 롤 브러쉬를 열을 주어 선의 흐름을 만든다.
04. 모발의 각도를 내리고 롤을 풀면서 자리를 잡는다.
05. 들뜬 모류를 잡기 위해 모발위에 롤 브러쉬를 얹어 열을 주고 뜸을 들인다.

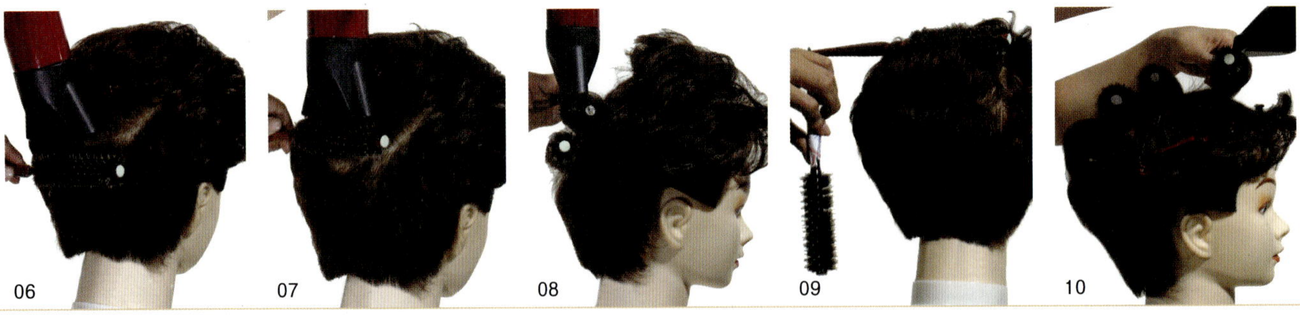

06. 모발위로 롤 브러쉬를 대고 밑선 모류를 누르면서 열을 준다.
07. 후중부에 와서는 롤 브러쉬를 한 바퀴 돌려서 두피에 밀착해서 말아간다.
08. 롤 브러쉬를 말아 놓은 상태에 또 다른 롤 브러쉬로 C컬을 시술한다.
09. 말아 놓은 롤 브러쉬를 빼낸다.
10. 말아 놓은 롤 브러쉬를 빼내고 또 다른 후중부의 판넬을 말아서 고정시킨다.

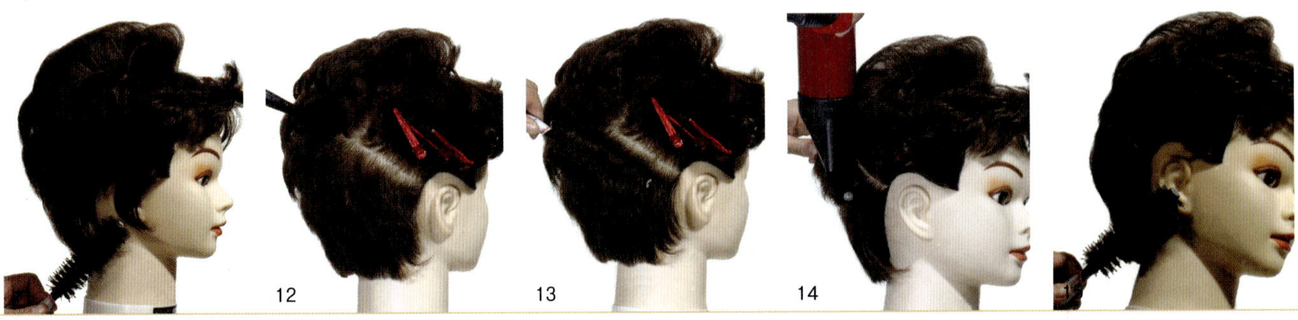

11. 중심부의 말아놓은 롤 브러쉬를 풀면서 자리를 잡는다.
12. 두상 곡면의 흐름을 주기 위해 A라인 브록킹을 탄다.
13. 나누어진 부분은 시술한 폭과 시술하지 않은 쪽의 모발을 떠서 와인딩 한다.
14. 롤 브러쉬로 C컬을 만든 후 모근부에 열을 주어 뜸을 들인다.
15. 열을 준 모발을 뜸을 들인 후 C커브를 그리면서 롤을 빼낸다.

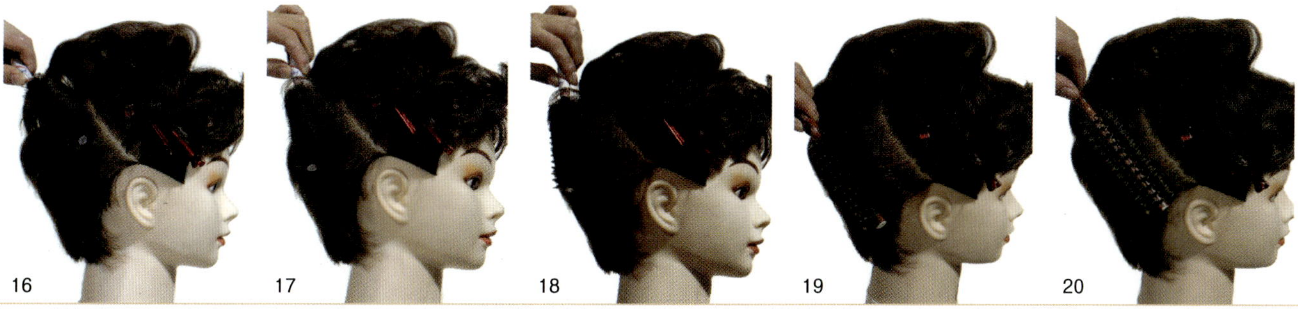

16 17 18 19 20

16. G,B,M,P 아래 까지는 같은 방법으로 시술하여 흐르는 선을 예쁘게 만들어 준다.
17. 두상 곡면의 흐름을 주기 위해 A라인 브록킹을 탄다.
18. 롤 브러쉬로 C컬을 만든 후 모근부에 열을 주어 뜸을 들인다.
19. 열을 준 모발을 뜸을 들인 후 C커브를 그리면서 롤을 빼낸다.
20. 들뜬 모류를 잡기 위해 모발위에 롤 브러쉬를 얹어 열을 주고 뜸을 들인다.

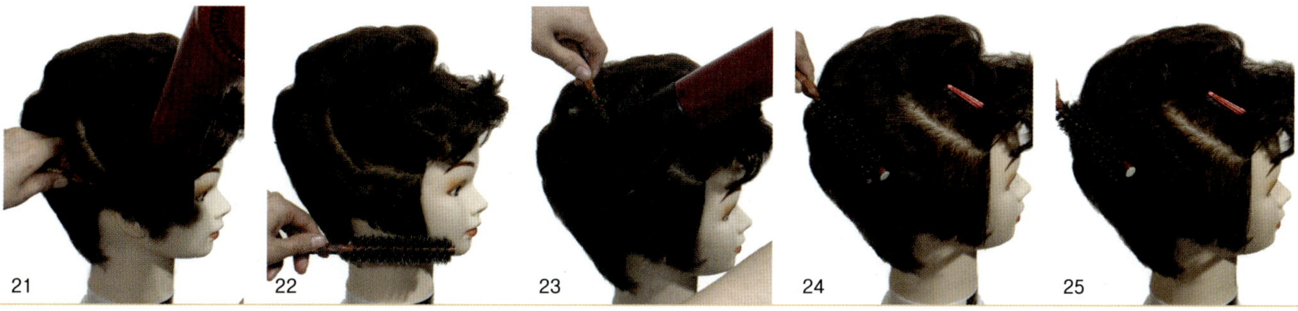

21 22 23 24 25

21. 측두부 부분은 각도를 들지 않고 열을 준다.
22. 롤 브러쉬를 끝까지 방향을 보면서 빼낸다.
23. A라인 브록킹대로 롤 브러쉬를 와인딩 하고 열을 준다.
24. 열을 준 롤 브러쉬를 귀 바퀴 방향으로 빼낸다.
25. 롤 브러쉬를 C컬의 원을 그리면서 빼낸다.

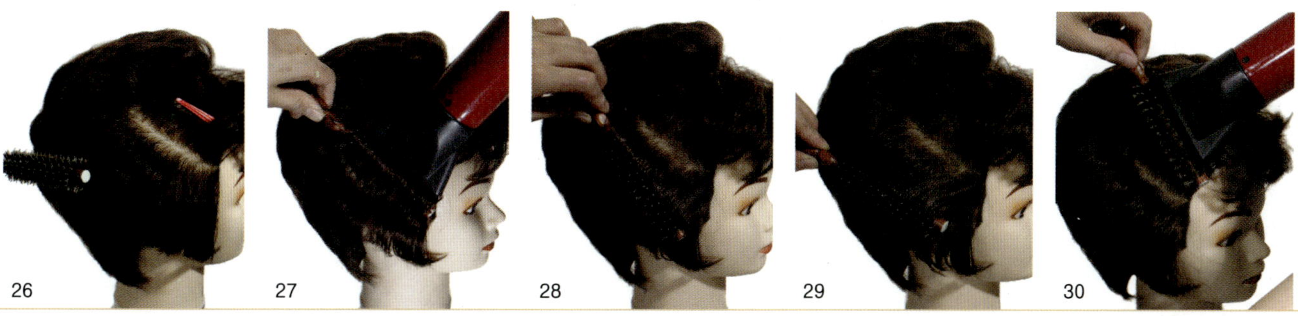

26 27 28 29 30

26. 모발 끝까지 원하는 방향을 그리면서 시술한다.
27. 귀 옆선은 최대한 자연스럽게 하기 위하여 롤 브러쉬 각도를 들지 않은 상태에서 시술한다.
28. A라인 브록킹대로 롤 브러쉬를 와인딩 하고 열을 준다.
29. 열을 준 롤 브러쉬를 귀 바퀴 방향으로 빼낸다.
30. 볼륨을 살려 주기 위해 각도를 들어서 2~3초 정도 열을 주고 뜸을 들인다.

31. 모발이 서로 융합할 수 있도록 사선으로 롤 브러쉬를 댄다.
32. 사선으로 롤 브러쉬를 대고 모근부에 열을 주고 뜸을 들인다.
33. 열을 준 모발을 뜸을 들인 후 롤 브러쉬를 위쪽으로 빼면서 C커브를 만들어 준다.
34. 롤 브러쉬를 드라이어가 따라 가면서 시술한다.
35. 그 다음 판넬도 조금만 이동하여 사선으로 롤 브러쉬를 댄다.

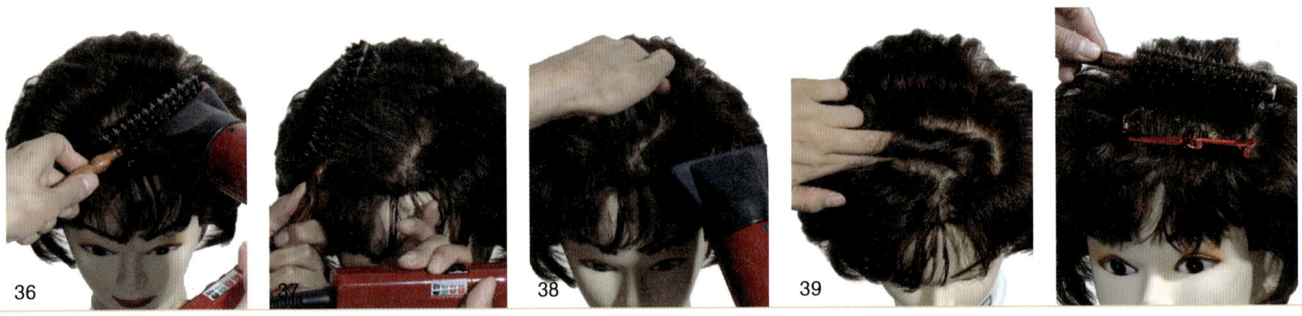

36. 롤 브러쉬를 앞쪽으로 모발을 당기면서 롤 브러쉬에 넣은 다음 모근부에 열을 주고 뜸을 들인다.
37. 롤 브러쉬를 위쪽으로 들어서 아래로 C커브를 그리면서 빼낸다.
38. 손으로 다시 한 번 방향을 잡으면서 열을 준다.
39. 가르마 부분에 볼륨을 주기 위한 판넬이다.
40. 롤 브러쉬를 빠른 동작으로 회전시켜 롤 브러쉬 안에 모발을 넣는다.

41. 앞머리 융합을 위해 사선으로 브록킹을 타놓은 상태이다.
42. 롤 브러쉬를 브록킹과 나란히 와인딩 하고 모근부에 열을 준다.
43. 롤 브러쉬를 귀 바퀴 반대쪽으로 C커브를 그리면서 빼낸다.
44. 롤 브러쉬가 뒤쪽으로 원을 그리면서 빼낸다.
45. 완만한 사선으로 롤 브러쉬를 댄 후 모근부에 열을 주고 뜸을 들인다.

46. 롤 브러쉬가 뒤쪽으로 원을 그리면서 빼낸다.
47. 다음 판넬도 사선으로 롤 브러쉬를 댄 후 모근부에 열을 주고 뜸을 들인다.
48. 롤 브러쉬가 뒤쪽으로 원을 그리면서 빼낸다.
49. 뿌리에 볼륨과 모류 방향을 살리면서 롤 브러쉬를 모발 끝까지 시술한다.
50. 손으로 다시 한 번 잡아 주고 열을 주어 고정시킨다.

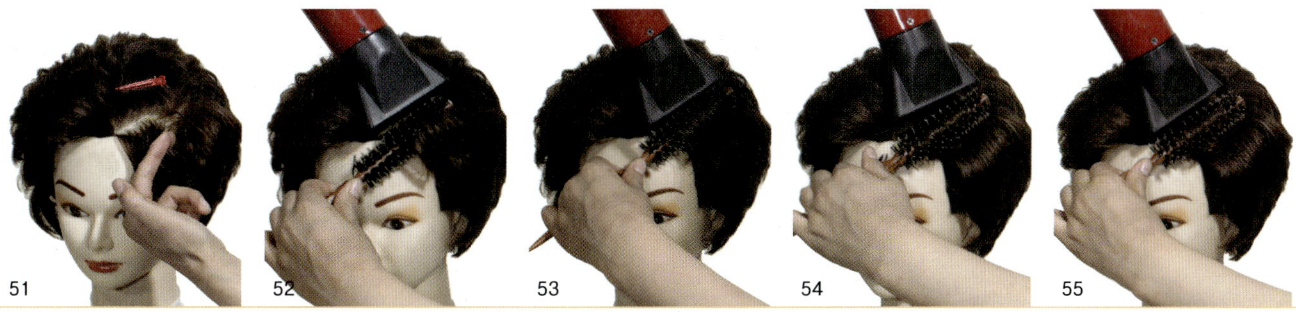

51. 왼쪽도 사선으로 브록킹을 탄 상태이다.
52. 뿌리를 살려주기 위해 롤 브러쉬로 뿌리를 받쳐 열을 주고 뜸을 들인다.
53. 롤 브러쉬와 드라이어가 나란히 하여 열을 준다.
54. 모발의 뿌리 부분에 확실한 열을 준다.
55. 사선으로 롤 브러쉬를 댄 후 모근부에 열을 주고 뜸을 들인다.

56. 사선으로 롤 브러쉬를 댄 후 모근부에 열을 주고 뜸을 들인다.
57. 귀 바퀴 반대쪽으로 롤 브러쉬의 방향을 튼다.
58. 롤 브러쉬를 귀 바퀴 반대쪽으로 C커브를 그리면서 빼낸다.
59. 롤 브러쉬가 뒤쪽으로 원을 그리면서 빼낸다.
60. 손가락으로 다시 한 번 웨이브를 만들어 준다.

05 별모양 - 유니폼레이어 변형 2

C컬의 흐름과 두상의 이해 2

C컬의 흐름과 두상의 이해
- 롤 브러쉬

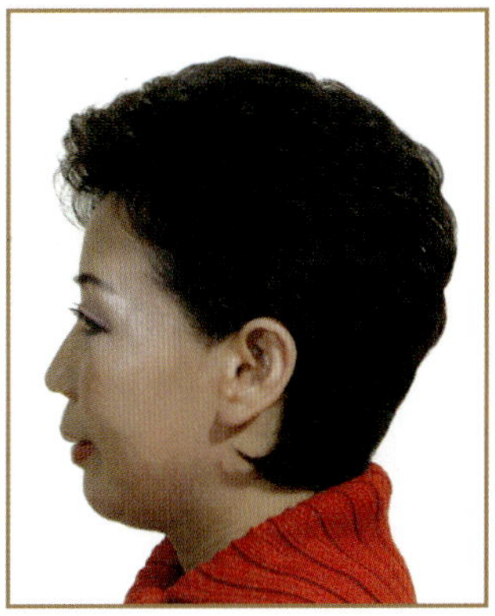

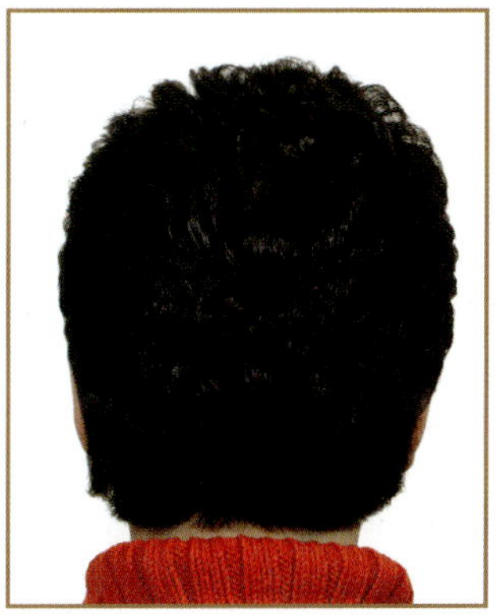

1. 웨이브의 흐름과 방향

앞머리를 세워서 우아함과 어른스러운 매력을 연출하였다. 백(back)부분에는 최대한 볼륨을 주기 위해 롤 브러쉬를 말아 놓아 강한 느낌을 연출하고 옆선은 두상대로 자연스럽게 연결하여 머리의 융합이 잘 될 수 있게 웨이브를 주면 된다.

2. 커트의 시술방법과 도해도

밑길이를 1~3cm 정도로 U라인 형태선을 만들고 G.P부터 시작하여 유니폼레이어로 시술한다. 앞머리 시술 시 중년 부인들은 앞머리 길이가 긴 것을 싫어하므로 손을 앞쪽으로 조금 이동시켜 앞머리가 짧아지도록 시술하면 된다. 옆선은 S.C.P가 빠진 것만큼 자연스럽게 연결하면 예쁘게 커트될 수 있다.

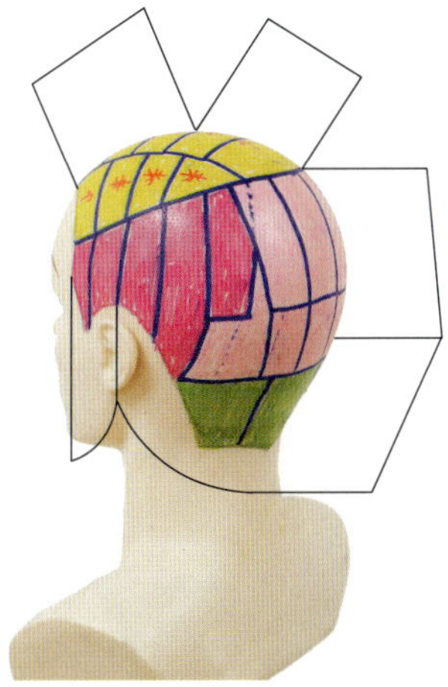

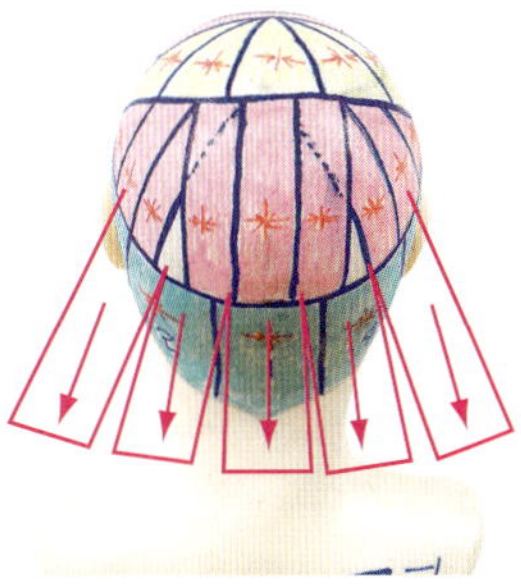

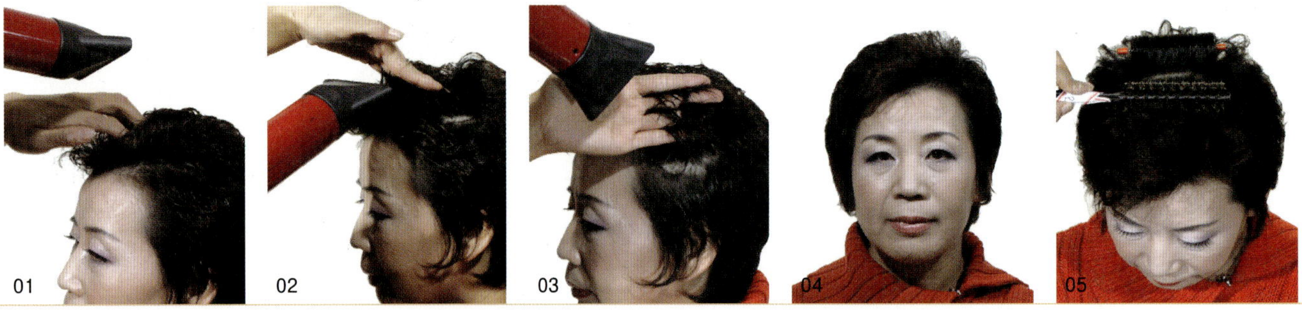

01. 10cm 이하의 모발은 무게가 없기 때문에 모류 방향으로 모발이 흐른다.
02. 짧은 모발인 경우 모류를 잡아 주는 핸드드라이어가 뿌리의 형태를 잡는다.
03. 모류가 흐르는 반대쪽으로 두피를 비벼 주면서 모류를 세워 준다.
04. 핸드드라이어의 시술이 끝난 상태이다.
05. G.P에서 롤 브러쉬를 가로로 와인딩 한다.

06. 두 번째의 롤 브러쉬는 약간 사선으로 방향을 잡아 와인딩 한다.
07. 롤 브러쉬 뿌리 부분에 열을 주고 뜸을 들인다.
08. 뜸을 들인 후 롤 브러쉬를 고정한다.
09. 롤 브러쉬가 뒤쪽으로 원을 그리면서 빼낸다.
10. 그 다음은 판넬에 45°로 롤 브러쉬를 대고 와인딩 한다.

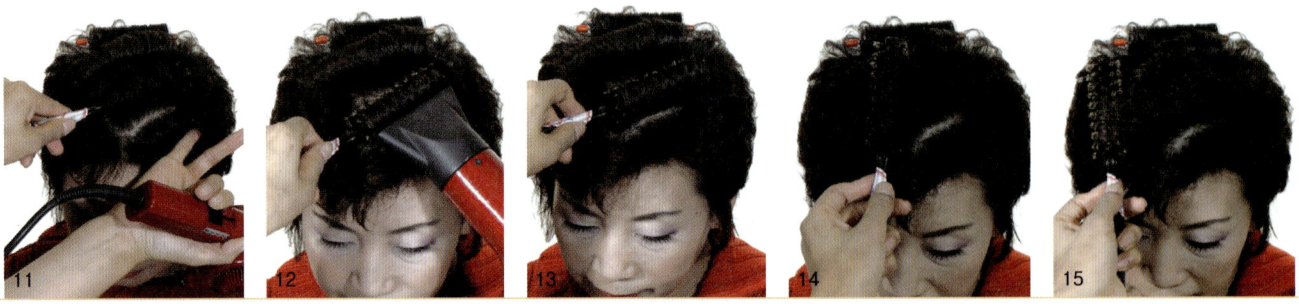

11. 롤 브러쉬를 풀어서 다시 한 번 잡아준다.
12. 베이스를 앞쪽으로 밀어서 롤 브러쉬에 와인딩 하고 열을 주어 뜸을 들인다.
13. 뜸을 들인 후 얼마나 시간을 두고 식히느냐에 따라 컬의 정도가 달라진다.
14. 모류를 세워주기 위해 롤 브러쉬를 뒤쪽으로 빼다가 뒤쪽사선으로 틀어서 모발을 빼낸다.
15. 롤 브러쉬를 원하는 방향으로 모발을 빼내는 것이 중요하다.

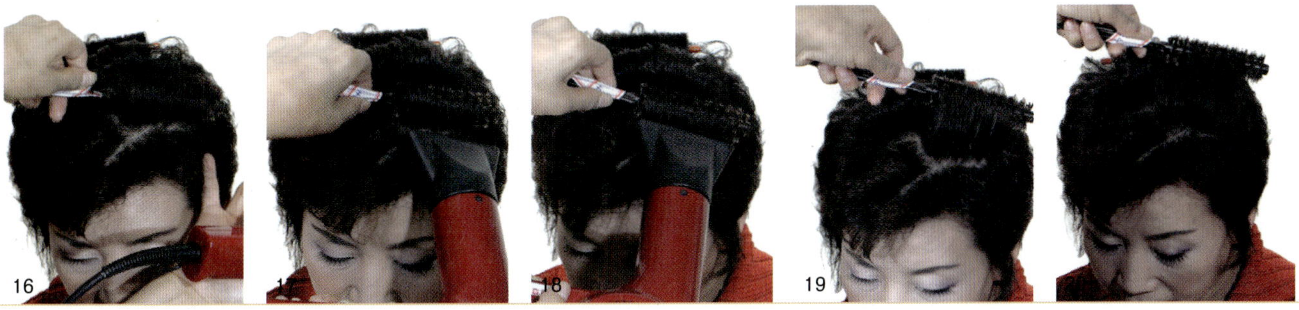

16. 갈라진 부분에 또 다시 판넬을 잡는다.
17. 앞쪽으로 당기면서 롤 브러쉬를 와이딩 한다.
18. 와인딩 한 모발을 모근부에 열을 주어 뜸을 들인다.
19. 모류를 세우기 위해 브록킹과 롤 브러쉬를 나란히 하여 모발을 뺀 후 사선으로 틀어서 웨이브를 만든다.
20. 모발을 빼낸 후 사선으로 틀어서 웨이브를 만든다.

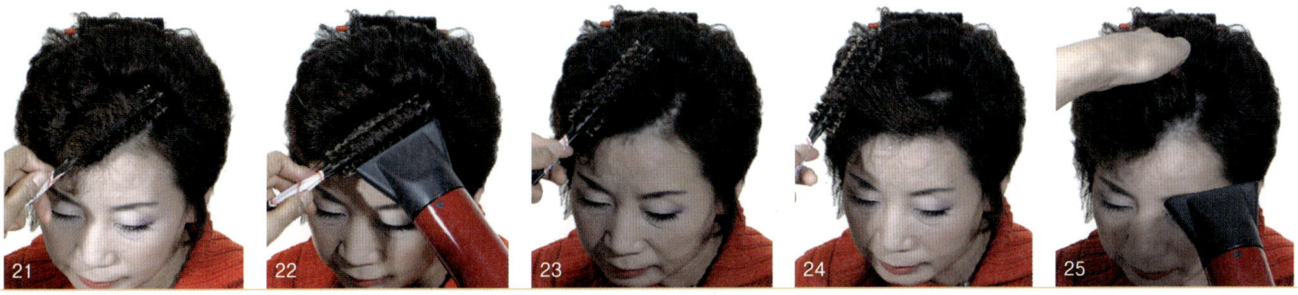

21. 가르마를 중심으로 하여 사선으로 롤 브러쉬를 다시 잡아 다시 한 번 베이스를 앞쪽으로 밀어주고 와인딩 한다.
22. 와인딩된 롤 브러쉬의 모근부에 열을 주고 뜸을 들인다.
23. 모류를 세우기 위해 브록킹과 롤 브러쉬를 나란히 하여 모발을 뺀 후 사선으로 틀어서 웨이브를 만든다.
24. 롤 브러쉬를 뒤쪽으로 빼다가 사선으로 틀어 옆쪽으로 돌려서 웨이브를 만든다.
25. 손으로 다시 한 번 흐름을 잡아 주고 드라이어로 뿌리에 열을 준다.

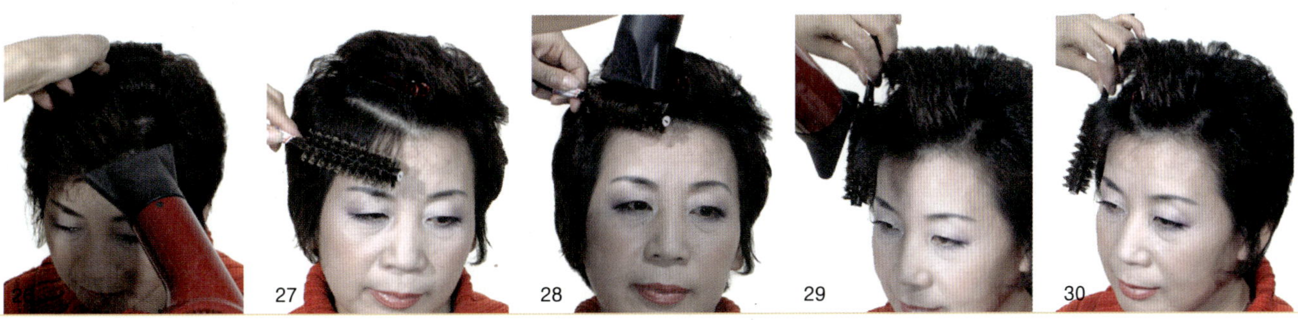

26. 손을 드라이어가 따라 가면서 웨이브를 고정시킨다.
27. 모류가 뒤쪽으로 가려고 하는 성질을 잡아주기 위해 사선 브록킹을 타서 모류를 보정해준다.
28. 브록킹과 롤 브러쉬를 나란히 하여 와인딩 한 후 모근부에 열을 주어 뜸을 들인다,
29. 뜸을 들인 롤 브러쉬의 모발을 뒤쪽 사선으로 틀어 빼면서 웨이브를 만든다.
30. 롤 브러쉬를 모발 끝까지 원하는 방향을 잡아 시술한다.

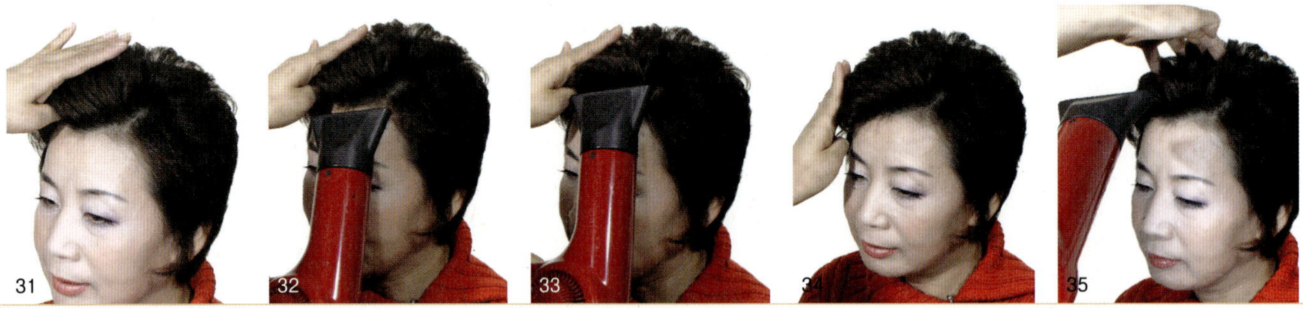

31. 손으로 전체적인 실루엣을 다시 한 번 정리한다.
32. 손으로 모발의 웨이브를 만들고 드라이가 따라 가면서 시술한다.
33. 모근부에는 모류를 잡기 뿌리에 열을 주고 뜸을 들인다.
34. 손이 점점 아래로 내려오면서 C컬의 웨이브를 만들어 준다.
35. 뿌리가 약하면 다시 한 번 더 열을 주고 정리한다.

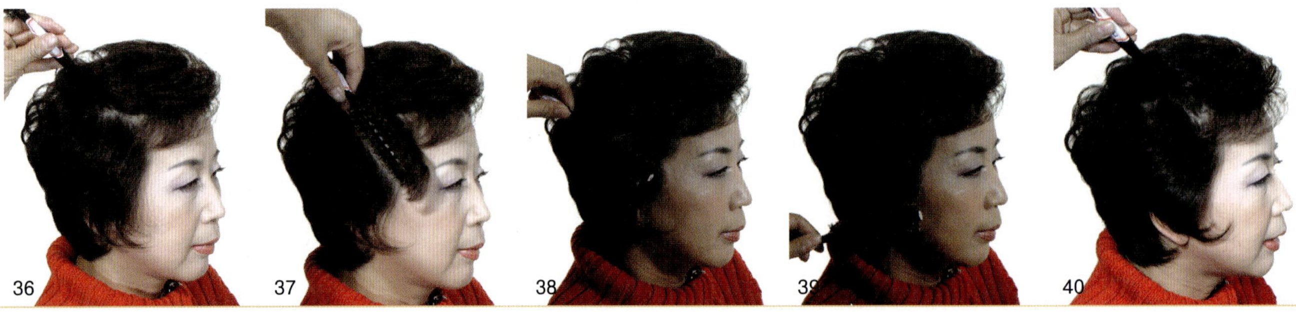

36. 옆선의 판넬을 뜨기 위한 곳이다.
37. 롤 브러쉬 뒷부분으로 모발을 떠서 전대각 사선으로 와인딩한 후 열을 주고 뜸을 들인다.
38. 뜸을 들인 모발을 모류를 세우기 위해 그대로 모발을 풀어 앞쪽 사선으로 커브를 만든다.
39. 앞쪽 사선으로 커브를 만들면서 뒤에서 앞쪽으로 부채꼴 모양으로 빼낸다.
40. 사선으로 롤 브러쉬를 와인딩 하기 위해 롤 브러쉬 뒷부분으로 모발을 뜬다.

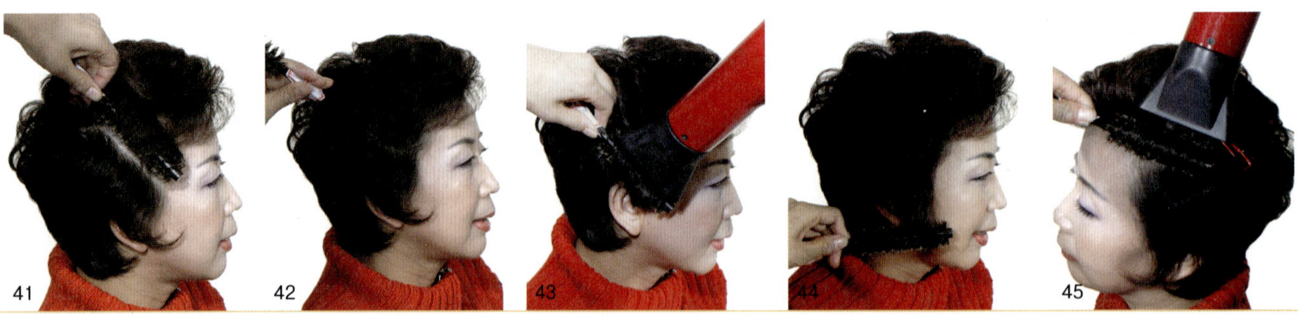

41. 전대각 사선으로 와인딩한 후 열을 주고 뜸을 들인 후 얼굴 쪽으로 커브를 만들면서 모발을 푼다.
42. 사선으로 롤 브러쉬를 와인딩 하기 위해 롤 브러쉬 뒷부분으로 모발을 뜬다.
43. 전대각 사선으로 와인딩한 후 열을 주고 뜸을 들인다.
44. 얼굴쪽으로 커브를 만들면서 모발을 푼다.
45. 훼이스라인 표정 만들기를 위한 와인딩이다. 약간 후대각 사선으로 롤 브러쉬를 댄다.

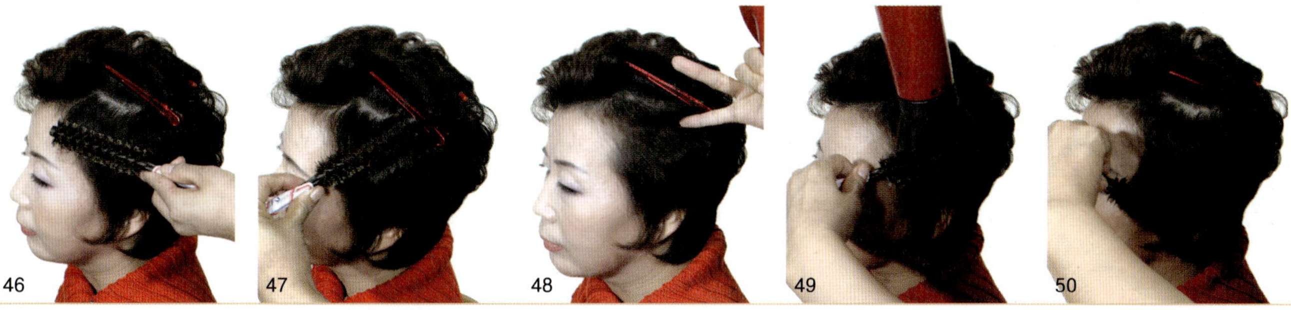

46. 와인딩한 롤 브러쉬 뿌리에 열을 주고 뜸을 들인다.
47. 뒤쪽으로 롤 브러쉬를 풀면서 웨이브를 만든다.
48. 모발의 판넬을 다시 사선으로 시술을 준비이다.
49. 사선으로 떠서 와인딩 하여 열을 주고 뜸을 들인다.
50. 와인딩한 후 다시 앞쪽 사선으로 틀면서 롤 브러쉬를 빼낸다.

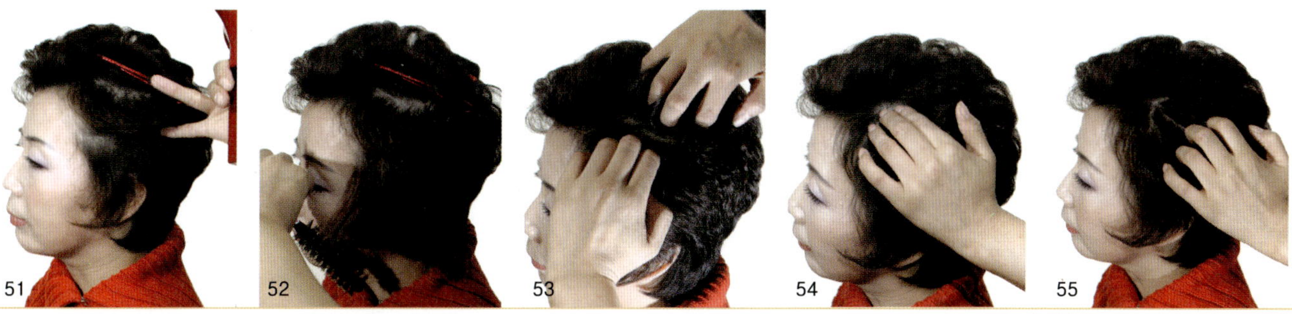

51. 새끼손가락을 이용하여 판넬을 뜬다.
52. 와인딩한 후 다시 앞쪽 사선으로 틀면서 롤 브러쉬를 빼낸다.
53. 갈라진 부분은 손으로 모류를 잡아준다.
54. 갈라진 부분은 다시 손으로 웨이브의 흐름을 잡아준다.
55. 손가락을 사선으로 하여 전체적인 C컬의 연결을 만들면서 열을 주어 고정한다.

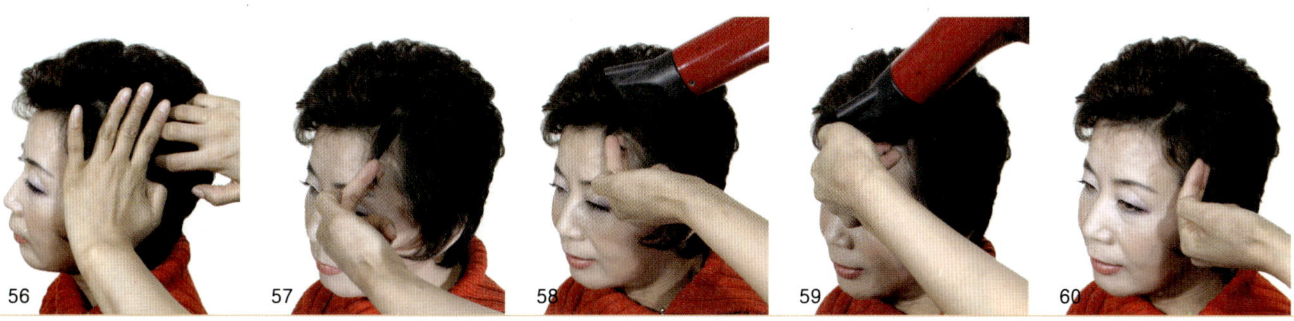

56. 손가락을 이용하여 앞쪽의 흐름과 뒤쪽의 흐름을 다시 한 번 잡아준다.
57. 이 부분이 주부스타일의 포인트이다.
58. 손가락을 앞쪽으로 살짝 밀어 주면서 웨이브를 다시 한 번 만든다.
59. 웨이브를 만든 후에 열을 주어 웨이브를 고정한다.
60. 손가락으로 뒤쪽의 흐름을 다시 한 번 고정한다.

05 별모양 – 유니폼레이어 변형 3

C컬의 흐름과 두상의 이해
- 롤 브러쉬

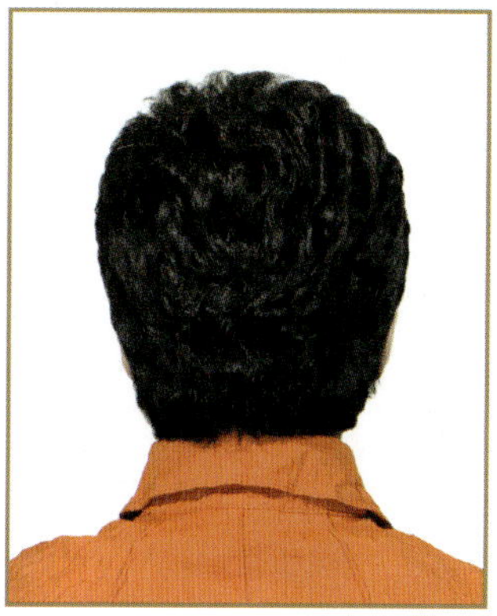

1. 웨이브의 흐름과 방향

이마에 앞머리를 내려서 중년 여성에게 어울리는 어른스럽고 지적인 이미지를 표현하였다. 핸드드라이어처럼 멋진 마무리로 부드러움을 연출하면 된다.

2. 커트의 시술방법과 도해도

밑길이를 1~3cm 정도로 가이드를 설정하고 G.P부터 시작하여 유니폼레이어로 시술한다. 앞머리 시술 시 중년 부인들은 앞머리 길이가 긴 것을 싫어하므로 손을 앞쪽으로 이동시켜 앞머리가 짧아지도록 시술하면 된다. 옆선은 S.C.P가 빠진 것만큼 자연스럽게 연결하면 예쁘게 커트 될 수 있다.

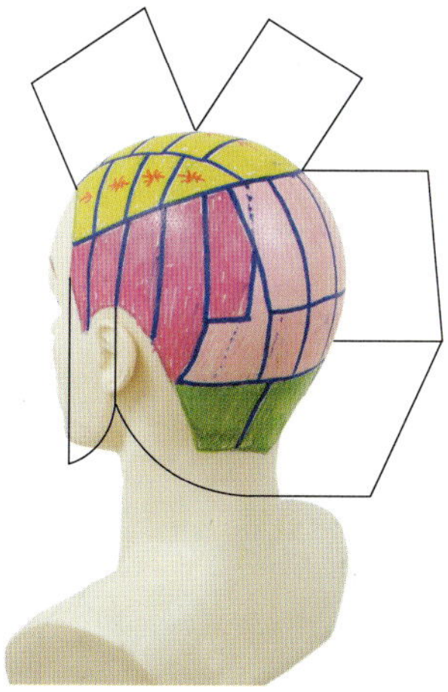

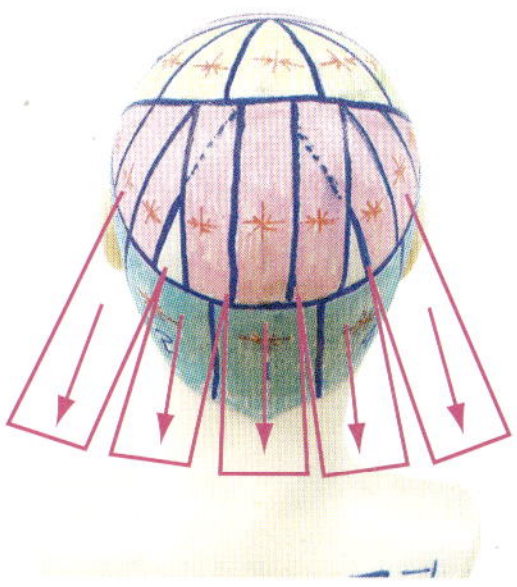

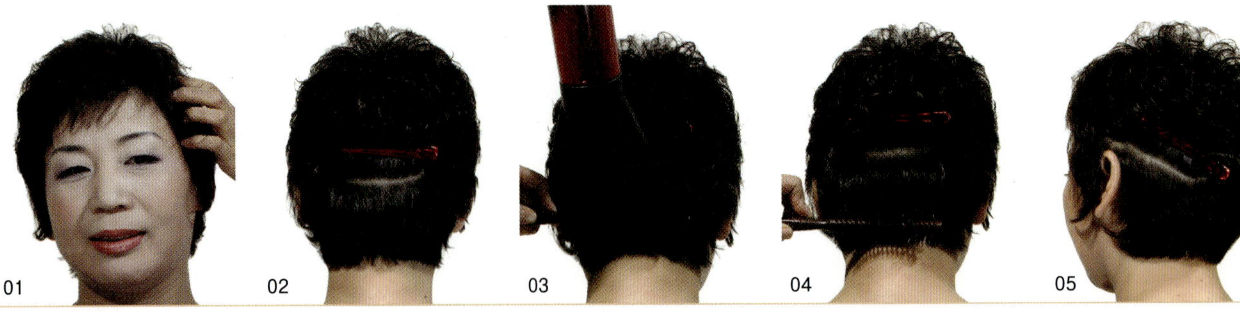

01 02 03 04 05

01. 앞머리는 모류가 앞쪽으로 쏠림이 있기 때문에 손을 뒤쪽으로 모류를 비벼 주면서 모발의 모근부를 말린다.
02. 후하부를 시술할 브록킹 이다.
03. 브록킹과 롤 브러쉬를 나란히 하여 와인딩한 후 모근부에 열을 주어 뜸을 들인다.
04. 뜸을 들인 모발을 모발 끝까지 C커브를 그리면서 빼낸다.
05. 자연스러운 선을 만들기 위해 후대각 브록킹을 시술한다.

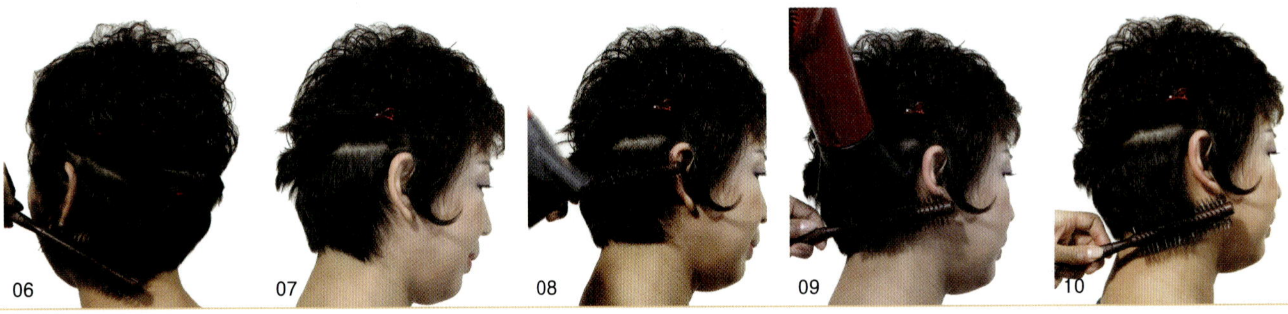

06 07 08 09 10

06. 브록킹과 롤 브러쉬를 나란히하여 모근부에 열을 준 후 귀 바퀴 방향대로 모발을 그대로 빼낸다.
07. 반대쪽도 자연스러운 선을 만들기 위해 후대각 브록킹을 시술한다.
08. 브록킹과 롤 브러쉬를 나란히하여 모근부에 열을 준 후 뜸을 들인다.
09. 귀바퀴 방향대로 모발을 그대로 빼낸다.
10. 롤 브러쉬를 사선 그대로 빼내면서 흐름을 만든다.

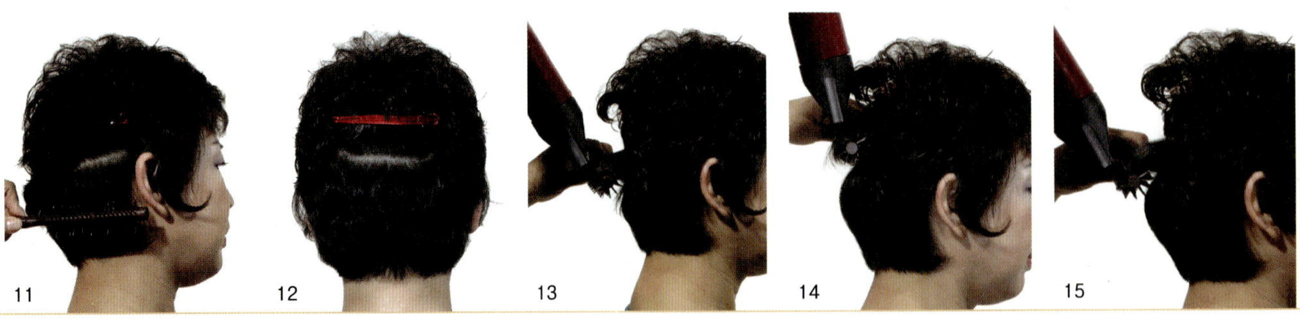

11 12 13 14 15

11. 후하부에 뜬 모발을 롤 브러쉬를 모발 위에 얹어 흐름을 잡기위해 드라이어로 열을 준다.
12. 후중부에 시술하기 위한 브록킹이다.
13. 브록킹과 롤 브러쉬를 나란히하여 모근부에 열을 준다.
14. 롤 브러쉬를 드라이어가 따라간다.
15. 롤 브러쉬를 드라이어가 끝까지 따라 가면서 웨이브를 만든다.

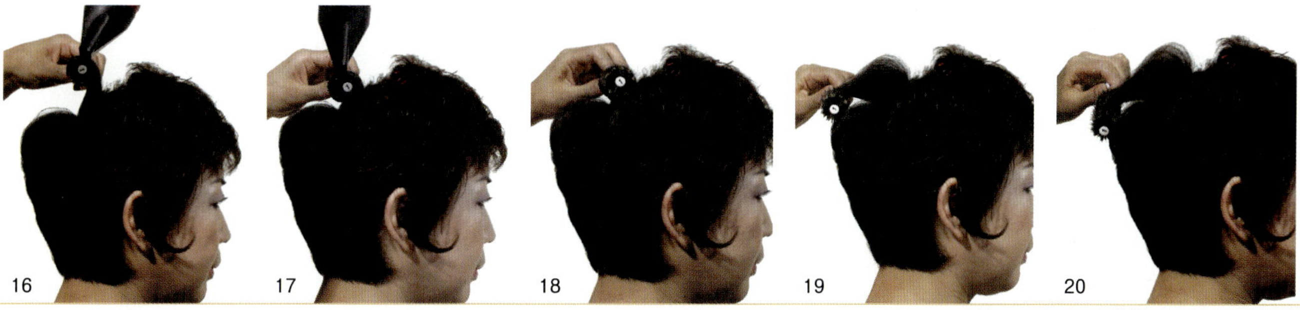

16. 이곳은 볼륨을 주기 위해 롤 브러쉬를 앞쪽으로 밀면서 와인딩 한다.
17. 와인딩을 시술한 후에 모근부에 열을 주고 뜸을 들인다.
18. 롤 브러쉬의 컬을 강하게 하기 위하여 열을 식힌다.
19. 롤 브러쉬를 C컬을 그리면서 모발을 빼낸다.
20. 롤 브러쉬의 각도를 내리면서 모발 끝까지 C컬을 그리면서 모발을 빼낸다.

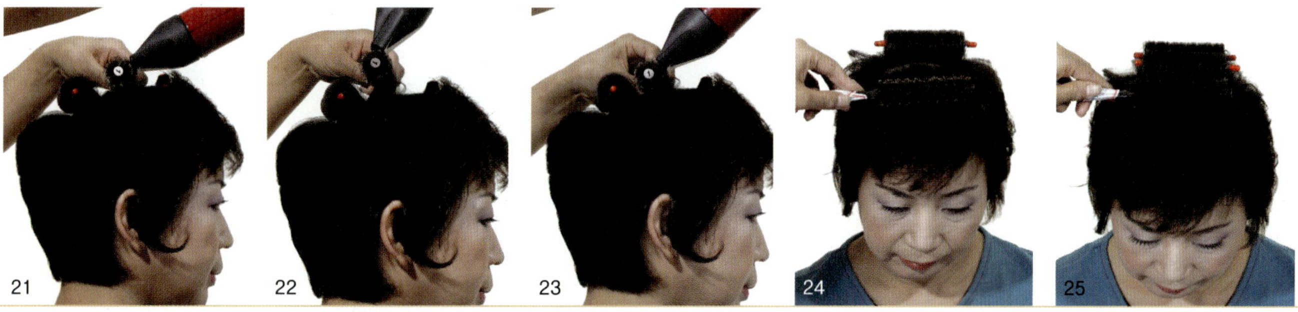

21. 이곳은 볼륨을 주기 위해 롤 브러쉬를 앞쪽으로 밀면서 와인딩 한다.
22. 와인딩을 시술한 후에 모근부에 열을 주고 뜸을 들인다.
23. 와인딩을 시술한 후에 모근부에 열을 주고 뜸을 들인다.
24. 계속해서 롤 브러쉬를 와인딩해 놓은 상태에서 다음 판넬을 앞쪽으로 밀어 와인딩 한다.
25. 와인딩을 시술한 후에 모근부에 열을 주고 뜸을 들인다.

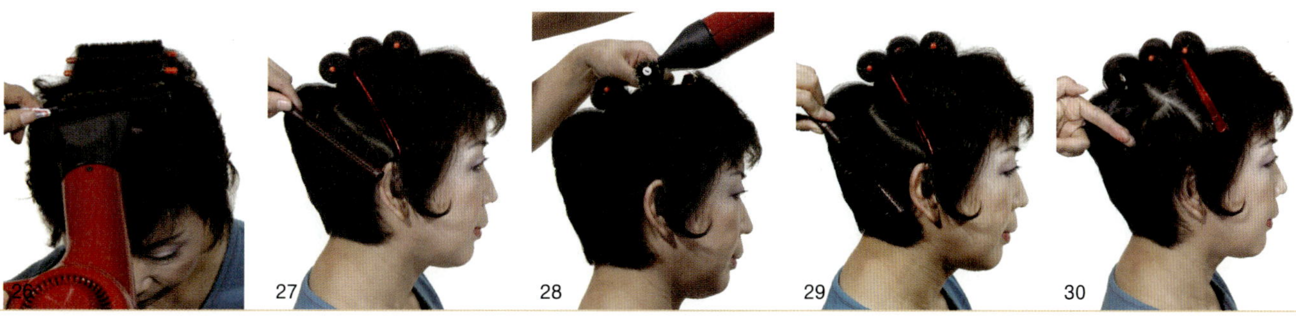

26. 롤 브러쉬를 와인딩해 놓은 상태에서 모근부에 열을 주고 뜸을 들인 후 고정 시켜 놓는다.
27. 전대각 파팅으로 나누고 모류를 먼저 잡는다.
28. 이곳에 모류가 강하기 때문에 롤 브러쉬를 모발 위에 얹고 열을 준 후 뜸을 들인다.
29. 뜸을 들인 모발을 롤 브러쉬를 뒤쪽으로 사선을 틀면서 빼준다.
30. 전대각 브록킹에서 다시 후대각으로 하여 삼각 브록킹을 타 놓은 상태이다.

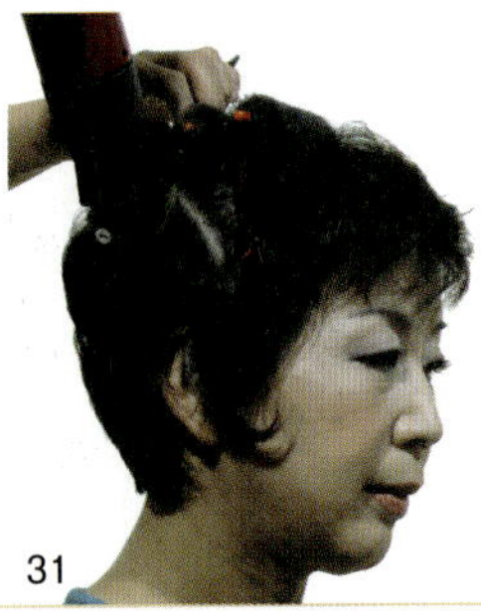

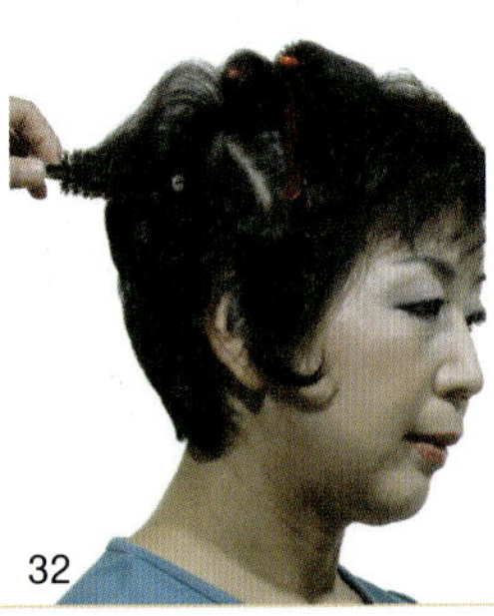

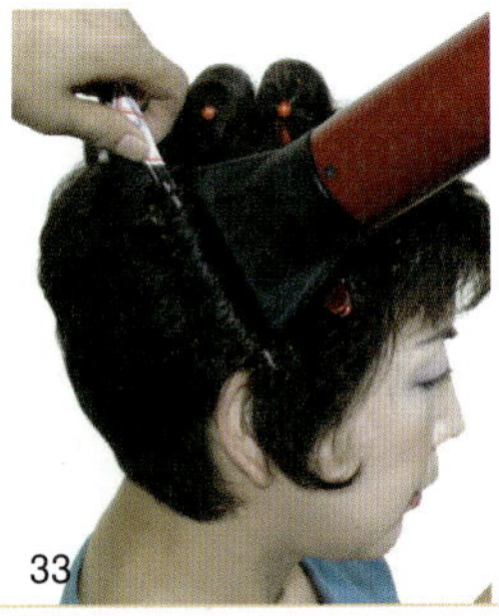

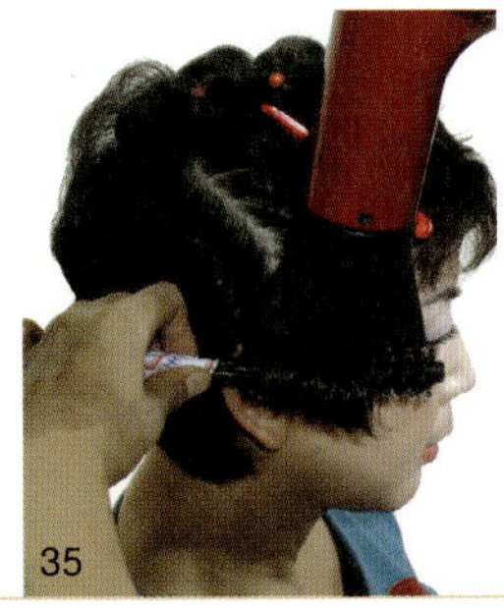

31. 후대각 브록킹과 롤 브러쉬를 나란히 하여 모근부에 열을 준다.
32. 롤 브러쉬를 뒤쪽으로 빼다가 앞쪽으로 커브를 그리면서 모발을 빼준다.
33. 전대각 브록킹과 롤 브러쉬를 나란히 하여 모근부에 열을 준 후 롤 브러쉬를 뒤쪽으로 빼면서 앞쪽으로 커브를 그리며 모발을 빼준다.
34. 모류가 강하기 때문에 롤 브러쉬를 모발위에 얹고 열을 준 후 뜸을 들인다.
35. 후대각 브록킹과 롤 브러쉬를 나란히 하여 모근부에 열을 준 후 C커브를 그리면서 모발을 빼준다.

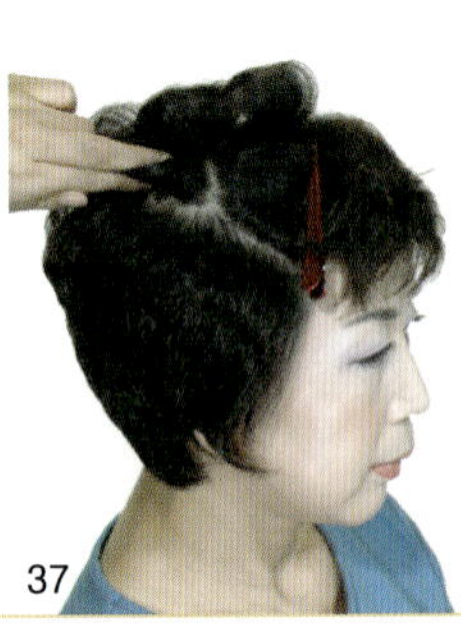

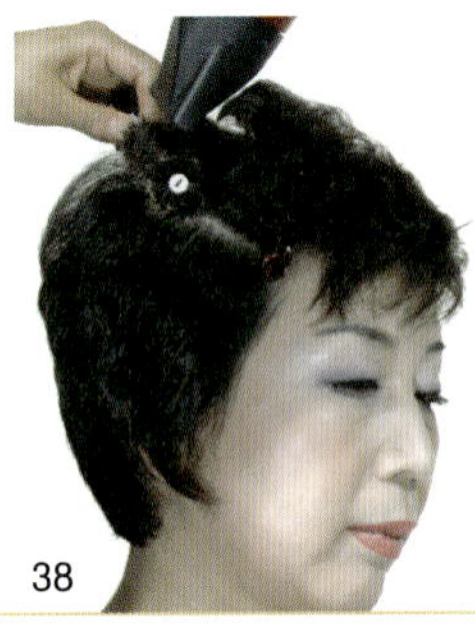

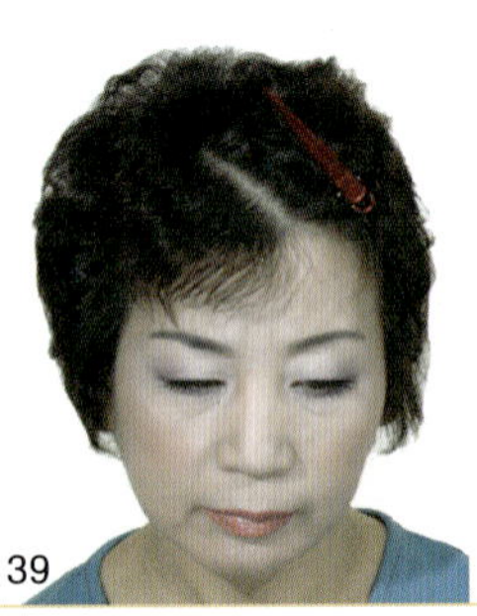

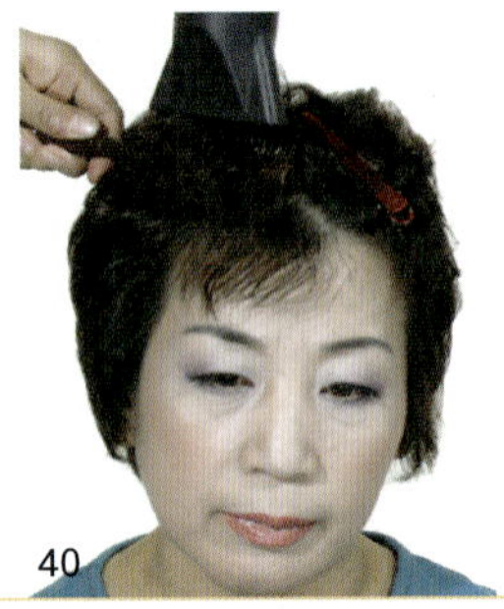

36. 빗질을 하고 싶거나 모발에 수분을 주고 싶은 경우 롤 브러쉬에 분무하여 사용하면 시술이 용이하다.
37. 전대각 브록킹에 다시 삼각을 떠서 판넬을 잡는다.
38. 전대각 브록킹과 롤 브러쉬를 나란히하여 모근부에 열을 준 후 롤 브러쉬를 뒤쪽으로 빼면서 앞쪽으로 커브를 그리며 모발을 빼준다.
39. 이곳의 모류는 뒤쪽으로 쏠림이 있다. 모류보정과 앞머리를 자연스럽게 연결하기 위한 브록킹이다.
40. 브록킹과 롤 브러쉬를 나란히하여 모근부에 열을 준 후 C커브를 그리면서 모발을 빼준다.

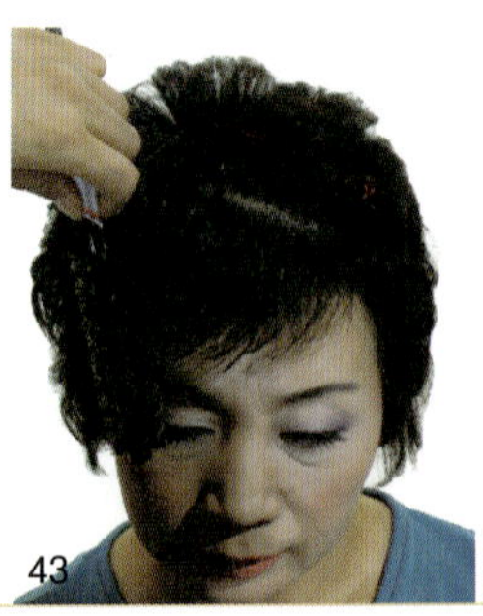

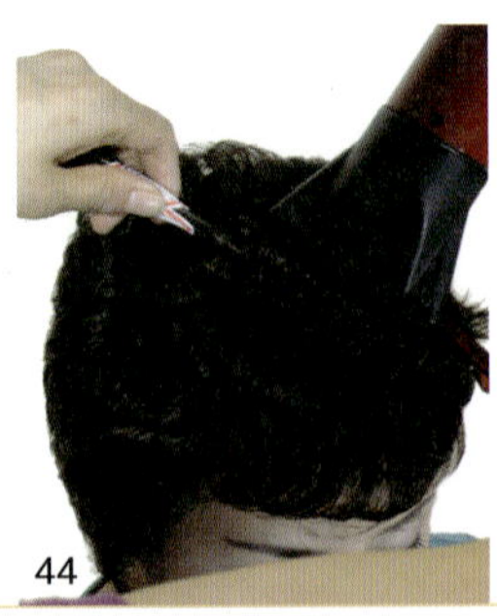

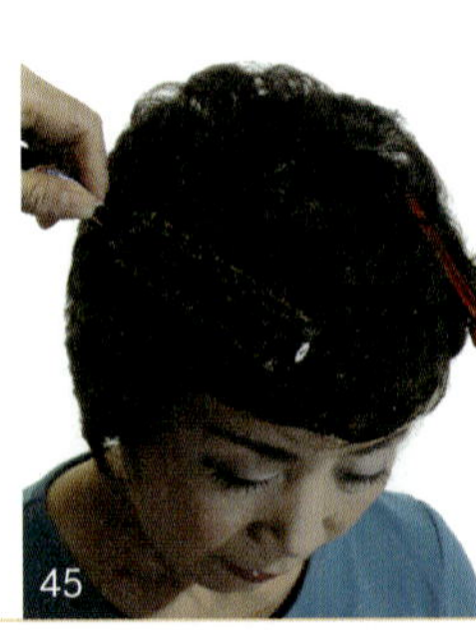

41. 앞쪽에 자연스러운 흐름을 위하여 다시 사선 브록킹을 타 놓은 상태이다.
42. 브록킹과 롤 브러쉬를 나란히하여 모근부에 열을 준다.
43. C커브를 그리면서 모발을 빼내 웨이브를 만들어 준다.
44. 다시 사선으로 롤 브러쉬를 와인딩하여 모근부에 드라이어로 열을 준다.
45. 열을 준 후 롤 브러쉬를 앞쪽으로 빼다가 뒤쪽으로 밀면서 빼낸다.

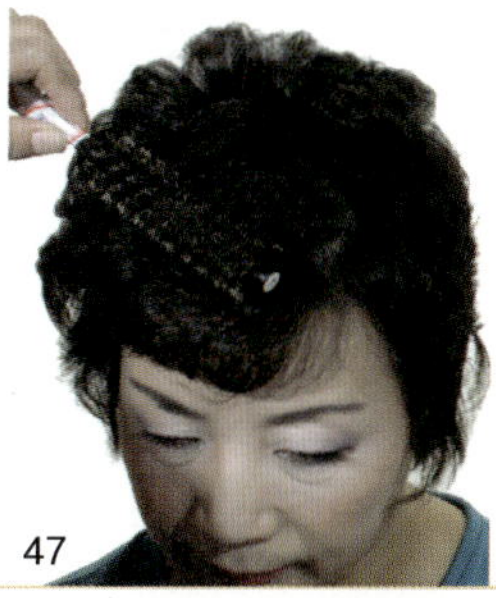

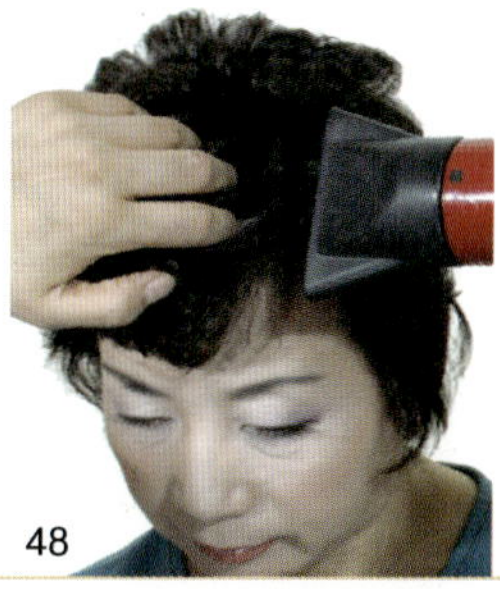

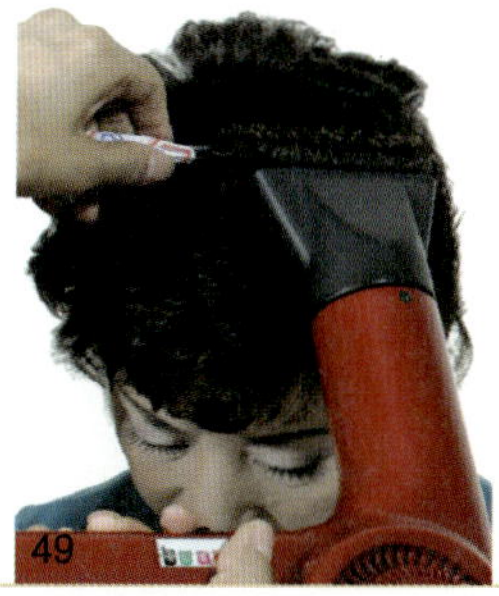

46. 롤 브러쉬를 수직에 가까운 사선으로 와인딩 하고 모근부에 드라이어로 열을 준다.
47. 열을 준 후 롤 브러쉬를 앞쪽으로 빼다가 뒤쪽으로 밀면서 빼낸다.
48. 손으로 웨이브의 흐름을 다시 한 번 주면서 드라이어로 모근부에 열을 준다.
49. 베이스를 앞쪽으로 밀어서 롤 브러쉬에 와인딩 하고 열을 주어 뜸을 들인다.
50. 모류를 세우기 위해 그 자리에서 모발을 푼 후 C커브를 만들며서 모발 끝까지 웨이브를 연결시켜준다.

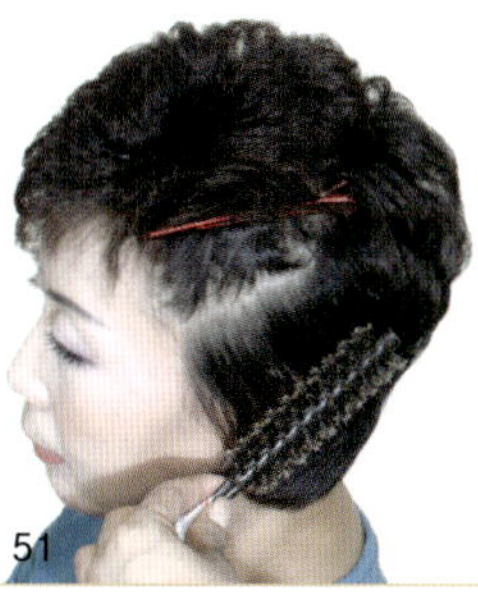

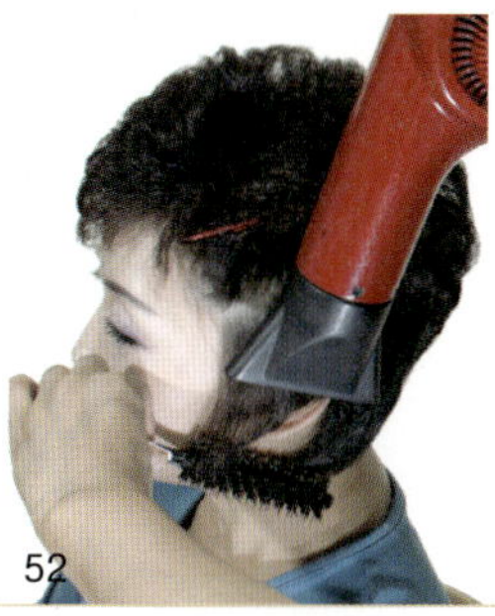

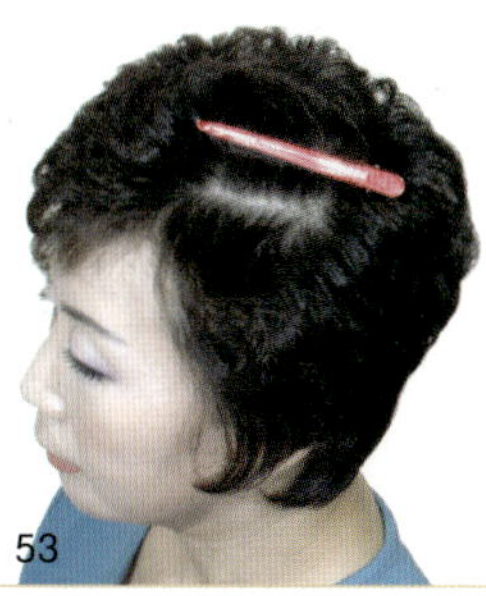

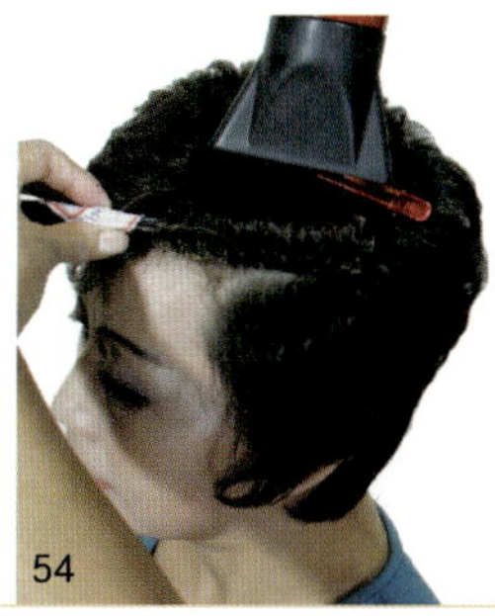

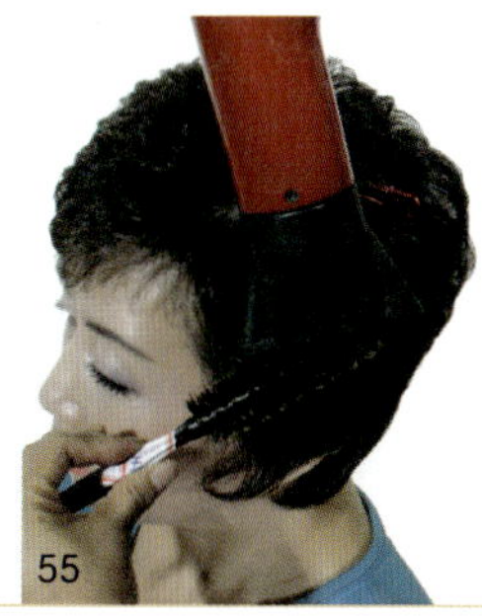

51. 옆선의 흐름을 잡기 위한 브록킹이다.
52. 롤 브러쉬로 C커브를 그리면서 드라이어가 끝까지 따라가며 흐름을 만들어 준다.
53. 다시 후대각 브록킹으로 브록킹을 타놓은 상태이다.
54. 브록킹과 롤 브러쉬를 나란히하여 모근부에 열을 준다.
55. 뒤쪽으로 롤 브러쉬를 빼면서 웨이브를 만들어 준다.

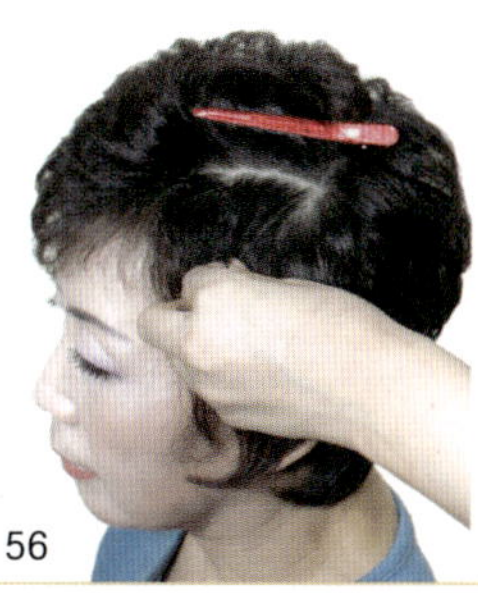

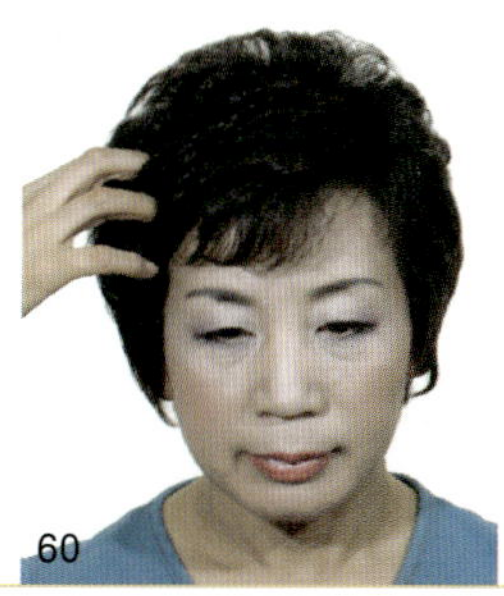

56. 앞머리는 두고 다시 삼각 브록킹을 시술해 놓는다.
57. 볼륨을 주기 위해 브록킹과 롤 브러쉬를 나란히하여 뿌리 부분을 밀어 주며 와인딩 한다
58. 뒤쪽으로 롤 브러쉬를 빼면서 웨이브를 만들어 준다.
59. 부족한 부분에 볼륨을 주기 위해 가르마 부분에 다시 한 번 롤 브러쉬로 와인딩하고 연결시켜 준다.
60. 손으로 전체적인 웨이브를 다시 한 번 마무리하고 수정한다.

05 별모양 – 유니폼레이어 변형 4

C컬의 흐름과 두상의 이해
– 핸드 드라이

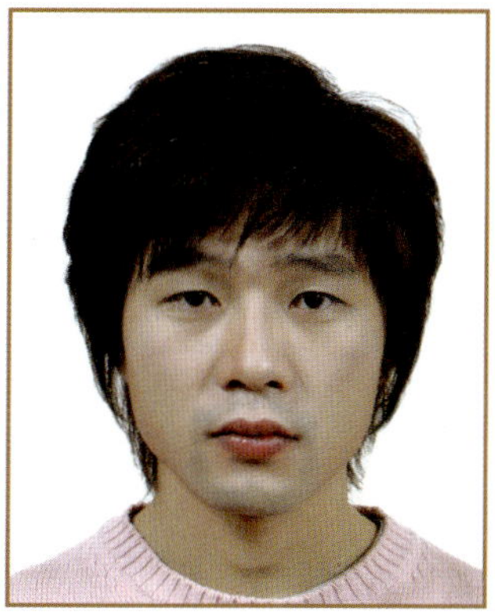

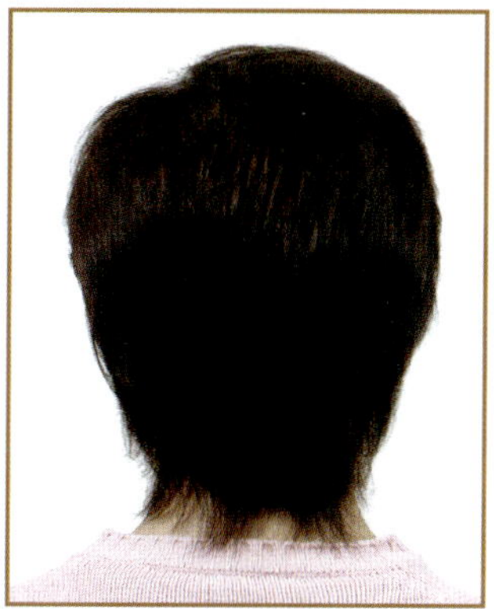

1. 웨이브의 흐름과 방향

모류의 방향을 잘 찾아서 모류를 세워주는 역할이 제일 중요하므로 모류를 역행하여 모류부에서부터 핸드 드라이어로 형태를 잡아 주면서 마무리한다.

2. 커트의 시술방법과 도해도

N.P에서 2~5cm 정도의 U라인 형태선을 시술하고 U라인 영역에서 G.P를 기준으로 가이드를 설정한다. 그 후 G.P~B.P 일반시술각 90°로 시술하며 G.P~C.P는 일반시술각 90°로 시술하고 B.P와 N.P를 연결하면 된다. 앞머리에 가이드를 설정한 후 T.P와 연결하고, 옆선은 S.C.P선 만큼 잡아주고 귓불만큼 파서 연결을 시켜준 후 손질하기 편하게 질감처리 한다.

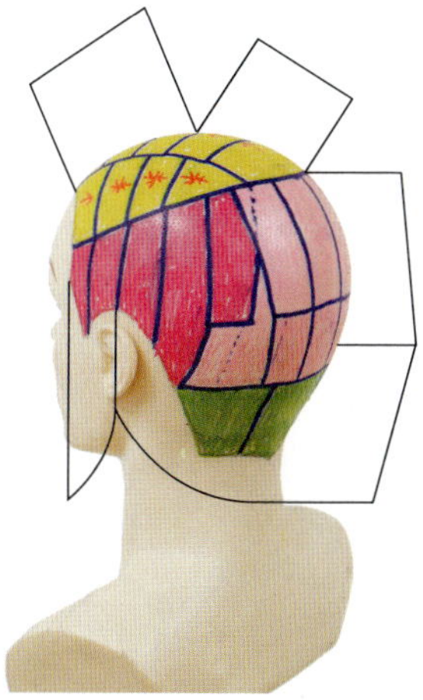

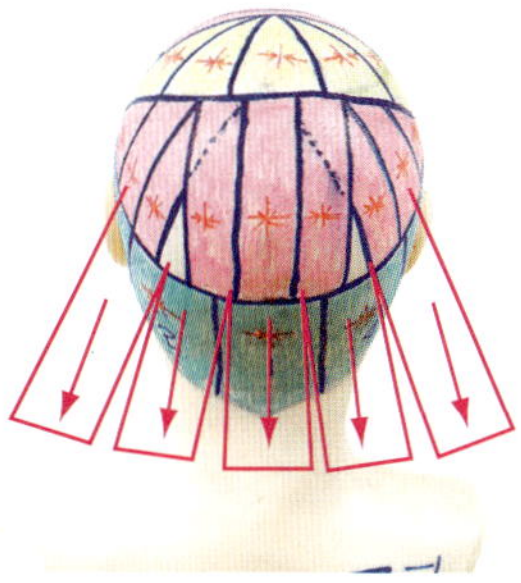

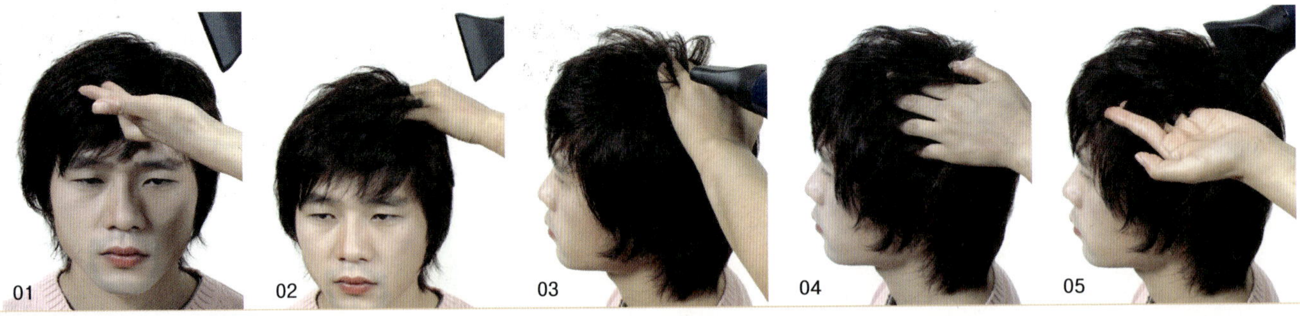

01. 뒷부분의 모발을 앞쪽으로 밀어주고 드라이어를 열을 주면서 모근부 부터 말린다.
02. 모류의 반대 방향으로 모발의 각도를 들어서 드라이어로 열을 주면서 모류와 모근부를 잡아준다.
03. 손으로 모발을 세워주고 드라이어로 열을 주고 뜸을 들여 모류를 세울 수 있게 고정한다.
04. 두상이 튀어나온 부분의 모류를 앞쪽으로 모류의 흐름을 잡아준다.
05. 뿌리를 세워주면서 드라이어로 열을 주어 뜸을 들인다.

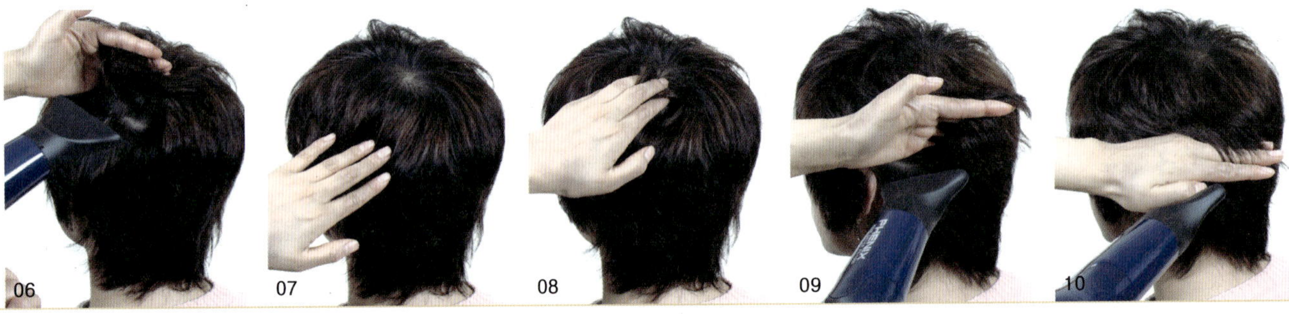

06. 이 부분의 모류도 앞쪽을 향해 있다. 볼륨을 주기 위해 손으로 모발을 세우면서 열을 주고 뜸을 들인다.
07. 손으로 모류의 흐름을 다시 한 번 확인한다.
08. 뿌리를 세우기 위해 손으로 모발의 각도를 들고 열을 주고 뜸을 들인다.
09. 모류를 들고 드라이어 열을 밑에서 위로 주고 뜸을 들인다.
10. 손을 뒤쪽으로 가다가 다시 앞쪽으로 오려는 준비를 한다.

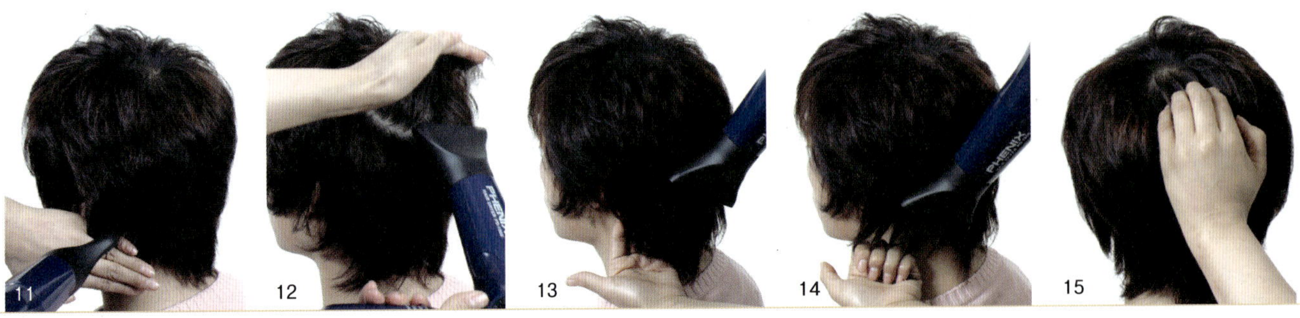

11. 손으로 앞쪽으로 모발을 빼면서 C커브를 그려준다.
12. 모발을 손으로 들고 드라이어를 밑에서 위로 열을 주고 뜸을 들인다.
13. 손으로 앞쪽으로 모발을 끌어 당겨 주고 드라이어의 열을 뒤쪽에서 앞쪽으로 준다.
14. 후하부의 흐르는 선의 모류를 잡아주기 위해 13번과 같이 시술한다.
15. 가마의 갈라진 모류를 손으로 모류방향을 잡고 모류를 역행하게 모발을 끌어 올려준다.

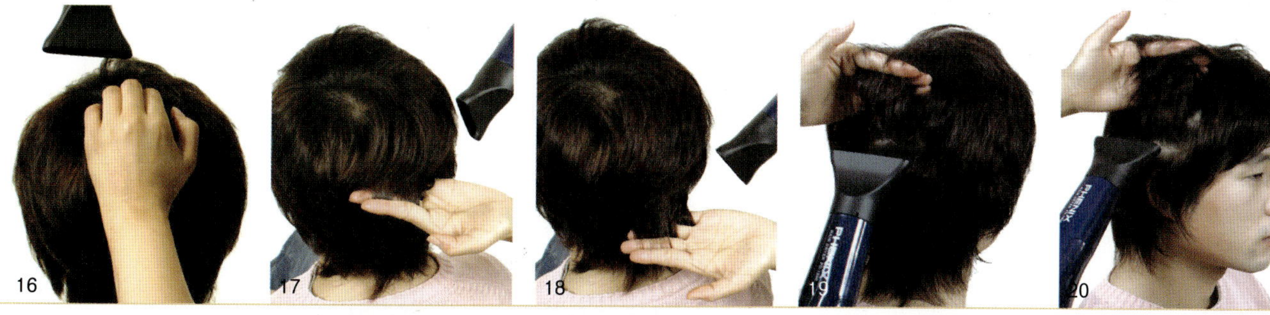

16. 이때 모류를 비벼서 강한 모류의 성질을 약하게 만들면서 모류를 보정한다.
17. 이곳의 모류는 앞쪽으로 쏟아지려고 하는 성질이 있다.
18. 이것을 역행해서 앞쪽에서 뒤쪽으로 손으로 모류를 비벼주고 뿌리에 공기를 주면서 모류의 볼륨감과 방향감을 잡아준다.
19. 이곳의 모류는 밑으로 떨어지기 때문에 모발을 손으로 들어서 아래에서 위로 드라이어의 열을 주고 뜸을 들여 볼륨을 준다.
20. 위에서 아래로 흐르는 모류들은 모발의 각도를 손가락으로 들어서 시술한다.

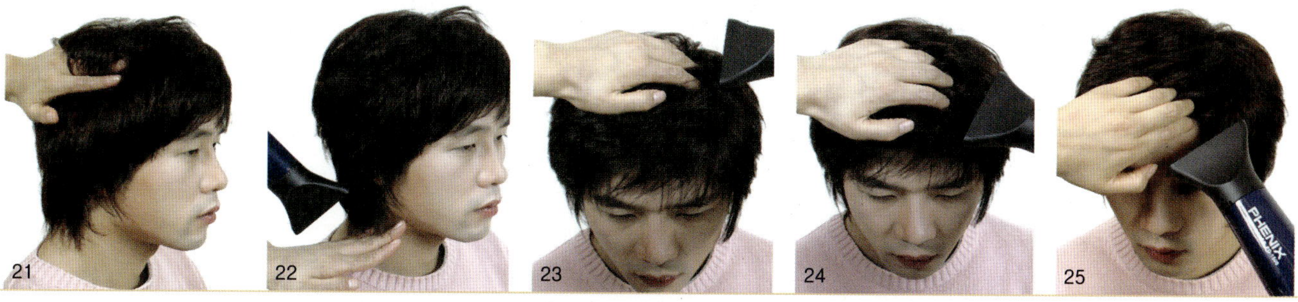

21. 밑에서 위로 드라이어의 열을 주어 뿌리에 볼륨과 짧은 모발의 형태를 잡아준다.
22. 네이프는 귀 바퀴 방향의 흐름을 주고자 뒤에서 앞으로 드라이어의 열을 주고 흐름을 만든다.
23. 후상부 부분도 손가락으로 모류를 비벼주고 원하는 웨이브의 모양을 손으로 잡아준다.
24. 원하는 웨이브의 모발을 손으로 잡아주면서 드라이어로 뿌리를 잡는다.
25. 앞머리를 손으로 사선 웨이브를 만들어 주고 드라이어로 열을 주어 뜸을 들인다.

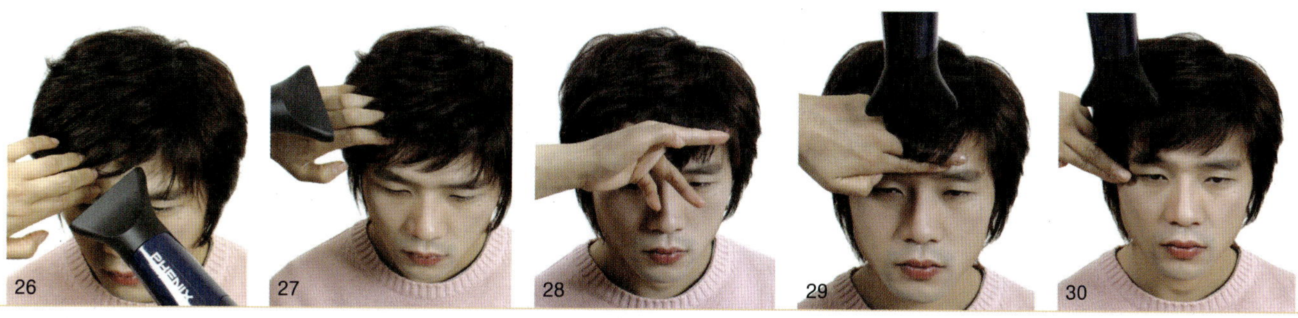

26. 뜸을 들인 후 모발의 흐름을 잡아준다.
27. 손가락의 사선방향이 앞쪽으로 오다가 다시 뒤쪽으로 가면서 C커브를 그려준다.
28. 앞머리는 자연스런 C컬의 볼륨을 원하기 때문에 손가락으로 웨이브를 잡아준다.
29. 웨이브를 잡아주고 드라이어로 열을 주고 뜸을 들인다.
30. 뜸을 들인 후 자연스런 C컬을 만들어 준다

05 별모양 – 유니폼레이어 변형 5

C컬의 흐름과 두상의 이해
- 롤 브러쉬

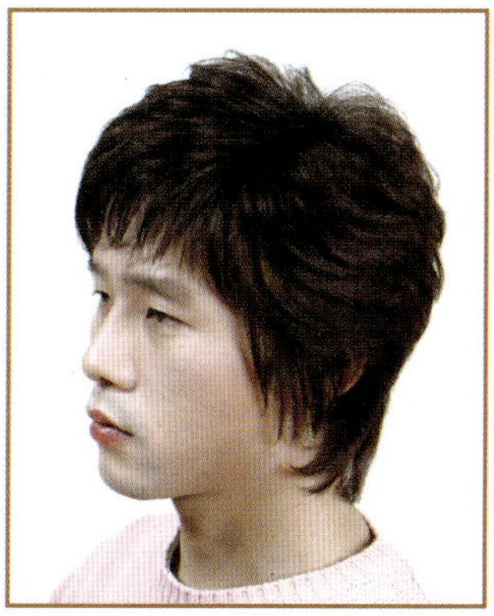

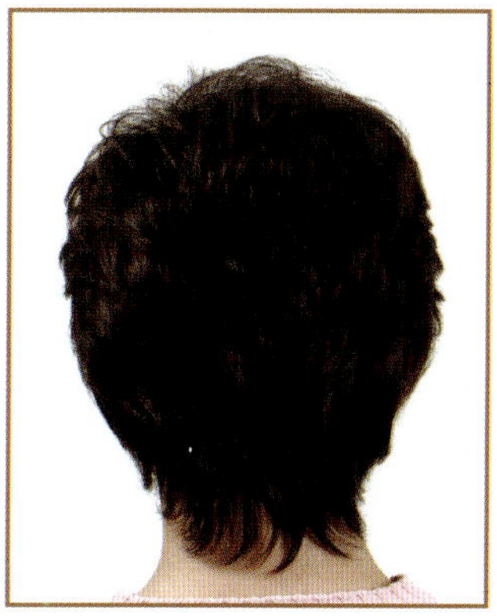

1. 웨이브의 흐름과 방향

롤 브러쉬에 핸드드라이어를 잘 조합하여 웨이브의 방향과 포인트를 잡아서 롤 브러쉬로 시술한다. 모류 보정과 볼륨을 잘 찾아야 한다.

2. 커트의 시술방법과 도해도

N.P에서 2~5cm 정도의 U라인 형태선을 시술하고 U라인 영역에서 G.P를 기준으로 가이드를 설정한다. 그 후 G.P~B.P 일반시술각 90°로 시술하며 G.P~C.P는 일반시술각 90°로 시술하고 B.P와 N.P를 연결하면 된다. 앞머리에 가이드를 설정한 후 T.P와 연결하고, 옆선은 S.C.P선 만큼 잡아주고 귓불만큼 파서 연결을 시켜준 후 손질하기 편하게 질감처리 한다.

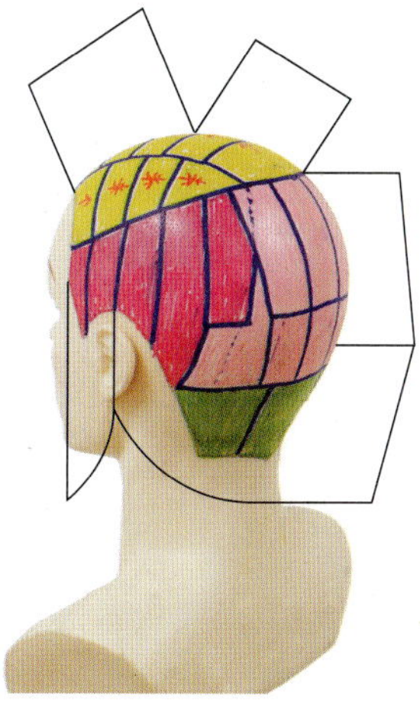

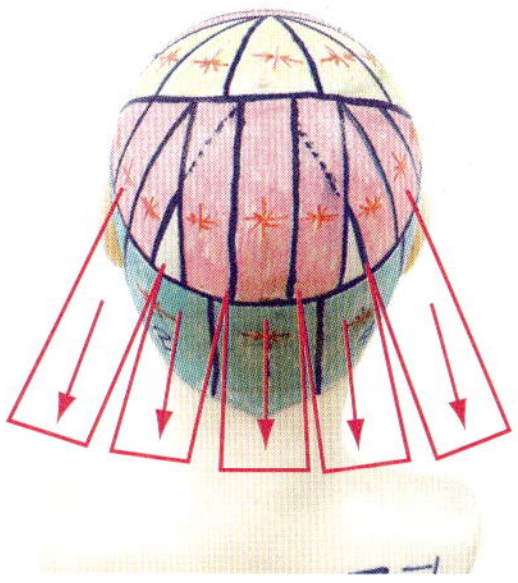

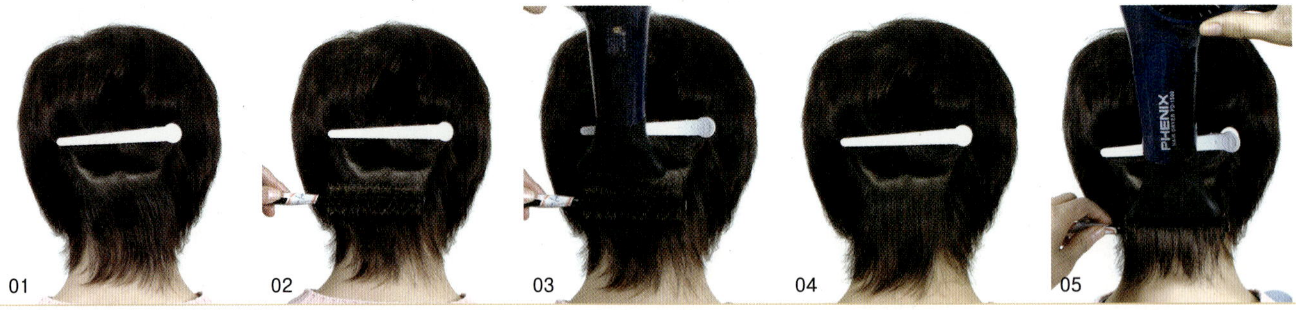

01. 후하부에 모류가 강하게 휘어져 시술하게 브록킹을 타놓은 상태이다.
02. 먼저 모류를 보정하기 위해 롤 브러쉬로 모류가 흐르는 반대방향으로 모류를 끌어당긴다.
03. 모류를 끌어당긴 후 드라이어로 열을 주어 뜸을 들인 후 모류를 보정한다.
04. 모류가 보정된 상태이다.
05. 롤 브러쉬를 반 바퀴 돌려 모근부에 열을 주고 빠른 시간에 롤 브러쉬를 빼낸다.

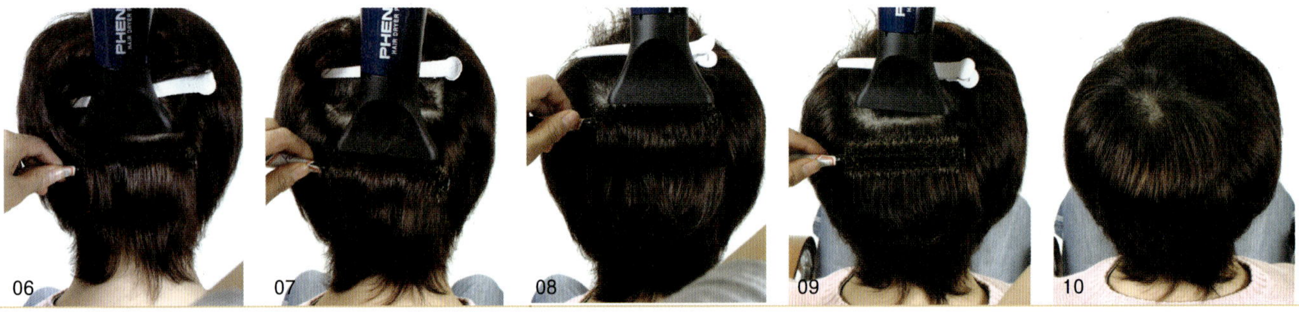

06. 롤 브러쉬를 반 바퀴 돌려 두피에 대고 모근부에 열을 주고 뜸을 들인다.
07. 뜸을 들인 후 시술각을 낮추어서 빠른 시간에 롤 브러쉬를 빼낸다.
08. 롤 브러쉬를 한 바퀴 회전하고 베이스를 앞쪽으로 밀어서 와인딩 한다.
09. 들뜬 C컬의 볼륨을 롤 브러쉬로 눌러주고 열을 준 후 모발의 흐름을 잡아준다.
10. 가르마에 강한 모류가 있다.

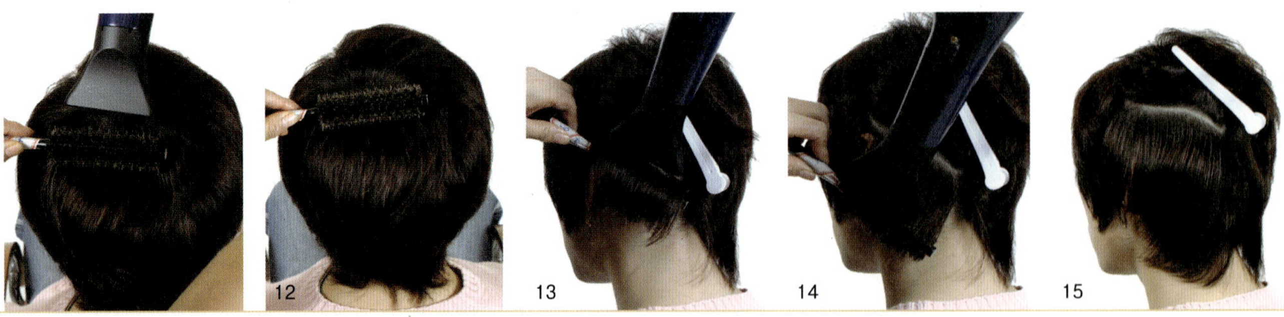

11. 강한 모류를 보정하기 위해 롤 브러쉬로 모류 앞쪽으로 밀어주고 눌러준 후 열을 주어 보정한다.
12. 롤 브러쉬로 모류 앞쪽으로 밀어주고 눌러준 후 뜸을 들여 강한 모류 보정을 해준다.
13. 후대각 브록킹을 타서 롤 브러쉬와 브록킹을 나란히 하고 롤 브러쉬를 반 바퀴 회전하여 두피에 고정한다.
14. 드라이어로 열을 주어 뜸을 들인 후 롤 브러쉬를 빼면서 자연스런 선을 만들어 준다.
15. 완만한 후대각 브록킹을 잡는다.

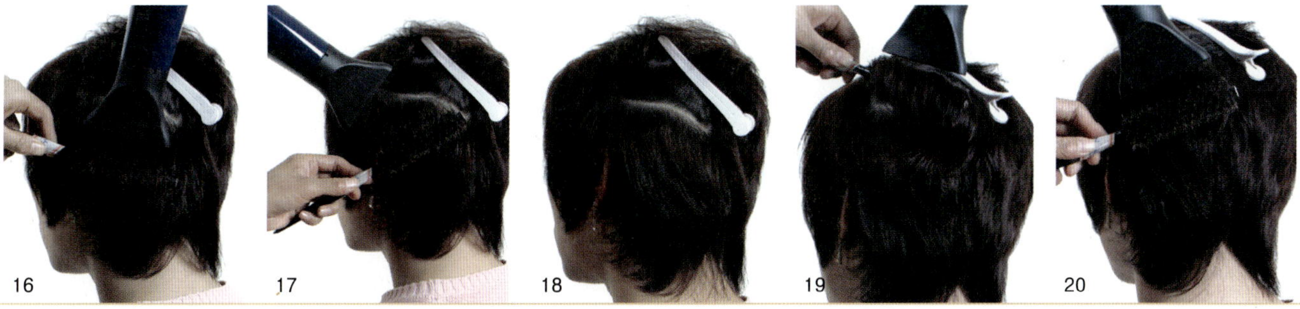

16. 롤 브러쉬를 따라 드라이어가 모발 끝까지 이동하면서 약한 스트레이트 모발을 만든다.
17. 다시 롤 브러쉬를 모발위에 얹고 귀 바퀴 방향으로 빗질을 하고 드라이어가 따라 간다.
18. 롤 브러쉬가 가는 방향으로 드라이어가 열을 주어 모발의 흐름을 잡아준다.
19. 롤 브러쉬를 한 바퀴 회전해서 두피에 대고 모발을 들어서 모근부에 열을 준다.
20. 들뜬 모발을 롤 브러쉬로 다시 한 번 잡아주면서 모발의 흐름을 잡아준다.

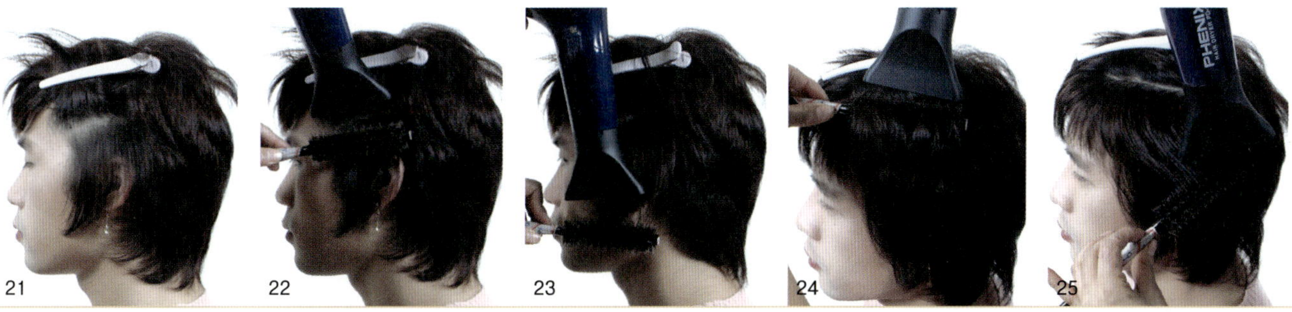

21. 옆선의 시술을 하기 위한 브록킹이다.
22. 먼저 롤 브러쉬로 모류 보정을 해준다.
23. 롤 브러쉬를 따라 드라이어가 모발 끝까지 이동하면서 스트레이트한 모발을 만든다.
24. 브록킹과 롤 브러쉬를 나란히 하여 드라이어로 롤 브러쉬에 열을 주어 뜸을 들이고 볼륨을 만든다.
25. 롤 브러쉬를 사선으로 하여 뒤쪽으로 빼고 드라이어는 모발 끝까지 따라간다.

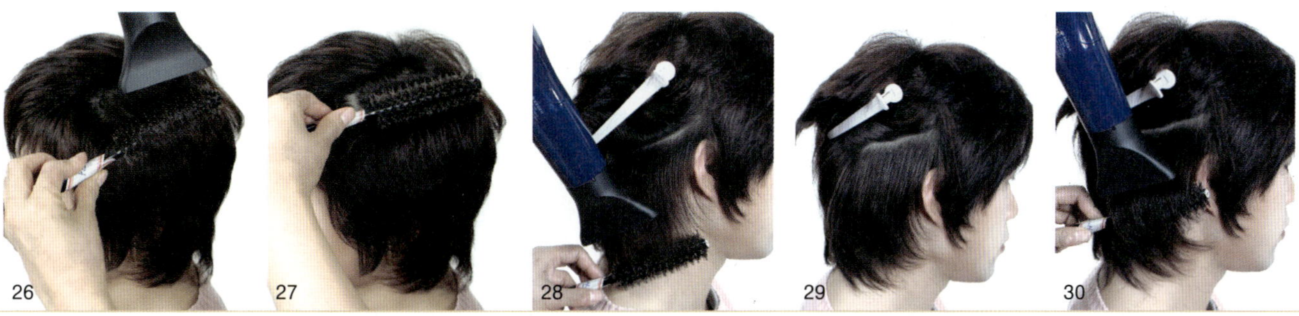

26. 롤 브러쉬를 사선으로 하여 뒤쪽으로 빼고 드라이어는 모발 끝까지 롤 브러쉬를 따라간다.
27. 들뜬 모발을 롤 브러쉬로 다시 한 번 잡아주면서 모발의 흐름을 잡아준다.
28. 모류를 잡아주고 귀 바퀴 방향의 C커브를 롤 브러쉬로 잡아준다.
29. 롤 브러쉬를 따라 드라이어가 모발 끝까지 이동하면서 약한 스트레이트 모발을 만든다.
30. 네이프엔 다시 한 번 또 잡아주면서 드라이어의 열을 준다.

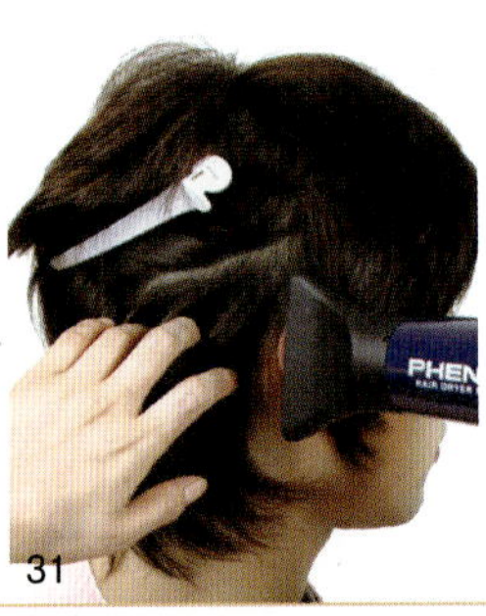
31
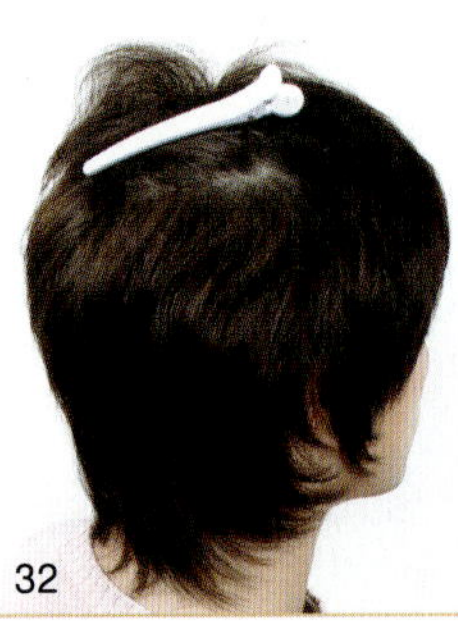
32
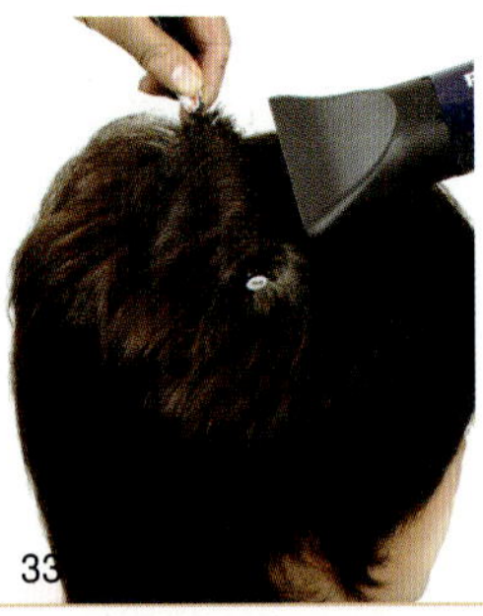
33

34

35

31. 손으로 스트레이트한 모발을 다시 후대각으로 잡아주며 드라이어로 열을 주어 뜸을 들인다.
32. 열을 주어 뜸을 들이고 C컬을 자연스럽게 만든다.
33. 롤 브러쉬를 한 바퀴 회전하여 두피에 밀착하고 모발의 각도를 들어 모근부에 열을 준다.
34. 열을 주어 뜸을 들인 후 모근부에 볼륨을 주며 롤 브러쉬를 풀어준다.
35. 풀어준 모발을 모류를 잡기위해 롤 브러쉬로 다시 한 번 잡아주면서 모발의 흐름을 잡아준다.

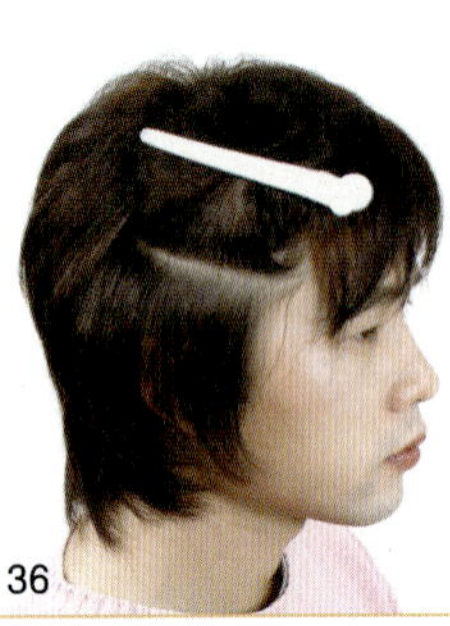
36

37
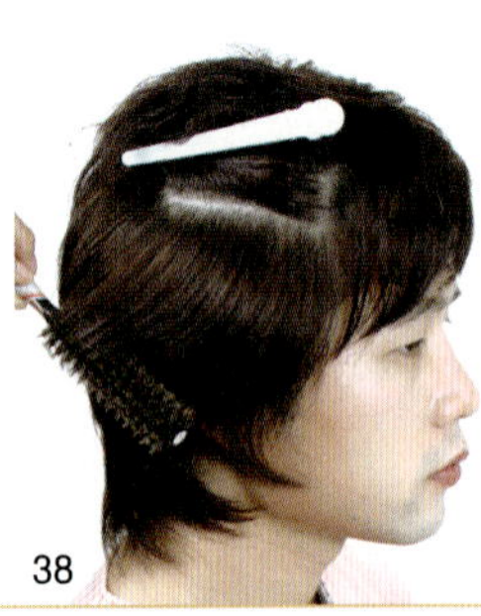
38
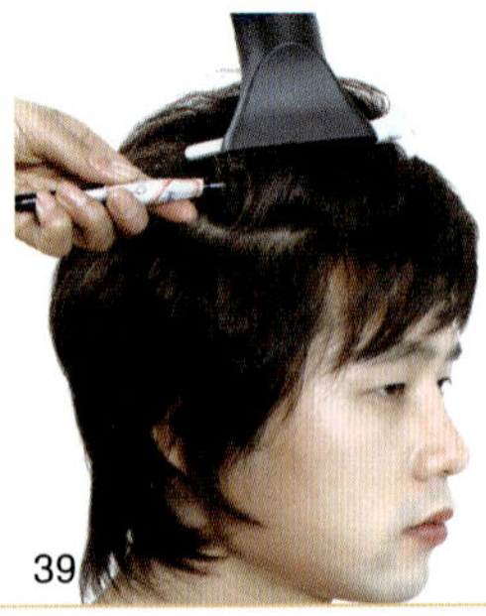
39
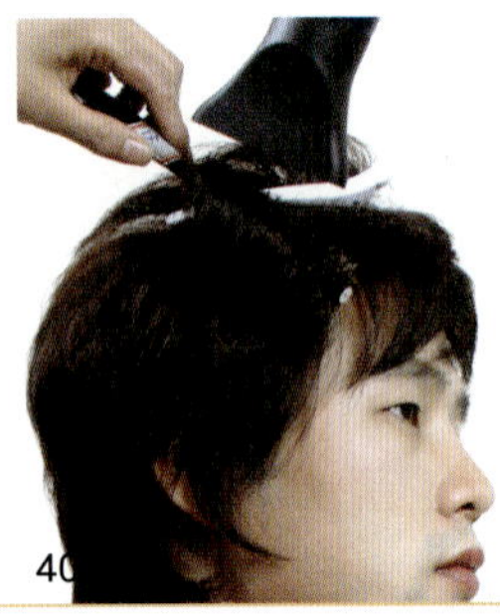
40

36. 롤 브러쉬를 따라 드라이어가 모발 끝까지 이동하면서 스트레이트한 모발을 만든다.
37. 롤 브러쉬를 회전시켜 두피에 대고 모근부에 열을 주고 뜸을 들인다.
38. 모발의 각도를 틀어주어 사선으로 하여 뒤쪽으로 C컬의 흐름을 만들어 준다.
39. 후대각 사선으로 롤 브러쉬를 반 바퀴 회전하고 모발의 각도를 들어서 열을 주고 뜸을 들인다.
40. 열을 준 후 뜸을 들여 볼륨을 만들고 롤 브러쉬를 사선으로 틀어 뒤쪽에 자연스런 C컬의 흐름을 만든다.

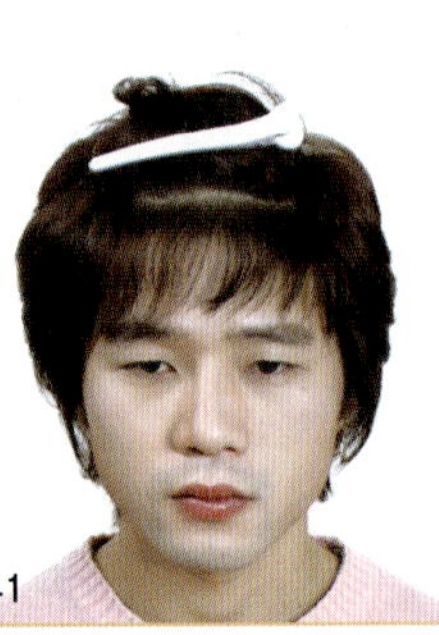
41
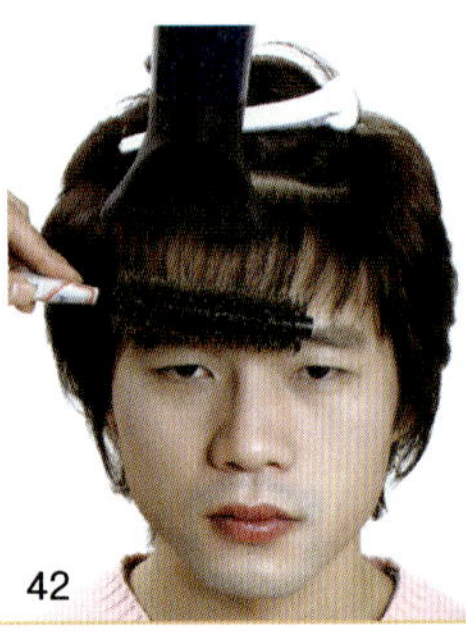
42
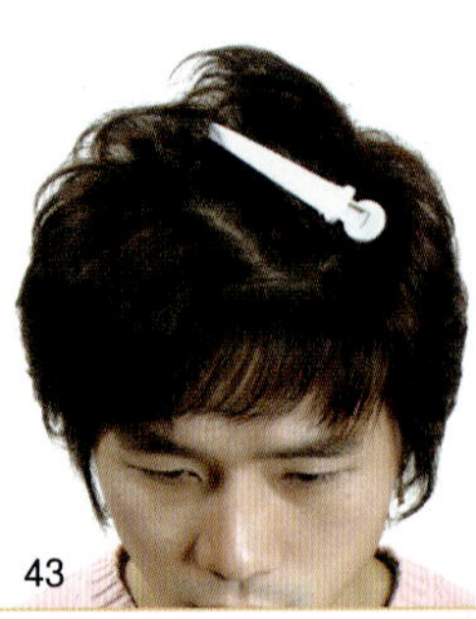
43
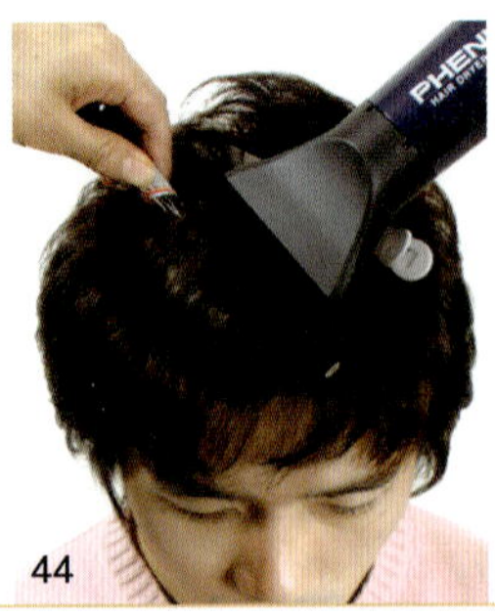
44
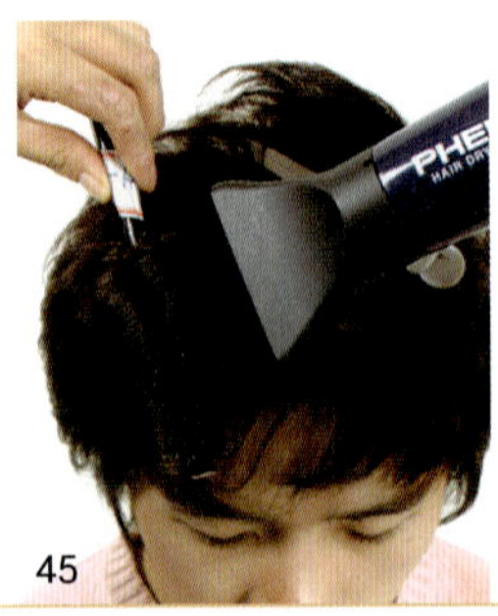
45

41. 앞머리 흐름을 시술하기 위한 브록킹이다.
42. 모류를 보정하기 위해 롤 브러쉬로 모류의 흐름을 잡고 스트레이트한 모발을 만든다.
43. 사선 브록킹을 타 놓은 상태이다. 사선은 머리카락끼리 잘 융합한다.
44. 브록킹과 롤 브러쉬를 나란히 하여 자연스런 C컬을 만들어 준다.
45. 롤 브러쉬를 드라이어가 따라가면서 윤기 있는 자연스런 C컬을 만든다.

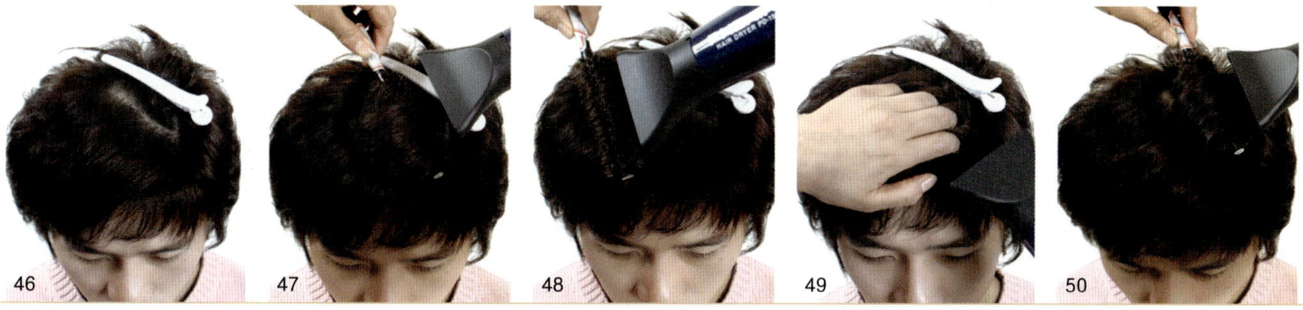

46. 다음 시술을 위한 브록킹이다.
47. 롤 브러쉬를 드라이어가 따라가면서 윤기 있는 자연스런 C컬을 만든다.
48. 롤 브러쉬를 드라이어가 따라가면서 자연스런 C컬을 만든다.
49. 손으로 다시 한 번 자연스런 C컬을 확인하면서 드라이어의 열을 모근부에 주며 확인한다.
50. 다음 시술도 사선으로 롤 브러쉬를 이용하여 모발을 서로 융합시켜 자연스런 C컬을 만든다.

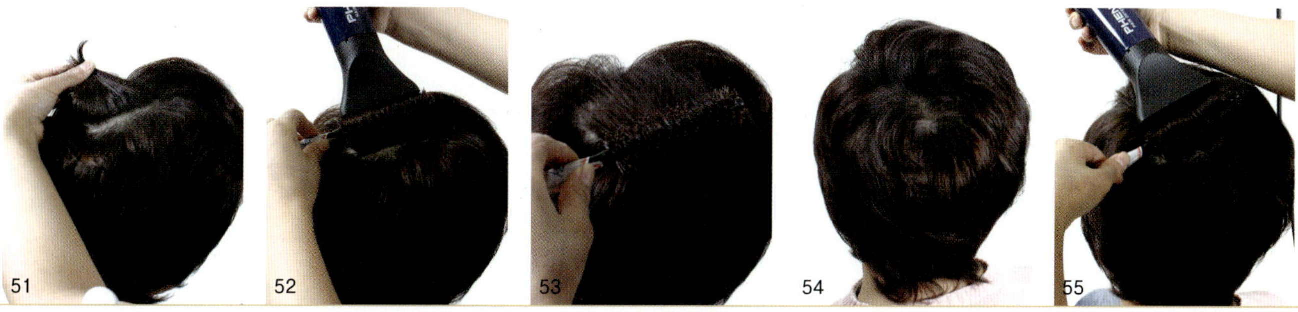

51. 모류영역은 사선으로 브록킹을 탄다.
52. 롤 브러쉬를 사선으로 잡고 한 바퀴이상 회전하여 모근부에 열을 주고 뜸을 들인다.
53. 뜸을 들인 후 모발을 롤 브러쉬에서 풀어서 모류를 없앤다.
54. 모류가 갈라진 영역이다.
55. 롤 브러쉬를 사선으로 잡고 한 바퀴이상 회전하여 모근부에 열을 주고 뜸을 들인다.

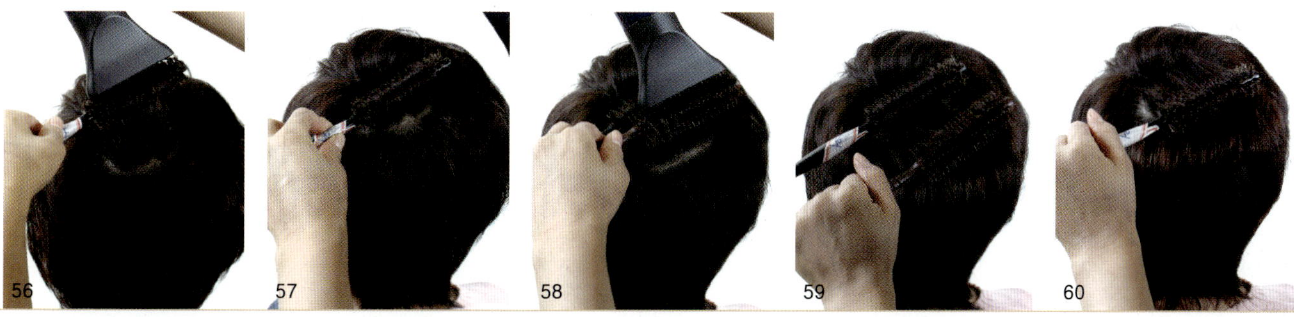

56. 모류가 갈라진 영역을 롤 브러쉬를 사선으로 잡고 한 바퀴이상 회전하여 두피에 놓는다.
57. 롤 브러쉬를 사선으로 잡고 한바퀴 이상 회전하여 모근부에 열을 주고 뜸을 들인다
58. 다음 시술도 위와 동일하게 시술한다.
59. 그다음 갈라진 부분도 롤 브러쉬를 사선으로 잡고 한바퀴 이상 회전하여 두피에 놓는다.
60. 열을 식힌 후 모발을 풀어서 자연스럽게 연결하여 풀어준다.

05 별모양 – 유니폼레이어 변형 6

C컬의 흐름과 두상의 이해
- 롤 브러쉬, 삼각 아이롱

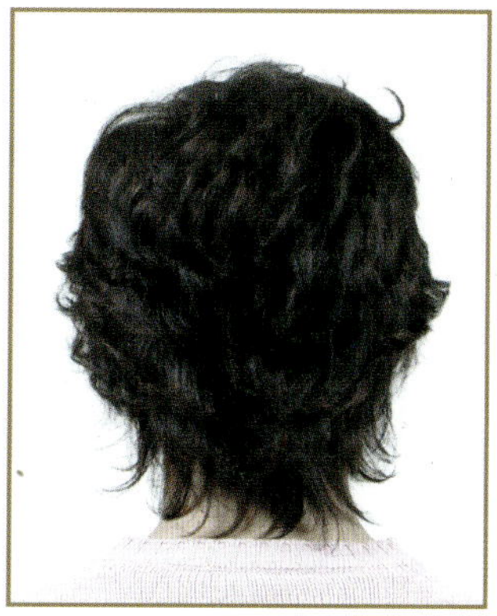

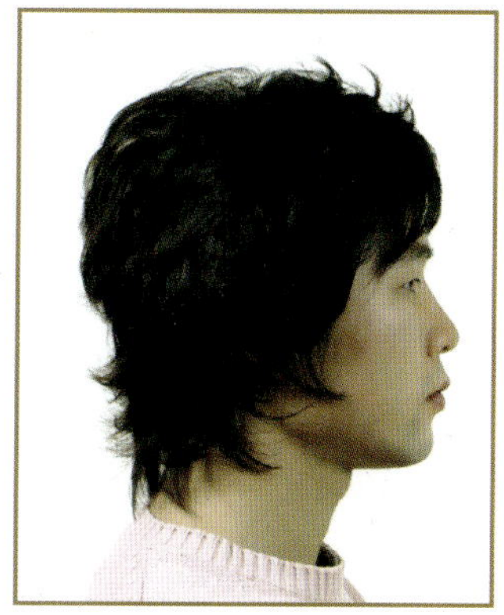

1. 웨이브의 흐름과 방향

기본 드라이가 된 상태에서 샤기한 느낌을 주기 위해 삼각 아이롱을 이용하여 포인트를 주고자 하는 부분에 삼각아이롱을 사선으로 대고 아웃컬을 만들어 G.P 아래는 움직임을 표현하고, U라인 영역에는 볼륨감을 만들어준다.

2. 커트의 시술방법과 도해도

N.P에서 2~5cm 정도의 U라인 형태선을 시술하고 U라인 영역에서 G.P를 기준으로 가이드를 설정한다. 그 후 G.P~B.P 일반시술각 90°로 시술하며 G.P~C.P는 일반시술각 90°로 시술하고 B.P와 N.P를 연결하면 된다. 앞머리에 가이드를 설정한 후 T.P와 연결하고, 옆선은 S.C.P선 만큼 잡아주고 귓불만큼 파서 연결을 시켜준 후 손질하기 편하게 질감처리 한다.

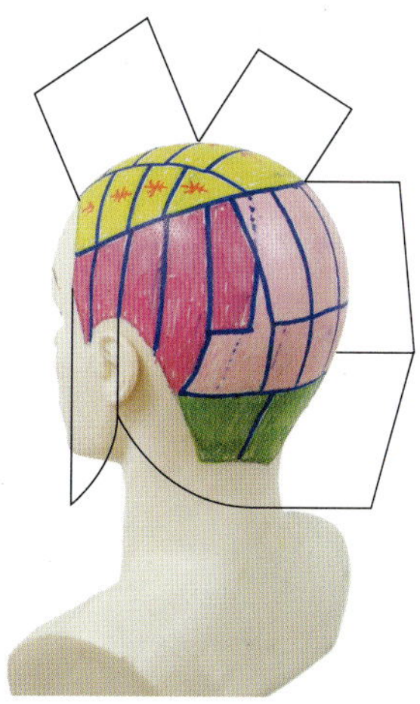

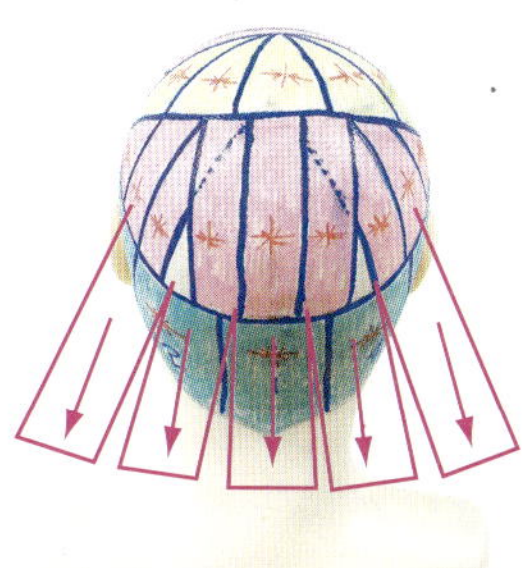

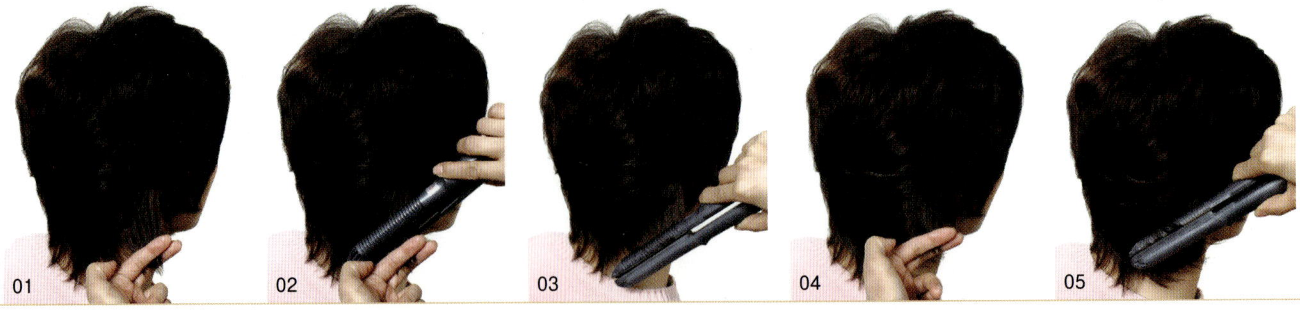

01. 헤어스타일을 만든 상태에서 강한 표현을 하고자 하여 후하부에 아웃컬을 만들기 위해 사선으로 판넬을 잡는다.
02. 삼각 아이롱을 사선으로 잡고 아웃컬을 만들어 준다.
03. 삼각 아이롱을 얼마만큼 베이스를 이용하느냐에 따라 아웃컬의 강도가 달라진다.
04. 다음 시술을 위한 사선 판넬을 잡는다.
05. 삼각 아이롱을 사선으로 대고 C컬을 그리면서 아웃컬을 만든다.

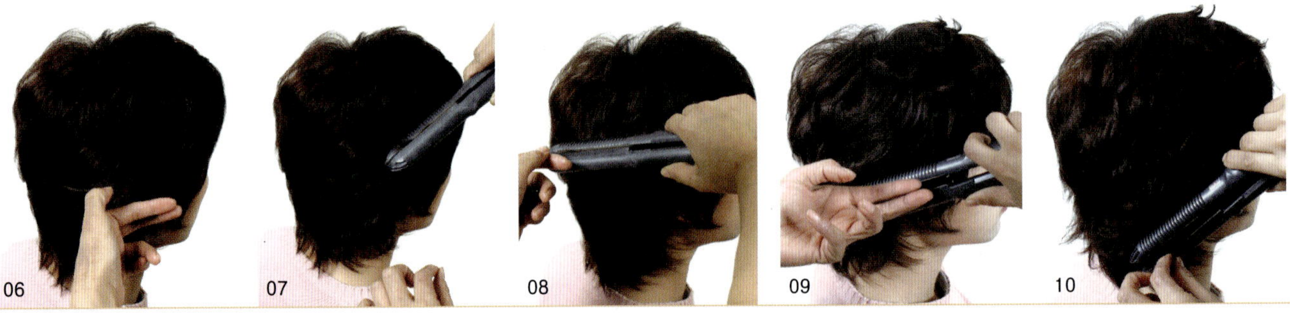

06. 모발의 끝부분을 사선을 잡는다.
07. 삼각 아이롱을 사선으로 댄 상태에서 C컬을 그리면서 아웃컬을 만든다.
08. 후중부는 일자로 모발을 잡고 삼각 아이롱도 일자를 대주면서 아웃컬을 만든다.
09. 윗부분 보다는 약간만 사선으로 모발을 잡고 삼각 아이롱을 사선으로 대고 아웃컬을 만든다.
10. 밑으로 내려와서는 사선으로 모발을 잡고 삼각 아이롱을 사선으로 대고 아웃컬을 만든다.

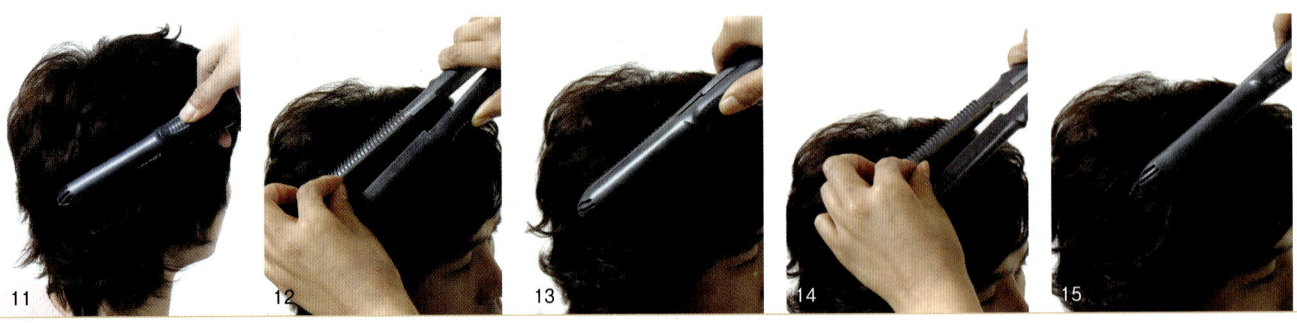

11. 삼각 아이롱을 얼마만큼 베이스를 이용하느냐에 따라 아웃컬의 강도가 달라진다.
12. 앞머리 부분도 사선으로 판넬을 잡아주고 삼각 아이롱을 사선으로 댄다.
13. 사선으로 댄 상태에서 회전시켜 아웃컬을 만든다.
14. 회전시키는 정도에 따라 아웃컬의 느낌이 다르다.
15. 삼각 아이롱을 뜸을 들인 후 모발을 빼낸다.

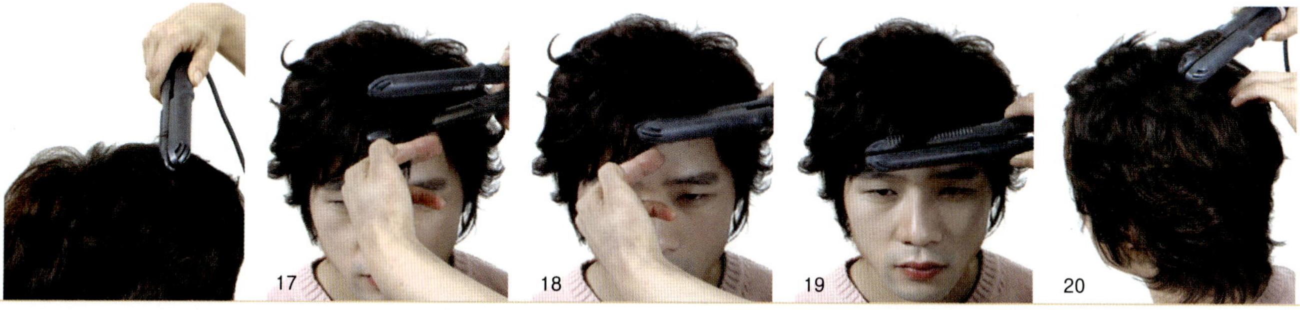

16. 모발 끝까지 컬의 흐름을 시술한다.
17. 앞으로 내리는 부분도 약간 사선으로 삼각 아이롱을 잡고 모발 안으로 넣는다.
18. 모발을 안으로 감아 인컬을 만들어 준다.
19. 인컬을 만들어 주면서 자연스런 C컬을 만든다.
20. 후상부는 볼륨을 만들어 주기 위해 모발의 각도를 들고 삼각 아이롱을 회전한다.

21. 삼각 아이롱을 회전하여 공기감을 준 볼륨을 만든다.
22. F.S.P선 위쪽은 모발의 각도를 들어서 삼각 아이롱을 회전하여 볼륨을 만든다.
23. 푼 모발을 손으로 웨이브의 흐름을 만들어 준다.
24. 다시 아웃컬을 삼각 아이롱으로 잡아준다.
25. 회전시키는 정도에 따라 아웃컬의 느낌이 다르다.

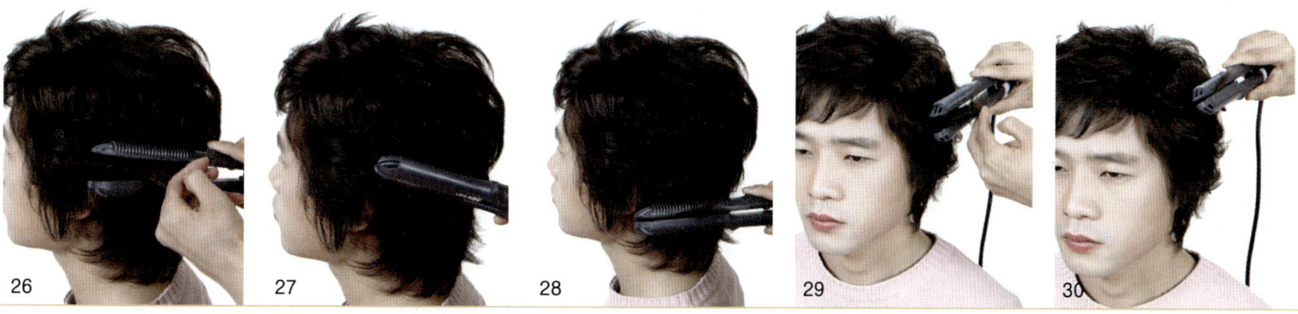

26. 삼각 아이롱을 평행으로 잡고 모발 안으로 넣는다.
27. 삼각 아이롱을약간 사선으로 회전하여 아웃컬을 만든다.
28. 삼각 아이롱을 평행으로 잡고 모발 안으로 넣어 아웃컬을 만든다.
29. 삼각 아이롱을 평행으로 잡고 모발 안으로 넣어 아웃컬을 만든다.
30. 회전시키는 정도에 따라 아웃컬의 느낌이 다르다.

05 별모양 – 유니폼레이어 변형 7

C컬의 흐름과 두상의 이해 7

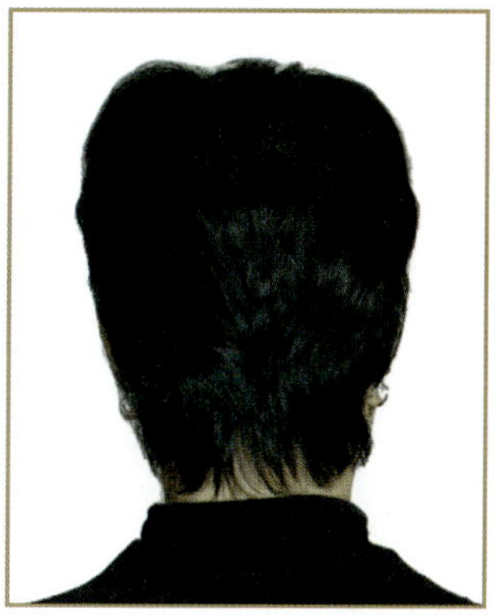

C컬의 흐름과 두상의 이해
- 롤 브러쉬

1. 웨이브의 흐름과 방향

조금만 손질을 더하여 포인트를 잡아주면 그날의 기분에 따라 헤어스타일을 연출할 수 있는 자유스러운 스타일이다. 포인트를 롤 브러쉬로 잡아주고 롤 브러쉬로 모류보정도 잡아주면서 독특한 표현까지 연출할 수 있는 헤어스타일이다.

2. 커트의 시술방법과 도해도

네이프의 길이는 2~5cm 정도로 설정하고 길이를 짧게 설정하여 유니폼레이어로 커트한 후 앞머리 표정을 짧게 하여 C.P와 연결하여 앞머리의 표정을 만든 후 옆선은 귀를 들어나 보이게 짧게 파서 신선한 이미지와 산뜻한 쇼트 헤어스타일 이미지를 표현하였다.

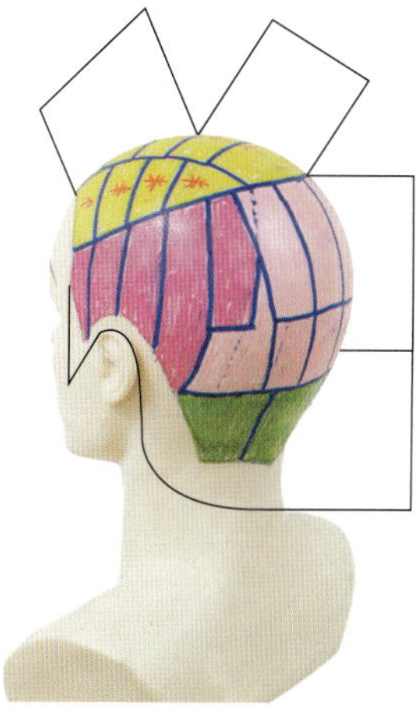

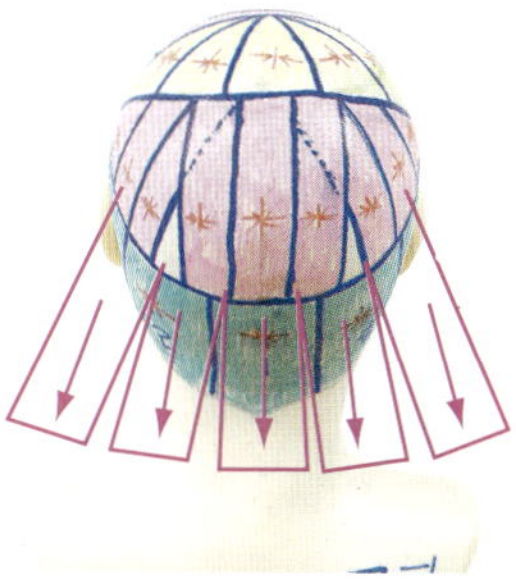

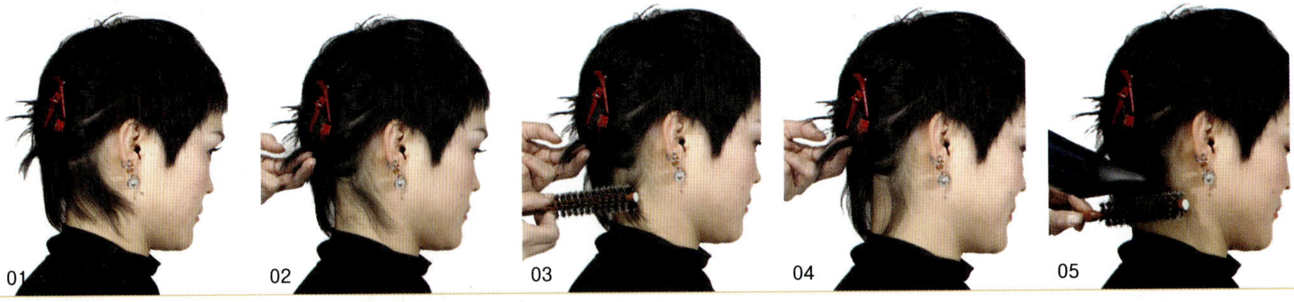

01. 후하부의 모류를 보정하기 위해 브록킹을 타 놓은 상태이다.
02. 가장 강한 모류가 있는 안쪽을 드라이롤을 이용해 모류 반대쪽으로 잡아준다.
03. 모류가 흐르는 반대쪽으로 롤 브러쉬를 당겨서 열을 주고 뜸을 들인다.
04. 모류의 흐름이 뒤쪽으로 흘러가고 있다.
05. 롤 브러쉬를 모발위로 올려서 모류를 잡아준다.

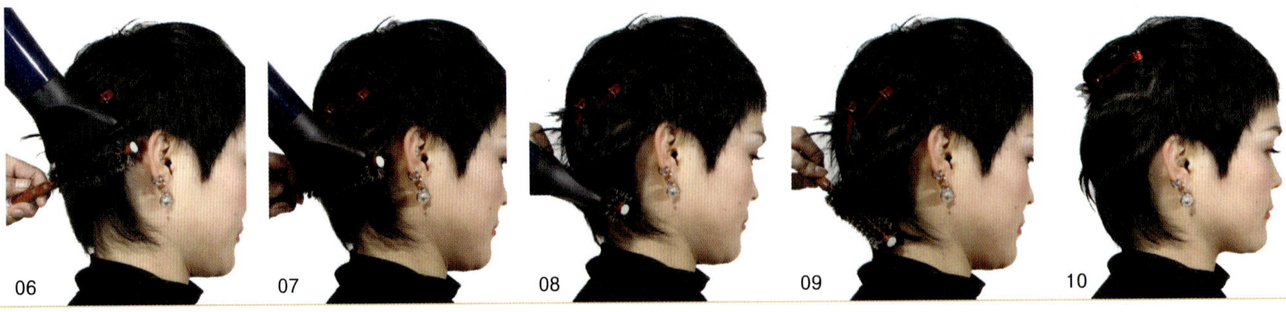

06. 앞쪽으로 흐름을 주기 위해 후대각으로 롤 브러쉬를 드라이어를 따라간다.
07. 모근부에 볼륨을 주지 않은 상태에서 모발을 빼면서 선을 만들어 준다.
08. 롤 브러쉬를 앞쪽으로 C컬의 자연스러움을 만들면서 빼낸다.
09. 후하부의 선을 예쁘게 표현한다.
10. 다음 시술을 위해 브록킹을 타 놓은 상태이다.

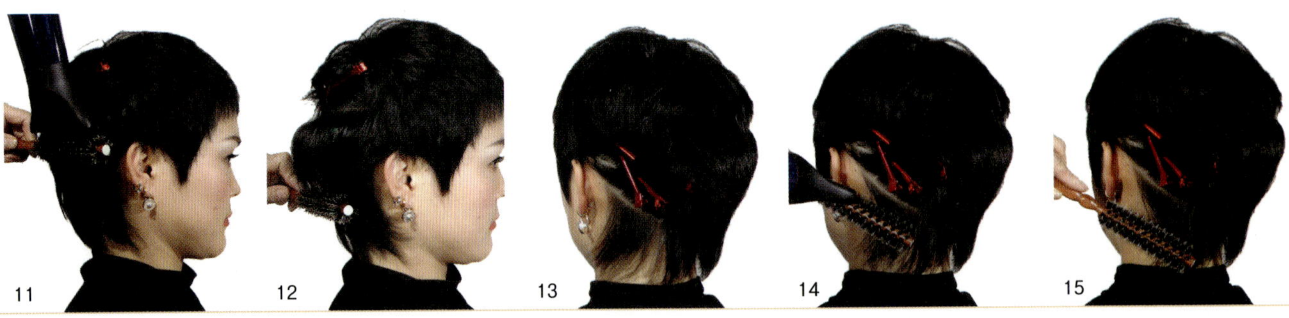

11. 모근부에 롤 브러쉬를 반 바퀴 돌려 두피에 대어 볼륨을 준다.
12. 롤 브러쉬를 고정하지 않고 그대로 빼낸다.
13. 앞쪽으로 모류의 흐름이 강하다.
14. 롤 브러쉬를 뿌리 위쪽에 올려놓고 뒤쪽으로 밀어 열을 준 후 뜸을 들여 모류를 보정한다.
15. 모발 끝까지 롤 브러쉬를 이용해 드라이어로 열을 준다.

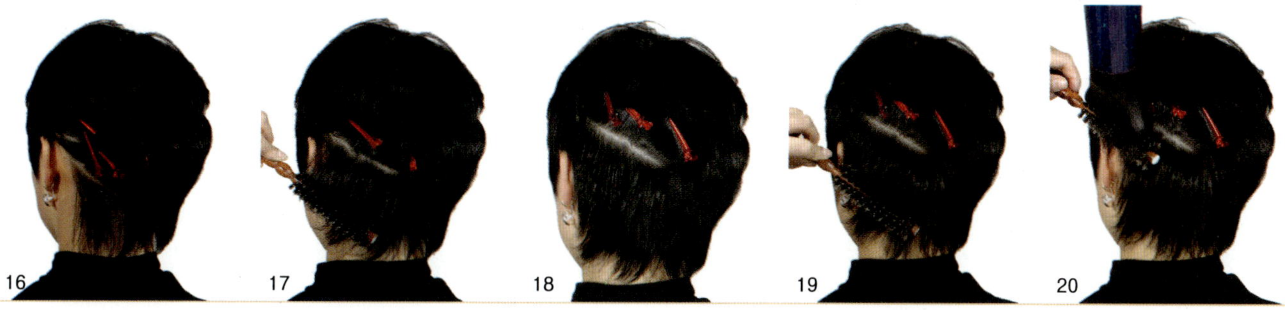

16. 앞쪽으로 강한 흐름의 모류가 고정되었다.
17. 후대각으로 섹션을 잡고 롤 브러쉬를 따라 드라이어가 따라 가면서 자연스런 C컬을 만들어 준다.
18. 시술하기 위한 후대각 브록킹이다.
19. 브록킹과 롤 브러쉬를 나란히 하고 롤 브러쉬를 앞쪽으로 빼면서 웨이브를 만들어 준다.
20. 모류는 잡아주고 볼륨은 주지 않으면서 후하부의 선을 만들어 준다.

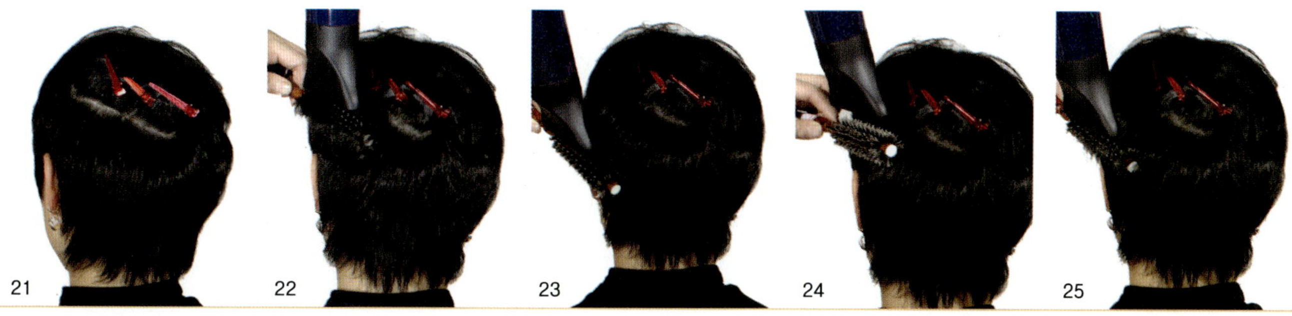

21. 시술하기 위한 후대각 브록킹이다.
22. 모류보정과 볼륨을 주면서 모발 끝까지 시술한다.
23. 롤 브러쉬를 따라 드라이어가 따라 이동한다.
24. 볼륨이 너무 많으면 떠 보이므로 롤 브러쉬를 모류위에 놓고 눌러준다.
25. 모류가 한쪽으로 강하게 흘러가고 있다. 이 모류를 보정한다.

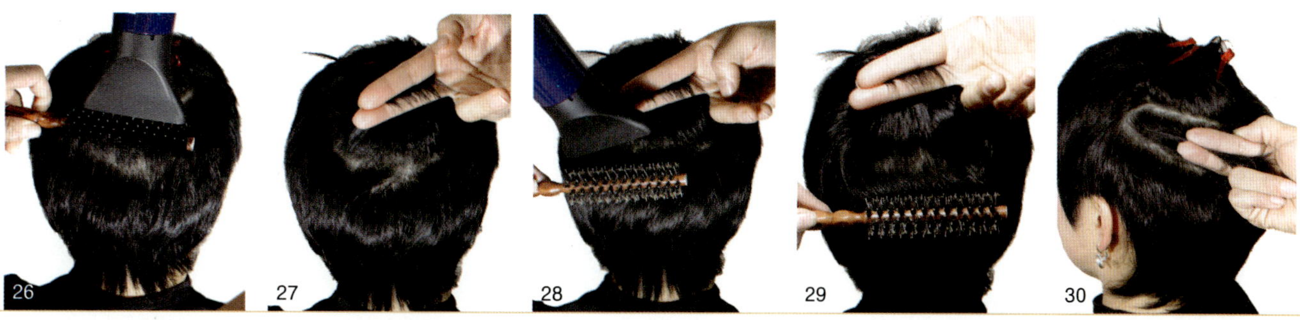

26. 롤 브러쉬로 모류보정과 볼륨은 주면서 시술한다.
27. 모류가 한쪽으로 심하게 흘러가고 있다. 이 모류를 보정한다.
28. 롤 브러쉬로 모류를 역행하게 하여 놓고 드라이어로 열을 주어 뜸을 들인 후 모류를 보정한다.
29. 모류가 흐르는 반대쪽으로 롤 브러쉬를 밀어서 모류보정을 한다.
30. 흐름이 뒤쪽으로 흘러가게 하는 판넬이다.

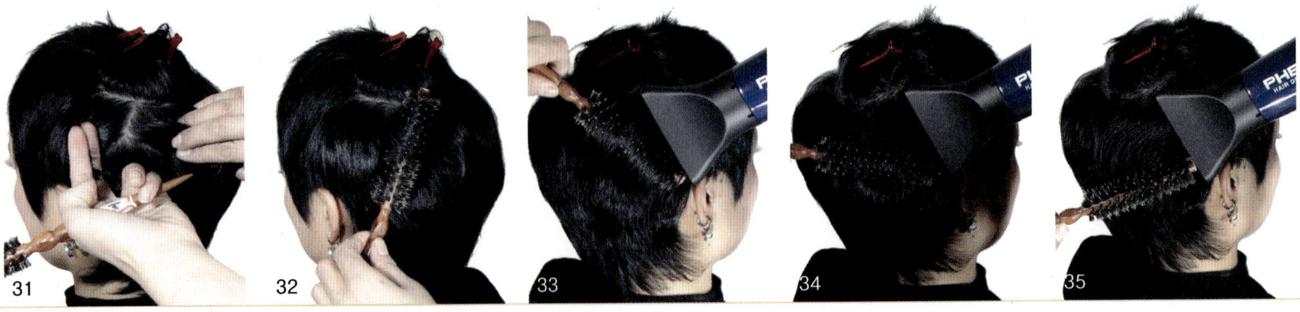

31. 절반으로 나누어서 시술한다.
32. 롤 브러쉬를 사선으로 세우고 반 바퀴 회전하여 두피에 대고 열을 준 후 뒤쪽으로 모발을 빼낸다.
33. 백(back)쪽을 향해 롤 브러쉬를 사선으로 대고 모근부에 열을 주어 흐름을 만든다.
34. 귀선으로 돌아가는 모발의 흐름을 시술하기 위해 롤 브러쉬를 백(back)쪽으로 향해 C커브를 만든다.
35. 드라이어 열을 주면서 롤 브러쉬를 귀선에서 C컬을 그려준다.

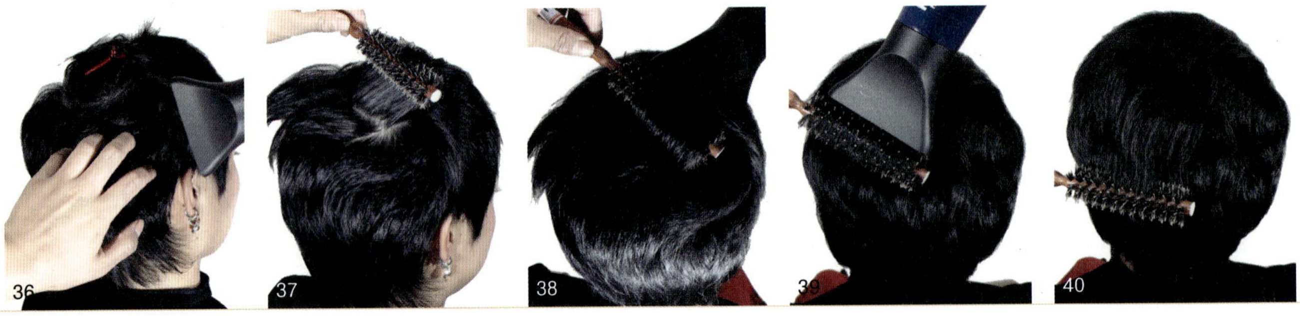

36. 손을 이용해서 다시 한 번 모발의 흐름을 잡는다.
37. 롤 브러쉬를 앞쪽으로 밀면서 와인딩 한 후 열을 주고 뜸을 들인다.
38. 와인딩 한 후 롤 브러쉬 뿌리에 열을 주고 뜸을 들인다.
39. 롤 브러쉬와 드라이어를 나란히 하여 모근부에 열을 준다.
40. 롤 브러쉬를 드라이어가 모발 끝까지 따라 가면서 C컬을 만들어 준다.

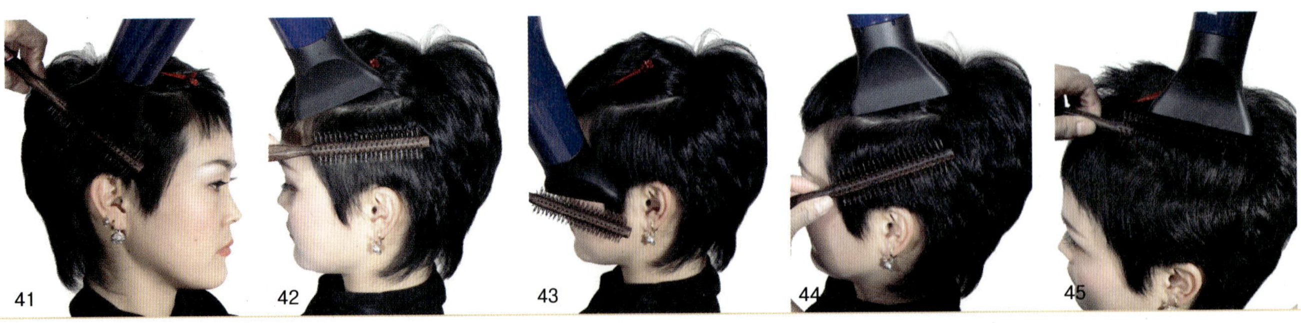

41. F.S.P 뒤쪽으로 흐름이 뒤쪽으로 가도록 롤 브러쉬를 사선으로 두고 백(back)쪽으로 모발을 빼낸다.
42. 볼륨을 낮추기 위해 롤 브러쉬를 모발위 1cm에 놓고 드라이어로 열을 주고 뜸을 들인다.
43. S.C.P에 모류를 낮추기 위해 롤 브러쉬를 모발위 1cm에 놓고 드라이어로 열을 주고 뜸을 들인다.
44. 볼륨은 주지 않지만 뿌리는 살리면서 시술한다.
45. 앞쪽에 흐름이 강하므로 뒤쪽으로 흐르게 잡아준다.

46

47
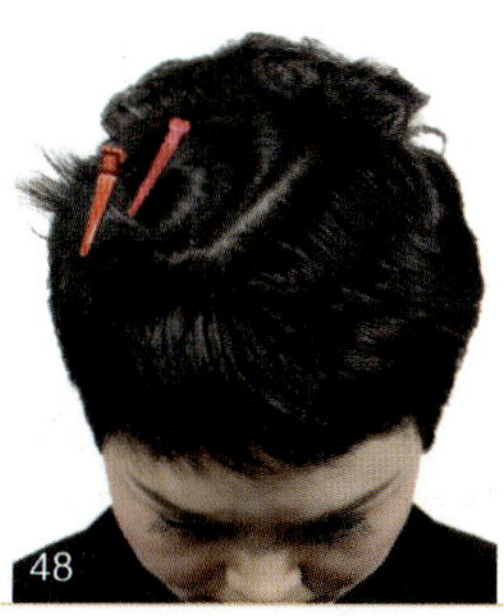
48

49

50

46. 사선으로 브록킹을 시술하고 브록킹과 롤 브러쉬를 나란히 하여 모류를 잡아준다.
47. F.S.P선 부위는 모류가 잘 휘어지므로 항상 신경 써서 모류를 보정한다.
48. 다음 시술을 위한 브록킹이다.
49. 백(back)쪽으로 흐름을 주면서 롤 브러쉬를 빼고 다음 판넬도 롤 브러쉬를 사선으로 하여 뒤쪽으로 주면서 모발을 빼낸다.
50. 앞머리 시술을 하기 위한 브록킹이다.

51

52

53
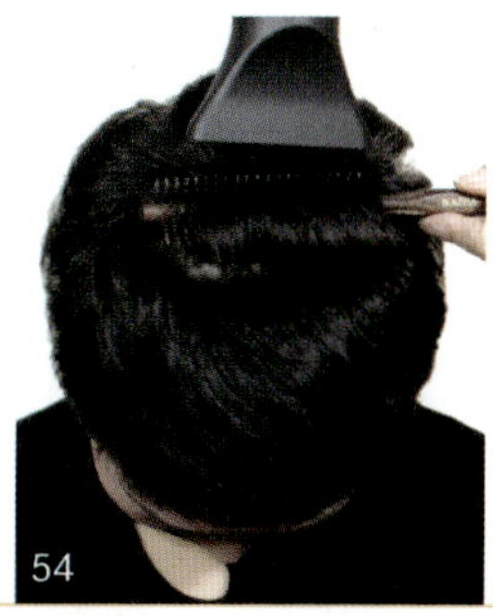
54

55

51. 뿌리에 볼륨만 주고 롤 브러쉬에 와이딩은 하지 않은 채 흐름만 잡는다.
52. 롤 브러쉬는 머리 위로 굴리면서 빼낸다.
53. 뿌리는 볼륨만 주고 앞쪽으로 흐름이 가도록 롤 브러쉬를 이용한다.
54. 롤 브러쉬가 한쪽 방향으로만 향하도록 시술한다.
55. 롤 브러쉬를 얼굴 쪽으로 모발을 빼낸다.

56
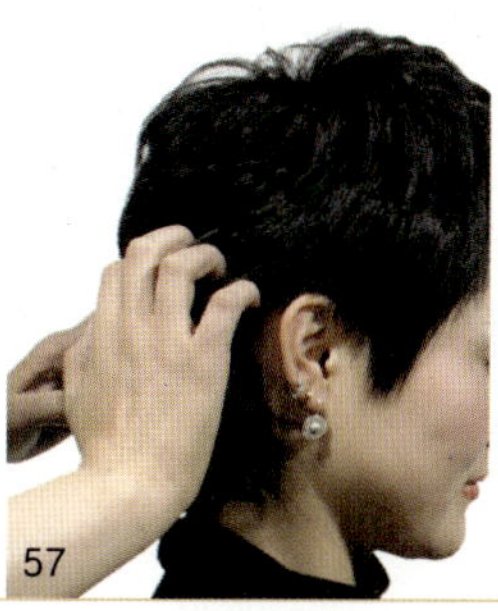
57
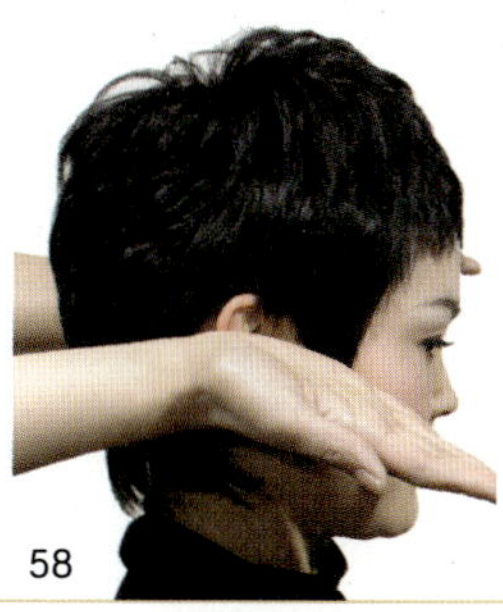
58
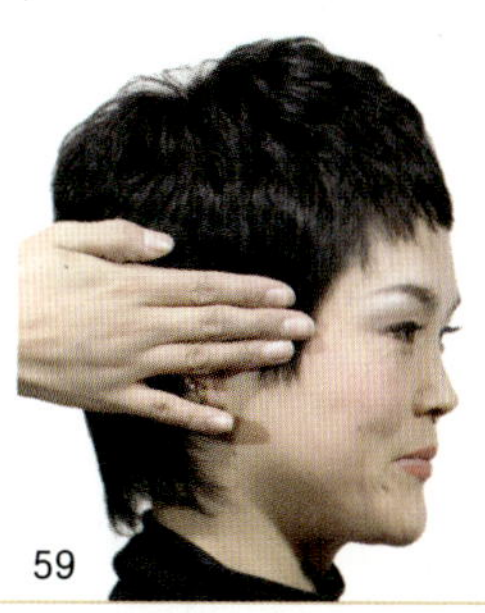
59

60

56. 손에 제품을 잘 비벼서 머리에 바른다. 이때 웨이브가 많이 나와야 하므로 가볍게 쥔다.
57. 네이프는 귀 바퀴 방향으로, 손으로 C컬을 그려준다.
58. S.C.P에 모류를 낮추기 위해 손으로 비벼주면서 눌러준다.
59. 손가락을 이용해서 다시 한 번 눌러준다.
60. 포인트를 주기 위해 손가락으로 가닥가닥 잡아준다.

05 별모양 – 상고 1

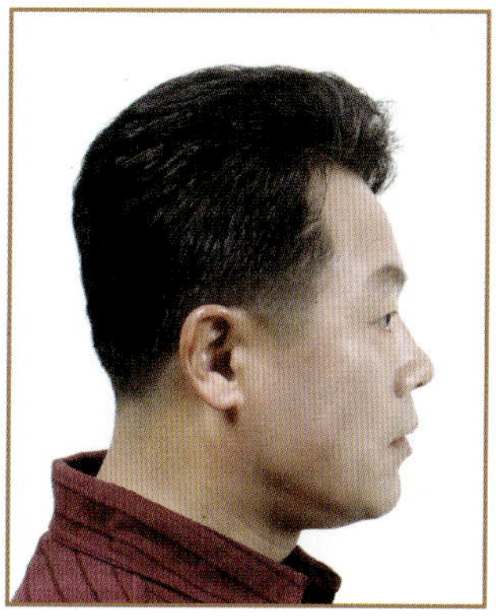

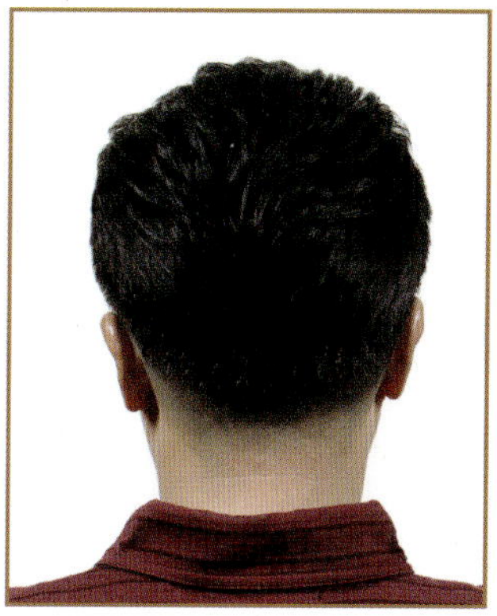

C컬의 융합

- S브러쉬

1. 웨이브의 흐름과 방향

S브러쉬로 모근부 부분을 세우고 백(back)쪽으로 자연스러운 C컬을 만들어 주면서 S브러쉬를 이용하여 모류보정과 골격보정을 하여 세련된 남성스타일을 연출하였다.

2. 커트의 시술방법과 도해도

남성 커트는 틴닝가위로 질감처리를 먼저 한 후 전체적으로 앞머리 가르마부터 시작하여 유니폼 레이어로 B.P까지 시술한다. 시술 후 U라인을 만들고(검정선) 그라데이션 처리 후 모발이 전혀 없는 깨끗한 모발(하얀색)을 만들어 삼색조화가 잘 이루어져야 한다.

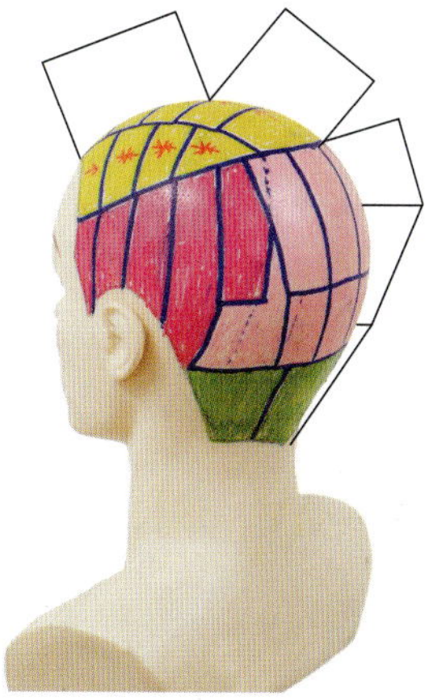

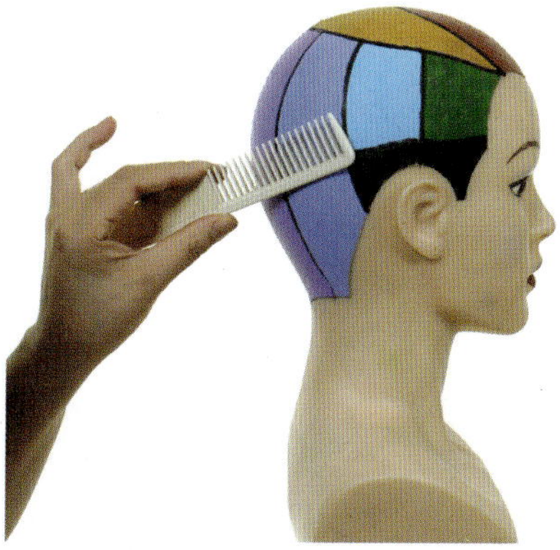

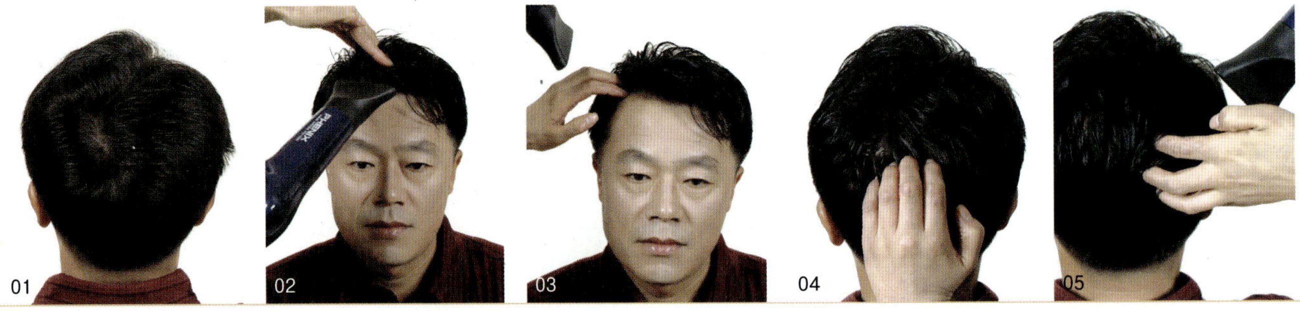

01. 가마부분에 모류가 강하다. 모류 보정이 필요하다.
02. 모류가 흐르는 반대 방향으로 모발의 각도를 손으로 들고 드라이어의 열을 주어 모류를 세워주는 시술을 먼저 한다.
03. 모류가 강한 부분은 모류를 손가락으로 비벼주면서 열을 주어 모근부부터 말린다.
04. 후상부의 모류를 손가락으로 비벼주고 모발의 각도를 들어서 열을 주어 모근부부터 말린다.
05. 모발의 각도를 들어서 열을 주어 모류를 보정하고 원하는 방향으로 모발을 보낸다.

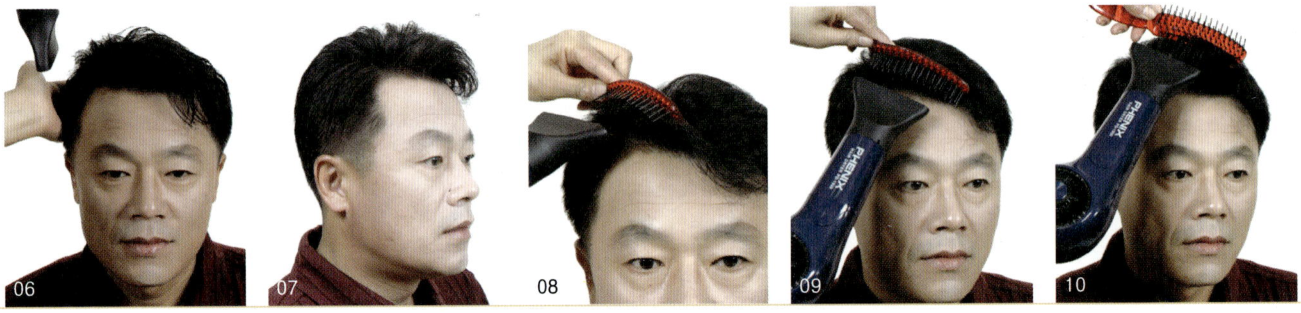

06. 모류가 강한 부분은 모류를 손가락으로 비벼주면서 열을 주어 모근부 부터 말린다.
07. 모류 보정을 하여 핸드드라이만 시술해 놓은 상태이다.
08. S브러쉬로 모류의 각도를 들고 모류를 세우고자 하는 부분은 사선으로 모발을 당긴다.
09. S브러쉬를 두피면에 대고 모발을 자연스럽게 당겨 뿌리에는 볼륨을 준다.
10. 앞머리에는 C컬의 흐름을 자연스럽게 연결한다.

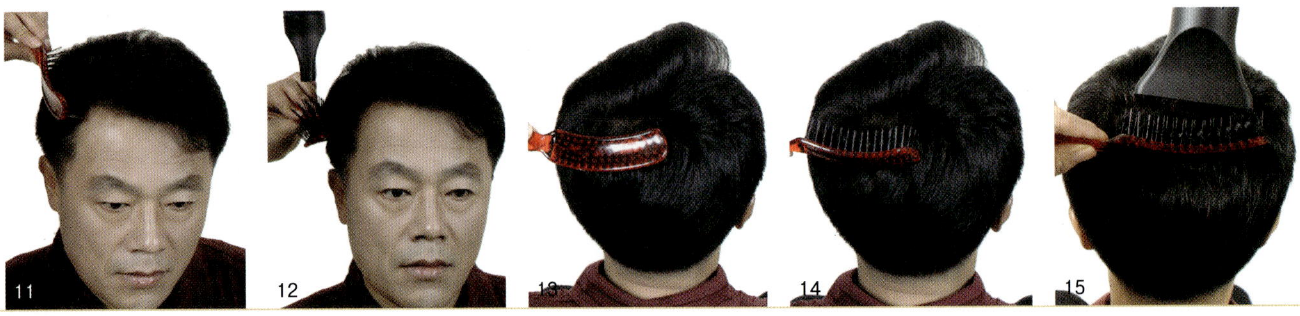

11. 모류가 쏠리는 현상이 있다. S브러쉬로 모류를 당겨 열을 주어 모류를 보정한다.
12. 모류를 당겨 주고 드라이어로 열을 주어 모류를 보정한다.
13. S브러쉬로 모류를 당겨 드라이어로 열을 주어 모류를 보정한다.
14. 모근부에 열을 주고 뜸을 들여 갈라진 모류를 교정한다.
15. 모류 교정이 되지 않으면 다시 한 번 수정하여 또 한 번 시술한다.

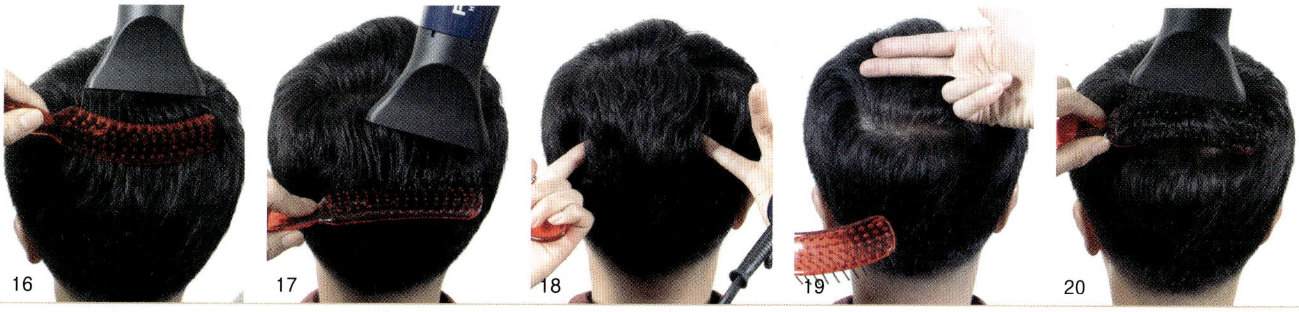

16. S브러쉬를 후상부의 두피에 대고 반 바퀴를 앞쪽으로 회전하여 모근부가 앞쪽을 향하게 한다.
17. 모근부가 앞쪽을 향한 상태에서 열을 주고 뜸을 들인 후 빗질하여 볼륨과 흐름을 만든다.
18. 머리가 뭉친 곳을 찾는다.
19. 모류가 이쪽저쪽 일정하게 흐르지 않기 때문이다.
20. 두피에 S브러쉬를 대고 반 바퀴 회전하여 열을 주고 뜸을 들이고 빗질한다.

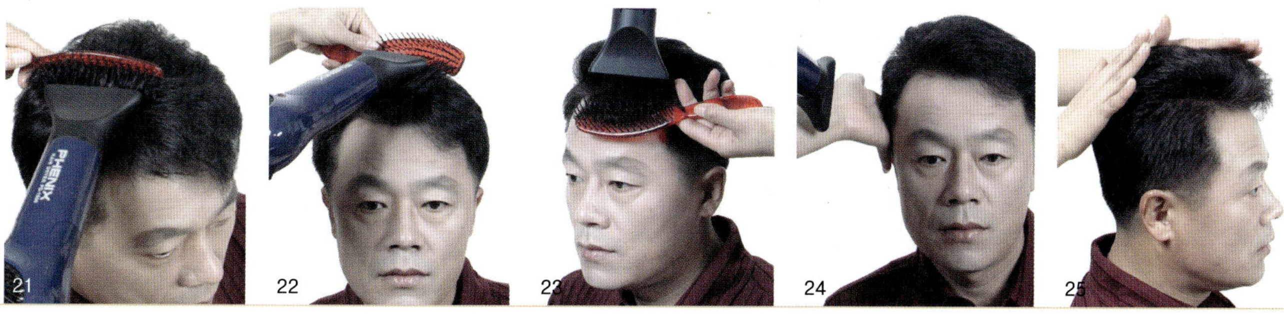

21 앞머리와 옆선을 자연스럽게 연결하기 위하여 S브러쉬를 사선으로 대고 모발을 당겨서 시술한다.
22. 다시 한 번 S브러쉬를 사선으로 대고 모발을 당겨서 열을 준 후 웨이브를 주고자 하는 방향으로 빗질한다.
23. 이곳은 뿌리가 누워지기 쉬운 영역이므로 S브러쉬를 사선으로 대고 반 바퀴 회전하여 앞쪽으로 자연스런 C컬을 만들어 준다.
24. 튀어나온 부분은 손으로 흐름을 잡아주고 열을 준 후 뜸을 들여 형태를 잡아준다.
25. 손으로 다시 한 번 형태를 잡아준다.

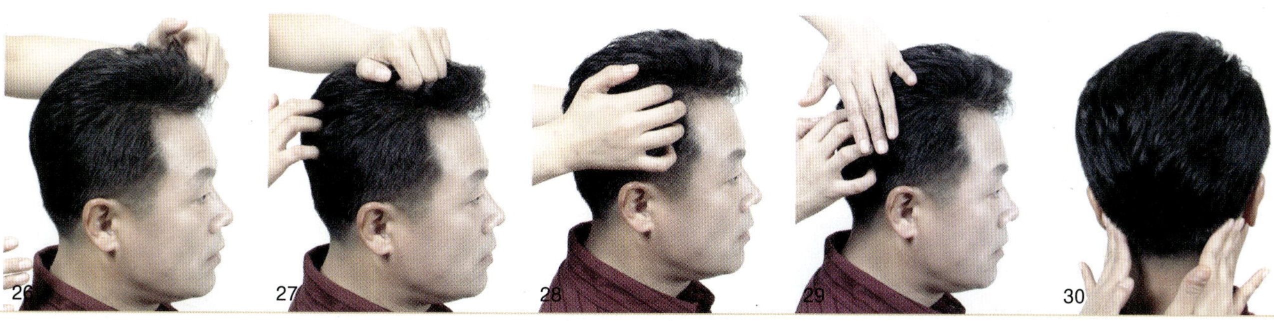

26. 앞머리 부분은 손가락 웨이브로 뿌리를 살린다.
27. 손가락으로 쥐어서 모근부에 볼륨과 자연스러운 골을 만든다.
28. 옆선도 손으로 형태를 다시 한 번 잡아준다.
29. 만들어진 앞부분의 형태는 그대로 유지하면서 뒷부분의 웨이브를 손으로 다시 한 번 잡아준다.
30. 혹시 튀어나온 모발이나 수정하고자 하는 모발을 다시 한 번 잡아준다.

05 별모양 – 상고 2

샤기 스타일 만들기

 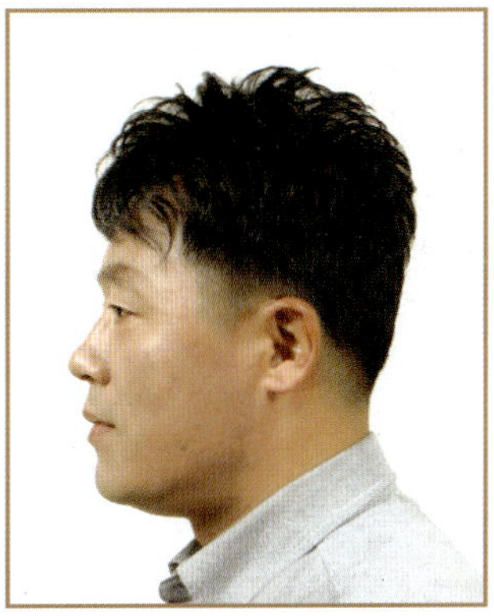

샤기 만들기 – 핸드드라이

1. 웨이브의 흐름과 방향

가벼운 앞머리 표현으로 젊음을 어필하였고, 핸드드라이어로 한쪽으로 비비거나, 머리카락 끝을 왁스로 샤기 멋쟁이를 연출하였다.

2. 커트의 시술방법과 도해도

남성 커트는 틴닝가위로 질감처리를 먼저 한 후 전체적으로 앞머리 가르마부터 시작하여 유니폼 레이어로 B.P까지 시술한다. 시술 후 U라인을 만들고(검정선) 그라데이션 처리 후 모발이 전혀 없는 깨끗한 모발(하얀색)을 만들어 삼색조화가 잘 이루어져야 한다.

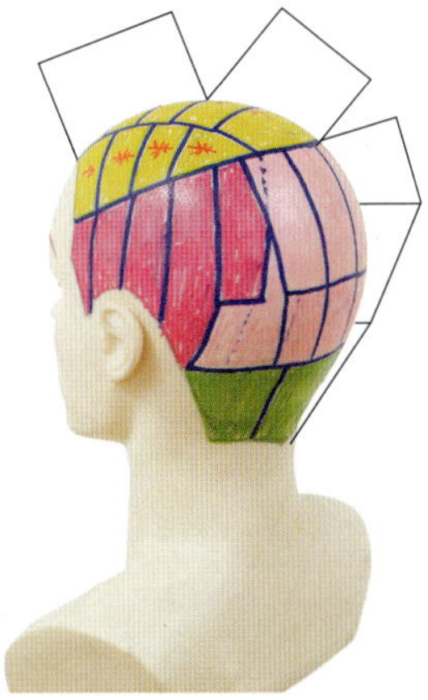

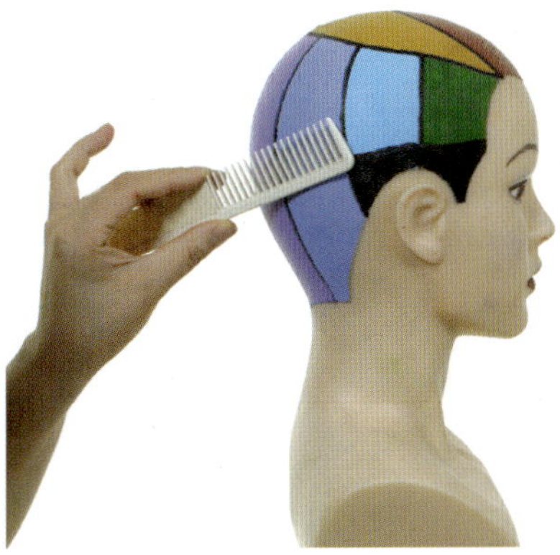

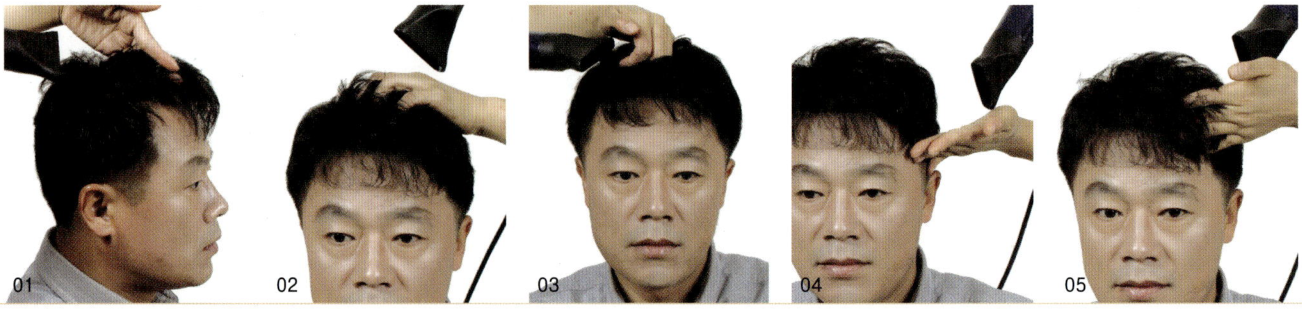

01. 앞쪽으로 흐름을 시술하고 싶다.
02. 앞쪽을 향해 손으로 흐름을 주면서 드라이어로 열을 주고 뜸을 들이면서 모근부 부터 모발을 말린다.
03. 모근부에 볼륨을 주기 위해 주먹을 쥐어서 모근부를 살리고 표면에는 흐름을 잡아준다.
04. 들뜬 모발은 손으로 눌러주고 열을 준다
05. 모류는 잡아주고 뿌리 부분의 강한 모류는 손가락으로 비벼 주면서 헤어스타일을 만든다.

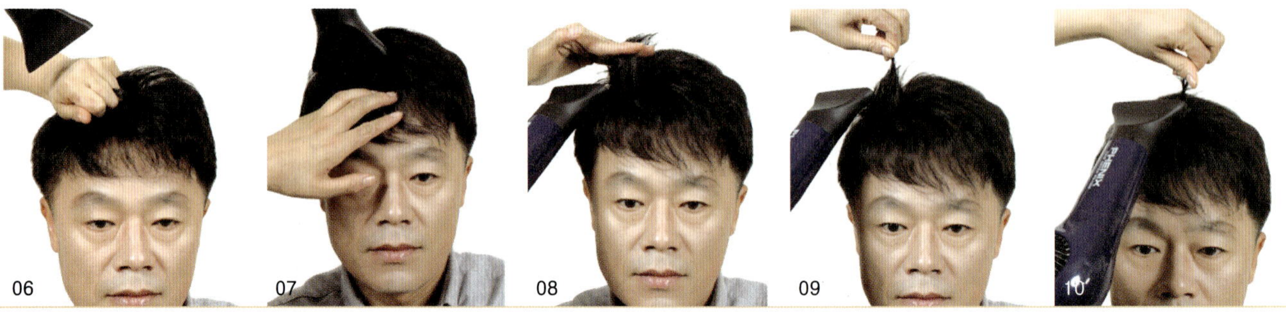

06. 모류를 잡아주기 위해 주먹을 쥐어서 모근부를 살리고 표면에는 흐름을 잡아준다.
07. 모근부 부터 드라이어로 열을 주고 뜸을 들이면서 형태를 잡아준다.
08. 모류를 세워주기 위해 모발의 각도를 들고 모발을 앞쪽으로 당겨서 시술한다.
09. 모발을 강하게 세우고자 드라이어로 손에 잡고 있는 모발에 열을 주고 뜸을 들여 모발세우기를 한다.
10. 손에 잡고 있는 모발에 열을 주고 뜸을 들여 모발세우기를 한다.

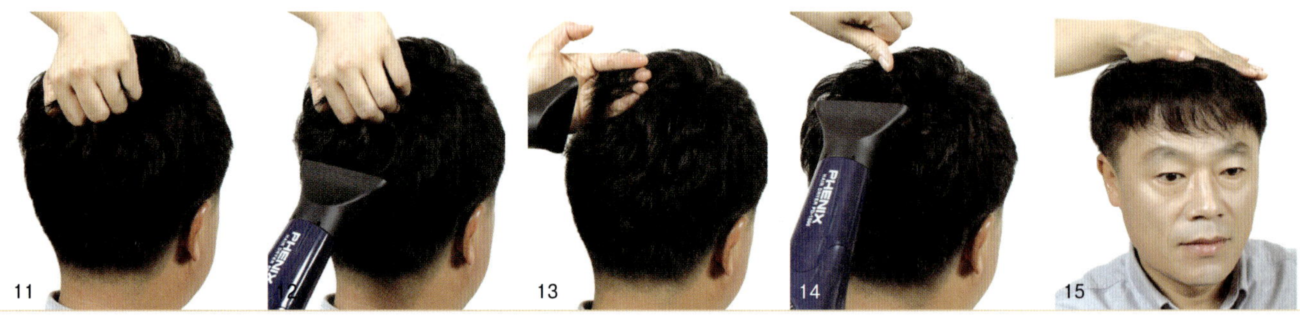

11. 모류를 잡아주기 위해 주먹을 쥐어서 모근부를 살리고 표면에는 흐름을 잡아준다.
12. 갈라짐을 방지하기 위해 모발의 각도를 들어 올려서 주먹을 쥐고 열을 준다.
13. 뒷부분에는 볼륨을 세우기 위해 모발에 주먹을 쥐고 모근부를 살리고 끝부분은 C컬을 만든다.
14. 손에 잡고 있는 모발에 열을 주고 뜸을 들여 모발세우기를 한다.
15. 모류 방향이 강한 곳은 모근부를 비벼서 모류를 약하게 한다.

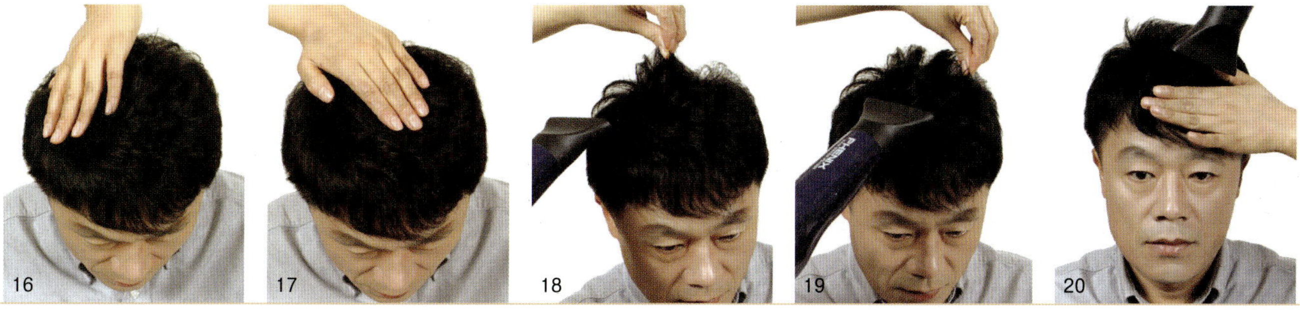

16. 모발을 세우기 위해 밀 작업을 시술한다.
17. 모류가 강한 곳은 다시 한 번 비벼주기를 시술한다.
18. 후상부는 판넬을 만들어 모발 세우기를 한다.
19. 손에 잡고 있는 모발에 열을 주고 뜸을 들여 모발세우기를 한다.
20. 전두부의 영역은 앞으로 흐름을 만든다.

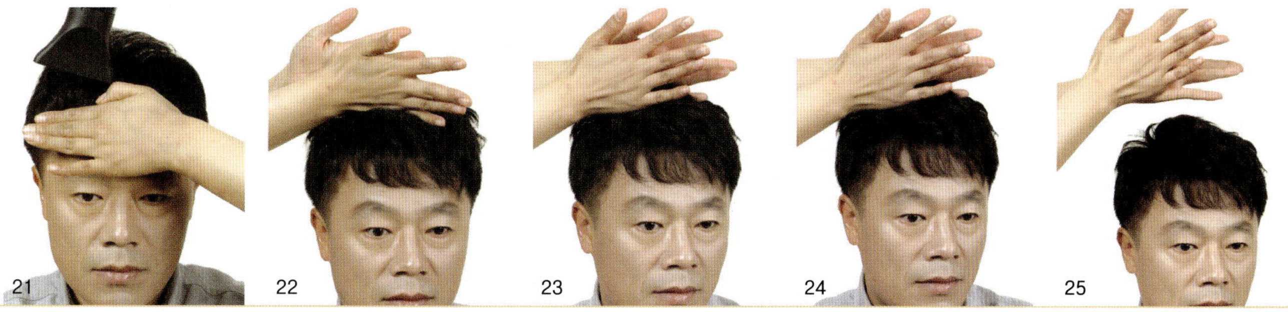

21. 들뜬 모발은 손으로 눌러주고 열을 준다.
22. 손으로 T.P부터 모발세우기를 위해 골을 만든다.
23. 손을 가로로 시작하다 사선으로 방향을 잡아 골을 만든다.
24. 군데 군데 나누어서 모발세우기를 하여 짧은 모발이지만 샤기한 느낌을 만든다.
25. 모발을 들어 올리면서 비벼준다.

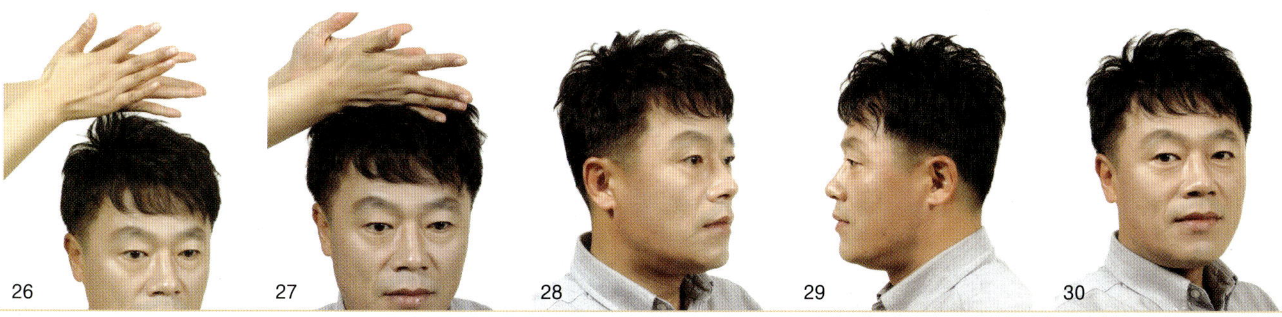

26. 손바닥 사이로 모발을 비벼준다.
27. 손을 사선으로 하여 방향을 잡아 골을 만들어 준다.
28. 완성된 옆모습
29. 완성된 반대편 옆모습
30. 완성된 앞모습

★ 연습 작품 ★

★ 나의 작품 뽐내보기 ★

용어해설

『A』

아킹(Arching) ⇨ 아킹 동작으로 머리카락 또는 모발을 컷트하는 레져 커팅 기법으로 사용되는 아크의 크기는 원하는 머리형과 컷트길이와 관련이 있다.

액티베이티드(Activated) ⇨ 컷트한 머리끝이 보이는 거친 머리표면

앵글(Angle) ⇨ 각도에는 두가지 측정방법이 있다.

셀레스철 엑시스(Celestial Axis) ⇨ 천체축에 의한 각도

헤드앵글(Head Angle) ⇨ 두상에 의한 각도

어 큐트 앵글(A Cute Angle) ⇨ 날카로운 각도

어 핑거스 위드(A Finger's Width) ⇨ 손가락 한 개의 넓이

어나토미(Anatomy) ⇨ 신체 구조에 관한 과학

어댑터벌(Adaptable) ⇨ 개인의 해부학적 구조, 성장 패턴, 머리술과 생활 양식에 맞추는 것

어젠트 컷트(Argent Cut) ⇨ 은발의 컷트라고 불리어지는 남성용의 롱스타일. 톱의 전방과 후방의 모발을 브러쉬 다운하여 관자놀이의 백발을 특수한 형으로 브러쉬 엎하는 로맨스 그레이의 이미지를 나타낸 헤어스타일. 흑발에도 어울린다.

어케이드 컷트(Arcade Cut) ⇨ 남성의 롱 헤어스타일의 일종. 라인을 거의 면도로 밀어낸 정도로 짧게 깎는 것이 특징

어팩스(Apex) ⇨ 가장 높은 지점, 혹은 봉우리. 두상의 탑 부분

얼터네이트(Alternate) ⇨ 교체, 바꿈의 뜻

에어리어(Area) ⇨ 특별한 공간

에이시머트리(Asymmetry) ⇨ 대칭이 맞지 않음. 비대칭(좌우의 밸런스가 동일하지 않는 것)

올시저스(All Scissors) ⇨ 전부 가위로 자르는 컷트

『B』

바이어스 스라이스(Bias Slice) ⇨ 본래는 복식 용어로 비스듬히란 뜻. 컷트에서는 패널을 잡아낼 때 방사선상으로 패널을 잡아내는 것을 '바이어스 스라이스하여 패널을 잡아낸다'고 한다.

바이어스 컷트(Bias cut) ⇨ 사선 슬라이스로 컷트하는 방법

백 사이드(Back Side) ⇨ 두상의 뒤쪽을 가리킨다. 즉 두상 또는 두상형의 뒤쪽부분을 말한다. 일반적으로는 후두부, 목덜미라고도 불리 우고 있는 부분

뱅(Bang) ⇨ 수직으로 내린 앞머리를 가리킴

베벌(Bevel) ⇨ 커팅 효과의 하나로 머리끝부분을 바깥쪽이나 안쪽에서 테이퍼링하여 형태선을 컵 안쪽이나 컵 바깥쪽 모양처럼 만드는 것

베이스 라인(Base line) ⇨ 헤어 컷트의 기초가 되는 부분으로 가이드를 말함

베이스(Base) ⇨ 기본, 토대, 뿌리

베이직 레이어링(Basic layering) ⇨ 두피에 대해서 전부 90°로 잡아당겨 모두 같은 길이로 자르는 스타일

베이직 롱 레이어(Basic long layer) ⇨ 머리 전체의 모발을 평면에 대해서 수평으로 잡아올려 컷트하는 방법

보브(Bob) ⇨ 머리카락을 빗어서 동일선 상에서 컷트한 스타일

보스 사이드 테이퍼(Both side taper) ⇨ 가벼운 끝맺음을 하고 싶을 때나 모발의 안쪽과 바깥쪽 양쪽에서 면도날을 넣어서 테이퍼한다.

보올 컷트(Bowl Cut) ⇨ 1964년경부터 유행, '보올(화분)'을 뒤집어씌운 것 같이 눈썹도 덮어주는 풀 뱅(full bang)의 베리쇼트 보브

보이스 보브(Boys bob) ⇨ 남자 머리의 깎아올린 스타일

복스 보브(Box bob) ⇨ 매끄러운 머리흐름에 의한 패널의 아름다움을 표현한 보브스타일. 모든 면을 4각 라인으로 트리밍(triming : 정발)하여 예리한 젊음을 잡은 디자인

브로스 컷트(Brosse Cut) ⇨ 짧게 깍는 것. 모발단면의 연속으로 만들어진 스타일로 '브로'란 '브러쉬'란 뜻

브로스(Brosse) ⇨ 브로스컷트의 한 수법. 브러쉬와 같은 느낌의 헤어스타일을 각지게 깍는 머리형과 동일한 것. 정면에서 본 톱의 평면 부위가 6cm 전후이다.

블런트 컷트(Blunt Cut) ⇨ 직선적으로 컷트하는 방법. 구리브 커팅이라고도 한다. 머리칼의 선단을 가장 무겁게 하기위해 모든 패널을 바른 각도로 컷트하는 것이 중요하다. 원랭스 컷트(one-length cut). 그래쥬에이션 컷트(graduation cut). 레이어 컷트(layer cut), 스퀘어 컷트(square cut), 이븐 랭스 컷트(even length cut) 등이 대표적이다.

블로킹(Blocking) ⇨ 한 구획을 만드는 것. 구분하는 것 및 그 기법. 블로킹(blocking)은 사이드(side), 프론트(front), 톱(top), 크라운(crown), 백(back), 네이프(nape)의 6구분이다.

비베링(Beveling) ⇨ 비스듬히 자르는 것. 원랭스 컷트의 경우 또는 레이어의 경우 등은 선단에서부터 윗쪽으로 감에 따라 서서히 길게 컷트하여 가는데 그때에 사용하는 기법

비즈니스 컷트(Business cut) ⇨ 회사 · 상사 · 은행원 등 비즈니스에 맞는 스타일

『C』

C-커브 츄어(C-Curve true) ⇨ C자형으로 컷트하는 테크닉

센터 백 파트(Center back part) ⇨ 모발을 가르는 방법의 하나. 센터파트의 가름선을 더욱 뒤쪽으로 진행시켜 후두부의 목덜미 중심까지 세로로 갈라 나눈 것.

센터 파트(Center part) ⇨ 모발을 이마의 가운데에서 가르는 것.

센터 포인트(Center point) ⇨ 중심선과 크라운의 앞부분을 연결하는 포인트

셀레스철 스피어(Celestial sphere) ⇨ 머리둘레 부위의 높이를 나타내는 입체적 측정 시스템

셀레스철 액시스(Celestial Axis) ⇨ 선, 방향, 시술각을 나타내기 위해 사용되는 2차원적인 기호

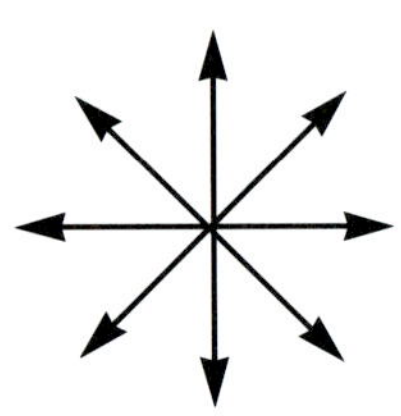

방향 ⇨ 위, 아래, 앞, 뒤, 왼쪽, 오른쪽

선 ⇨ 수평, 수직, 우대각, 좌대각

시술각 ⇨ 0°, 45°, 90°

채널 컷트(Channel cut) ⇨ 서로의 길이가 교대로 대조를 이루며 행해지는 컷트 테크닉

체크 컷트(Check cut) ⇨ 컷트가 끝난 다음 간추리지 않는 머리칼이나 수정 등에 행하는 컷트

카우릭 파트(Cowlick part) ⇨ 카우릭 파트는 이마 위에 흐트러진 머리카락이 일어선 모발. 가리마를 중심으로 하여 머리 흐름에 따라 사방으로 가르는 분할방법

커넥션(Connection) ⇨ 연결, 접속, 연락, 결합의 뜻. 가이드를 연결하여 외형적인 컷트의 스타일을 만드는 것

커스텀 컷트(Custom cut) ⇨ 습관, 주문, 준비작업을 한다는 뜻. 하나의 스타일을 만들기 위해 그 스타일에 맞추어서 컷트하는 것.

커팅 앵글(Cutting angle) ⇨ 컷트할 때 패널을 잡는 방법

컨백스(Convex) ⇨ 구의 바깥처럼 바깥쪽으로 휘어진 표면

컨버전 레이어링(Conversion layering) ⇨ 인크리스 레이어링에 사용되는 기본적 커팅시술. 머리를 길게 남기고자하는 부분의 반대쪽에 위치한 고정 디자인 라인쪽으로 머리를 빗어준다.

컨셉(Concept) ⇨ 특이한 사례나 사건으로부터 파생한 일반적인 견해나 이해, 착상 고안.

컨케이브(Concave) ⇨ 구의 안쪽같이 휘어진

컨투어 테이퍼링(Contour tapering) ⇨ 밀착된 머리를 만들기 위해서 양을 제거하는 머리질감 만들기 기법

컴비네이션(Combination) ⇨ 두 가지 형의 혼합형

컴포지션(Composition) ⇨ 전체를 형성하기 위해 구성요소를 조합하는 것

컷트 앤드(Cut end) ⇨ 절단면

컷트 앵글(Cut angle) ⇨ 잡아낸 머릿단에 대해서 가위의 들어가는 각도를 말한다.

컷트(Cut) ⇨ 자르다. 절단하다의 뜻. 주된 방법은 브런트 컷트, 테이퍼 컷트, 틴닝컷트, 스트록컷트 등이 있다.

코너(Coner) ⇨ 각 또는 구석이란 뜻. 컷트하기 위해서 잡아낸 패널이나 섹션의 각을 말한다. 패널의 코너 머리카락이 두상의 어느 위치에 고정시키느냐에 따라서 볼륨감이나 흐름 헤어라인이 결정된다.

코밍(Combing) ⇨ 빗을 조작하는 일

콘케이브 컷트(Concave cut) ⇨ 움푹 패이게 한다는 뜻. 머리흐름의 원천(머리흐름이 시작되는 곳)이 제일 짧고, 즉 '짧은 머리칼은 긴 머리칼을 밀어낸다'의 머리칼의 특징을 살려서 계산된 컷트기법

콘티넨탈 브로스(Continental brosse) ⇨ 서구풍의 약간 긴 편인 브로스

콤 쓰루(Comb through) ⇨ 빗이 머릿결을 지나가는 것. 즉 빗질 도중을 일컬음

콤 아웃(Comb out) ⇨ 빗을 머리로부터 떼는 것

콤 워크(Comb work) ⇨ 빗을 써서 컷트하는 것

콤 컨트롤(Comb control) ⇨ 커팅 기법의 하나로 손가락이 아닌 빗살로 머리를 제 자리에 잡아주는 기법. 머리에 최소한의 텐션을 준다.

크레스트 에어리어(Crest area) ⇨ 두상의 가장 넓은 부분. 크레스트 윗부분(interior 인티어리어)과 아랫부분(exterior 엑스티어리어)를 구분해 준다.

크로스 체크 컷트(Cross cheek cut) ⇨ 컷트를 끝낸 다음 체크 컷트를 할 때 지금까지의 슬라이스선과 교차되도록 패널을 잡아내어 길이를 체크한다.

크리에이션 컷트(Creation cut) ⇨ 창조적인 디자인 컷트

클리퍼 오버 콤(Clipper-over-comb) ⇨ 두상에 붙는 효과를 만들기 위한 커팅기법. 머리길이를 잡아주는 가이드로 사용되는 빗 사이로 튀어나온 머리를 클리퍼로 컷트한다.

클리퍼 워크(Clipper work) ⇨ 클리퍼에의한 작업 또는 조작. 클립퍼로 모발을 자르는 것.

클리퍼(Clipper) ⇨ 모발을 잘라내는 이발기, 정식으로는 '헤어 클립퍼'라고 부른다. 일본에서는 '바리깡'이라 부르고있는데 이는 프랑스의 '바리칸'이라는 사람에 의해서 클립퍼가 만들어진 데서 그 이름을 따서 유래된 것이다.

클리핑(Clipping) ⇨ 가위를 사용해서 튀어나온 모발을 잘라내는 것

『D』

다운 베이스(Down base) ⇨ 위쪽이 점점 길게된다.
다운 스템 컷트(Down stem cutting) ⇨ 머리줄기의 밑뿌리가 두피에 대해서 내려가 있는 상태
다운 스트록(Down stroke) ⇨ 스트록 컷트로 면도날의 날 끝이 아래쪽으로 향하게 하는 컷트법
다이어고널 라이트(Diagonal right) ⇨ 오른쪽으로 향하는 대각선
다이어고널 레프트(Diagonal left) ⇨ 왼쪽으로 향하는 대각선
다이어고널 포워드(Diagonal forward) ⇨ 얼굴을 향하는 대각선
드라이 커팅(Dry cutting) ⇨ 헤어 커팅을 할때 모발을 적시지 않고 가위나 틴닝으로 컷트한다.
디렉션(Direction) ⇨ 하나의 선이나 면이 가는 길
디스커넥션(Disconnection) ⇨ 단점, 분리, 차단의 뜻으로 가이드를 연결하지 않고 두상의 형태에서 영역을 나누어(1개 이상, 2, 3, 4) 영역을 연결하지 않고 스타일을 만드는 것
디스트리뷰션(Distribution) ⇨ 베이스 파팅과 관련되어 머리를 빗는 방향. 분배에는 자연분배 직각분배, 그리고 변이분배의 3가지가 있다.
디자인 디시젼(Design decision) ⇨ 최종 헤어 디자인과 관련하여 고객과의 충분한 상담을 통해 내려진 디자인 결정
디자인 엘러먼트(Design element) ⇨ 예술 형태의 주요 구성 성분. 헤어디자인에서 디자인 요소에는 머리형, 질감, 칼라가 있다.
디자인(Design) ⇨ 하나의 예술적 단위를 만들어내는 모양. 선, 장식효과의 배열
디크리싱 그래쥬에이션(Decreasing graduation) ⇨ 두 개의 비평행선 사이의 그래쥬에이션. 얼굴 뒤쪽으로 가면서 그래쥬에이션양이 감소한다.
딥 테이퍼(Deep taper) ⇨ 머리량이 너무 많을 때와 바깥쪽의 머리를 테이퍼 할 때 행한다. 2/3 밑뿌리에서부터 레져를 넣어서 테이퍼 한다.

『E』

에칭(Etching) ⇨ 레이져로 짧게 긁듯이 하여 윗모발이 짧고 아래가 길게 머리를 컷트하는 레이져 커팅 기법
엔드 테이퍼(End taper) ⇨ 머리끝의 1/3부분을 가늘게 솎쳐내는 테이퍼 기법
엘리베이션(Elevation) ⇨ 높이, 올림, 위치
엣지(Edge) ⇨ 끝단, 칼날, 단선, 날선
이어 투 이어 라인(Ear to ear line) ⇨ 양쪽 귓바퀴의 위쪽 끝을 연결하는 선
이어 투 이어 파팅(Ear to ear parting) ⇨ 귀 뒤쪽에서 두부 정상을 가로 질러 다른 한쪽의 귀까지 상하로 갈라 나누는 것.

『F』

폴(Fall) ⇨ 비달사순 컷트의 패턴, 후두부에 떨어지게 손질한 머리칼의 부분
폼(Form) ⇨ 어떤 물체의 윤곽 또는 겉모습
폼라인 테이퍼링(Form line tapering) ⇨ 머리 끝에 뭉침과 무게를 덜어주어 생동감을 살려주는 머리질감 만들기 기법
프론탈(Frontal) ⇨ 앞의, 이마의, 전부골
프론트 헤어라인(Front hair line) ⇨ 앞 얼굴 주변머리
프론트(Front) ⇨ 전두부, 앞머리, 정면, 전부
프리핸드 커팅(Free hands cutting) ⇨ 감각커팅, 내츄럴 상태에서 행해지며 느낌만으로 시술하는 테크닉

프린지(Fringe) ⇨ 앞머리부분
핑거/쉬어 포지션(Finger/Shear position) ⇨ 파팅 패턴에 따른 손가락과 컷트 라인의 위치
핑거스 앵글(Finger' s angle) ⇨ 손가락의 각도
훼더(Feather) ⇨ 깃털과 같은 감각으로 끝마무리한 헤어 스타일
훼이스 라인(Face line) ⇨ 사이드 코너 포인트에서 반대 사이드 코너 포인트까지 연결하는 머리가 나기 시작하는 선

『G』

가이드 섹션(Guide section) ⇨ 헤어 컷트시에 제일 처음에 컷트하는 섹션으로 다음 섹션부터는 이 섹션이 기준이 된다.
가이드(Guide) ⇨ 컷트시 기준이 되는 머릿단
골덴 포인트(Golden point) ⇨ 센터파트와 이어라인의 교차점
골덴 포인트(Golden point) ⇨ 턱을 시발점으로 귀옆 사이드에서 사선으로 그에 맞닿는 지점
그래쥬에이션 보브(Graduation bob) ⇨ 가벼움과 상쾌함을 구해서 어시미트리(asymmetry 비대칭)한 구성으로 어른스러운 이미지를 디자인 한 것
지오메트릭 쉐이프(Geometric shape) ⇨ 직선 또는 곡선의 닫힌 윤곽
지오메트릭 컷트(Geometric cut) ⇨ 기하학적인 직선으로 구성된 스타일로 비달 사순컷트의 기본개념이 되어있다.
지오메트릭(Geometric) ⇨ 각도의 관련성에 따른 완성도를 이해하고, 잡아당긴 머리카락에 기하학적인 판단을 넣어서 컷트하는 일

『H』

하드 라인(Hard line) ⇨ 딱딱한 선
헤드(Head) ⇨ 머리, 목의 윗부분, 정상, 면도날의 뒤쪽의 선단
헤드라인(Head line) ⇨ 두부의 표면의 외곽선
헤어 모드(Hair mode) ⇨ 헤어 스타일의 유행
헤어 쉐이핑(Hair shaping) ⇨ 정발 기술

- 내츄럴 쉐이프(natural shape) ⇨ 그 사람의 자연스런 머리흐름에 맞추어서 빗기는 것
- 다운 쉐이프(down shape) ⇨ 보브 스타일과 같이 머리흐름을 곧바로 아래로 향해 빗기는 것
- 라운드 쉐이프(round shape) ⇨ 패널에 방향성을 주기 위해서 빗을 둥글게 움직이면서 빗기는 것
- 아웃사이드 쉐이프(outside shape) ⇨ 머릿단의 바깥쪽에서부터 빗기는 것
- 인사이드 쉐이프(inside shape) ⇨ 머릿단의 안쪽에서부터 빗기는 것

헤어 웨프트(Hair weft) ⇨ 머리 조각, 헤어피스와 같다
헤어 코밍(Hair combing) ⇨ 모발을 빗기는 기술
헤어 트림(Hair trim) ⇨ 모발을 깎아 가지런히 정돈하는 것
헤어라인(Hair line) ⇨ 머리카락이 나기 시작한 선
헴 라인(Hem line) ⇨ 프론트, 사이드 네이프에서의 머리카락이 나기 시작한 라인
호리죤탈 슬라이스(Horizontal slice) ⇨ 수평 슬라이스

『I』

이미지(Image) ⇨ 사물의 모양을 묘사 한 스타일 등에 사용
인레이어드 컷트(Inlayered cut) ⇨ 컷트의 단면이 아래로 내려감에 따라 안에 들어있는 것으로 하여 그래쥬에이션 컷트를 인레이어드 컷트라한다.

인사이드 라인(Inside line) ⇨ 모발을 7 : 3 또는 4 : 6으로 갈라 나누었을 때 그 가르마는 별도로 모발이 많은 쪽에 만드는 가르마를 말한다.

인사이드 코너(Inside coner) ⇨ 2개의 선이 교차되는 가장 짧은 부분

인사이드 테이퍼(Inside taper) ⇨ 머리끝을 안쪽으로 향하게하고 싶을 때에는 레이져를 머릿단의 안쪽에서부터 넣어 테이퍼한다.

인사이드(Inside) ⇨ 내측, 안쪽

인크리싱 그래쥬에이션(Increasing graduation) ⇨ 두 개의 비평행선 사이의 그래쥬에이션, 얼굴 뒤쪽으로 가면서 그래쥬에이션 양이 증가한다.

인티어리어(Interior) ⇨ 두상의 크레스트선 위 또는 두상의 가장 넓은 부분

『L』

라인(Line) ⇨ 선, 외형

레이어 컷트(Layer cut) ⇨ 상층부의 모발이 그 아래층이 되는 모발을 뒤덮어 숨겨지지 않는 상태로 단층을 붙여주는 컷트방법이다.

레이어(Layer) ⇨ 위가 짧고 밑이 긴 상태로, 각도는 두피에 대해서 90° 이상으로 떠서 컷트하는 스타일로 단차가 큼

『M』

머쉬룸 커팅(Mushroom cutting) ⇨ 1962년경부터 유행하여 버섯을 엎어놓은 것 같은 실루엣의 아주 짧은 보브. 머리끝의 안쪽 말이가 특징이다.

멀티풀 디자인 라인(Multiple design line) ⇨ 복수 디자인 라인, 전환 레이어링 테크닉과 함께 사용되는 둘 또는 그 이상의 고정 디자인 라인

모빌 디자인 라인(Mobile design line) ⇨ 컷트시 사용되는 길이 가이드로서 특정 부분 전체에 걸쳐 이동하여 머리형을 만들 때 따라야 할 디자인 라인 역할을 한다.

모빌 스테이셔너리 디자인 라인(Mobile stationary design line) ⇨ 이동과 고정의 혼합형 디자인 라인

무브먼트(Movement) ⇨ 움직임, 운동, 행동, 이동

미디엄(Medium) ⇨ 30° 보다 크고 60°보다 작은 각(45°가 표준 시술각이다)

『N』

나칭(Notching) ⇨ 머리 길이를 불규칙하게 만들어 내어 두껍게 떨어지는 질감을 만드는데 사용되는 기법

내츄럴 루트 리프트(Natural root lift) ⇨ 모발의 뿌리가 자연스럽게 들려지게 하는 것

내츄럴 인버젼(Natural inversion) ⇨ 레이어 컷트의 기법으로 센터 섹션에 대해서 평행의 슬라이스 섹션을 떠서 그 섹션을 전부 중앙에 끌어 모아 컷트한다.

내츄럴 컷트(Natural cut) ⇨ 자연 상태로 컷트한다.

내츄럴 폴 포지션(Natural fall position) ⇨ 스타일을 예상하여 자연스럽게 머리를 빗질하여 둔 상태

내츄럴(Natural) ⇨ 모발의 자연성장 패턴과 관련한 머리의 방향

네이프 라인(Nape line) ⇨ 머리가 나기 시작하는 곳의 선. 목선

네이프 백 라인(Nape back line) ⇨ 이어 포인트에서 네이프 사이드 포인트까지 연결하는 선

넥 라인(Neck line) ⇨ 목, 옷깃

노멀 프로젝션(Normal projection) ⇨ 두상 위치에 따라 균일하게 90°로 드는 머리. 일반 시술각은 컷트의 구조를 분석하기 위해서 사용된다. 이 시술각은 유니폼 레이어형 시술 시에도 사용된다.

노멀테이퍼(Normal taper) ⇨ 머리 끝의 소부분을 가늘게 숱쳐내는 테이퍼 기법

논 섹스 컷트(Non sex cut) ⇨ "머리칼이란 소재에 남녀의 차이는 없다." 라고 하는 원점으로 되돌아가 논 섹스 패션을 기점으로 하는 컷트로 일종의 유니섹스 모드의 반영이다.

논패러럴 스컬프팅(Nonparallel sculpting) ⇨ 커팅시 기본 파팅에 평행하지 않게 잡는 모든 손가락 각도

뉴 비숍 컷트(New bishop cut) ⇨ 전후로 연장되는 실루엣 안에서 원점을 구하고 목덜미의 깃 닿는 부분을 깎아 올리고 사이드의 직선을 강조한 스타일. 중세기의 비숍(승려) 컷트를 기능적이고 예쁜 현대의 이미지로 표현한 것

『O』

아우트 라인 코너(Out line corner) ⇨ 2개의 선이 교차되는 가장 긴 부분

아우트사이드 라인(Outside line) ⇨ 머리칼의 바깥쪽의 둘레를 이루는 라인. 실루엣의 형을 만들어주는 라인

오리지널 가이드 라인(Original guide line) ⇨ 최초의 가이드 라인

오발 컷트(Oval cut) ⇨ 타원형으로 깎아 올리는 머리형. 각진 둥근 단발머리

오버 다이렉트 섹션(Over direct section) ⇨ 어느 한쪽을 길게하기 위해 당기는 섹션

옥시피탈 본(Occipital bone) ⇨ 후부의 센터에서 툭 튀어나온 뼈

온더 베이스 커팅(On the base cutting) ⇨ 파팅된 모발을 좌우 같은 각도로 잡아 대는 방법. 잡아낸 모발의 양쪽의 길이가 같게 되도록 하기 위해서는 베이스의 중심이 직각이 되도록 잡아내지 않으면 안된다.

원 핑거 프로젝션(One-Finger projection) ⇨ 손가락 굵기 만큼 들어주는 시술각

원랭스 컷트(One length cut) ⇨ '하나의 길이'란 뜻으로 모발을 가로로 동일선상에 같은 길이로 가지런히 해놓은 컷트 방법

『P』

파트(Part) ⇨ 머리칼을 나누는 것. 사이드 파트(side part, 7 : 3의 비율), 센터 파트(center part, 중앙에서 가름)등이 있다. 가름선이 없는 스타일은 노 파트(no part)라고 한다.

파팅(Parting) ⇨ 나누는 것. 가르는 것. 그 기법. 분할

패널(Panel) ⇨ 장방형의 것. 컷트에서는 슬라이스하여 손에 잡은 모발이 판 상태로 되어 있으므로 "패널"이라고 한다.

패러럴 그래쥬에이션(Parallel Graduation) ⇨ 두 개의 평행선 사이의 그래쥬에이션

패러럴(Parallel) ⇨ 다른 선이나 점으로부터 균일한 유지를 유지해 주는 것. 평행 그래쥬에이션. 두 개의 평행의 그래쥬에이션

퍼펜디큘러(Perpendicular) ⇨ 머리를 베이스 파팅에서 90°로 빗었을 때의 머리 방향

포인트 컷트(Point cutting) ⇨ 자르는 테크닉은 45°의 각도로 시술한다. 모량을 감소하는 방법은 잡은 모발과 평행한 상태로 시술한다. 깊은 테크닉과 얇은 테크닉을 사용해 소프트함을 표현한다.

포인팅(Pointing) ⇨ 곧은 가위의 끝이 손가락에서 머리끝을 향해서 움직이는 머리질감만들기 기법

프레 컷트(pre cut) ⇨ 미리 원하는 스타일로 컷트하는 것

프레셔 스컬프팅(Pressure sculpting) ⇨ 머리가 말랐을 때 머리가 좀더 짧아지도록 젖은 머리에 텐션을 주어 시술하는 커팅 기법

프로그레션(Progression) ⇨ 진행

프로젝트(Projection) ➪ 컷트시 머리의 곡선과 베이스 파팅에 따라 머리를 뜨는 각도
프리씨즌 컷트(Precision cut) ➪ 정확한 컷트
플래너 스컬프팅(Planar sculpting) ➪ 평면을 따라서 머리를 컷트하는 기법

『R』

라운드 사이드 파트(Round side part) ➪ 사이드에서 가르는 선이 곡선인 경우
레이저 커팅(Razor cutting) ➪ 레이져를 사용하여 헤어컷트를 하는 테크닉. 이방법으로 머리끝을 가늘게 할 수 있고, 웨이트와 가벼움을 조정할 수 있음
렉탠큐러 파트(Rectangular part) ➪ 두상을 가르는 방법의 일종. 일반적으로 스퀘어 파트라고 불리어진다.
릿지 라인(Ridge line) ➪ 그래쥬에이션형에서 두 가지 머리질감을 나누어주는 선

『S』

사이드(Side) ➪ 측두부, 두부의 옆
섹셔닝(Sectioning) ➪ 조절을 위하여 두상을 시술하기 편한 구역으로 나누는 것
섹션(Section) ➪ 구분, 구획, 가름의 구분 등의 의미로 교차점을 가리킨다. 컷트 용어에서는 블록킹한 부분을 다시 적은 부분으로 갈라 나누어 잡는 것을 말한다.
쉐이프(Shape) ➪ 어떤 물체의 윤곽
스컬프티드 텍스춰(Sculpted texture) ➪ 컷트를 통해서 얻어진 머리질감
스퀘어 파트(Square part) ➪ 사각으로 나누는 것. 모발 나누기의 기본형의 하나. 이마의 양쪽각에서 사이드파트하고 두상의 정상 가까이에서 이마의 헴라인과 수평으로 나눈 것
스템 컷트(Stem cut) ➪ 헤어컷트의 경우 잡아낸 모발의 밑뿌리에서 빗기고 또는 손가락으로 지탱할 수 있는 곳까지를 스템이라고 부른다.
슬라이드 커팅(Slide cutting) ➪ 머리를 수직으로 컷트하기 위해 가위를 머리가닥을 따라 미끄러뜨려 사용하는 커팅 기법. 종종 머리 길이 차를 급격히 할 필요가 있을 때 사용된다.
슬리더링(Slithering) ➪ 가위를 사용해서 모발의 숱을 쳐내는 방법
실루엣(Silhouette) ➪ 어떤 물체나 디자인의 외부 윤곽

『T』

테이퍼 컷트(Taper cut) ➪ 레이져로 머리끝을 붓끝과 같이 점차적으로 가늘게하는 커팅기법. 모발에 가벼움과 움직임을 표현하기 위해서 모든 모발을 간추려지지 않은 상태로 컷트한다.
엔드테이퍼(end taper), 노멀 테이퍼(normal taper), 딥 테이퍼(deep taper)등으로 나뉜다.
톱(Top) ➪ 두상의 제일 꼭대기. 선단. 정상

Reference

참고문헌

미용기초기술, 보성사

이바최신이미용기술용어사전, 도서출판이바

zone and section, 정상화영, 신미용출판사

PUBLICATION, OSAMU FURUSATO

√5(ルートファイブ), 植村隆博, 女性 モード社

– 집필위원 –

김영미(전남과학대학교) 강명주(명지전문대학교) 고민석(서경대학교) 국지연(전남과학대학교)
권태신(전주기전대학교) 김미강(안동과학대학교) 김서희(광주여자대학교) 김혜정(서라벌대학교)
류현주(원광보건대학교) 손지연(공주영상대학교) 오형자(전주비전대학교) 윤수용(마산대학교)
이부형(창원문성대학교) 이혜정(명지전문대학교) 전선정(강릉영동대학교) 장미라(목포과학대학교)
정경숙(삼육보건대학교) 정민자(경남도립거창대학교) 정원지(광주여자대학교) 정지영(우송정보대학교)
진용미(서경대학교) 최소영(신성대학교) 최영희(경원대학교) 함미영(인천재능대학교)

C.C.C. 헤어드라이

2011년 8월 20일 초판인쇄
2011년 8월 30일 초판발행

지은이 : 국제헤어디자인연구회
펴낸이 : 이상태
디자인 : 이헌숙
펴낸곳 : 청구문화사
(120-831) 서울특별시 서대문구 연희 1동 436-1번지
전 화 : 02-332-0541(代) 전 송 : 02-337-9577
등 록 : 1990년 11월 2일 제9-247호

가격 35,000원

ISBN 978-89-5616-462-5 93590